计算流体力学基础算法

Fundamental Algorithms in Computational Fluid Dynamics

〔美〕Thomas H. Pulliam 〔加〕David W. Zingg 著

王晓东 戴丽萍 译

科学出版社

北京

图字：01-2020-0207

内 容 简 介

本书译自Springer出版的Fundamental Algorithms in Computational Fluid Dynamics一书。本书介绍了在计算流体力学中已发展成熟而又应用广泛的基础算法，包括流体力学的基本原理、基本方程和实用化的技术，例如，有限差分法和隐式近似分解、广义曲线坐标系变换、人工耗散和稳定性、基于显式多阶时间推进和多重网格的有限体积法，还包括高分辨率迎风格式、Roe近似黎曼求解器等内容。各部分内容提供了循序渐进的编程作业，可供读者练习。

本书可供从事计算流体力学的科研、技术人员参考，也可以作为流体力学、应用数学、航空航天、能源动力等专业的研究生和本科生的教学参考书。

图书在版编目(CIP)数据

计算流体力学基础算法 / (美) 托马斯·H.普利亚姆 (Thomas H. Pulliam), (加) 大卫·W.辛格 (David W. Zingg) 著；王晓东，戴丽萍译. —北京：科学出版社，2019.11

书名原文：Fundamental Algorithms in Computational Fluid Dynamics

ISBN 978-7-03-062988-3

Ⅰ. ①计… Ⅱ. ①托… ②大… ③王… ④戴… Ⅲ. ①计算流体力学 Ⅳ. ①O35

中国版本图书馆CIP数据核字（2019）第241029号

责任编辑：刘翠娜　田轶静 / 责任校对：王萌萌
责任印制：赵　博 / 封面设计：无极书装

科学出版社 出版
北京东黄城根北街 16 号
邮政编码: 100717
http://www.sciencep.com

北京市金木堂数码科技有限公司印刷
科学出版社发行　各地新华书店经销

*

2019年11月第　一　版　开本: 720 × 1000 1/16
2025年 1 月第六次印刷　印张: 12 1/2
字数: 300 000

定价：98.00 元

（如有印装质量问题，我社负责调换）

前　言

在过去的三十多年里，计算流体力学 (Computational Fluid Dynamics, CFD) 已发展得相当成熟，在很多科学与工程领域展现出了应用价值。尽管用以求解流体力学控制方程的数值算法有很多，但构成 CFD 基础的关键算法目前已基本完善。本书的目的就是详细地、系统地介绍一些已得到广泛应用的重要算法。虽然 CFD 领域会不断发展，但在可预见的未来，本书讲述的算法仍将是求解欧拉方程和纳维-斯托克斯方程 (Navier-Stokes equation，N-S 方程) 数值算法的基础。

本书立意于 CFD 教材，即适用于 CFD 课程。本书适合高年级本科生或研究生的初、高级课程。当前，CFD 的普及程度很高，大多数未经过研究生教育的工程师和学者对 CFD 也有着浓厚的兴趣。因此，CFD 愈来愈多地出现在本科教学中。值得注意的是，即使是 CFD 的用户（相对于开发者而言）也需要同时了解流体力学和数值算法，以便能更好地使用 CFD。本书内容既适合流体动力学计算方法的用户，也适合开发者。

某种意义上，这本书是我们与 Harvard Lomax 之前合著的 Fundamentals of Computational Fluid Dynamics (《计算流体力学基础》) 的续篇。前著主要针对简单方程模型，本书更关注于欧拉方程和 N-S 方程。因而这两本书可相继用于初级和高级 CFD 课程[①]。当然，如果学生已经有了一定的数值算法基础，本书也可以单独作为初级 CFD 课程的教材。本书第 2 章对前著的关键内容做了一个简明介绍。再次强调，本书详细论述特定核心内容，而非全面覆盖整个领域。此外，本书主要关注成熟的算法，而非当前正在发展的算法。

我们还想强调，本书更注重深度，而非广度。对于一些重要的专题，例如，非结构化网格的空间离散、有限元和谱方法，以及湍流模型，本书将留给那些对这些专题有丰富经验的作者。几个重要的流体力学求解器是以本书讲授的算法为基础的，已经有不计其数的算例应用。虽然当前还有很多其他的优秀算法，但事实上理解并编程练习本书着重讲授的算法是理解当前可用的所有算法的基础。

本书还有一个关键特质，就是采用一维或准一维欧拉方程作为算例和编程作

① 在多伦多大学已经如此试用了多年。

业。当然，这些方程忽略了一些重要的物理性质 (如黏性、热传导和湍流) 和数学性质 (如矩阵分解、网格加密)。即便如此，应用和学习这些算法还是可以学到很多内容，而且作为典型的学期课程，作业也相对容易完成。为了充分发挥本书效果，鼓励读者完成每一章末尾的编程作业。

希望我们写的这本书能以一种智能的、创新的方式为 CFD 的开发和应用做出贡献。

Thomas H. Pulliam
David W. Zingg
Moffett Field, 2013 年 8 月
Toronto

译 者 序

流体力学在航空航天、能源动力等诸多领域有着广泛的应用。随着计算机和计算技术的迅速发展，计算流体力学 (Computational Fluid Dynamics，CFD) 已经成为流体力学最为重要的研究手段。

译者在大学讲授 CFD 课程，对 CFD 的学习和教授有一定的了解。CFD 要求先学习一定的先修课程，包括数值分析、计算方法或者偏微分方程。在这些课程中，通常以典型的偏微分方程为例对一些基本数值算法进行介绍。这些算法构成了 CFD 的基础。深入了解和掌握这些算法，对学习和应用 CFD 很有帮助。译者也接触了多本 CFD 教材。有的侧重流体问题，有的侧重算法，有的则侧重应用，各有特点。共同的一点是这些教材多数以 CFD 的控制方程为例。部分教材以一些简化方程为例，逐渐引入复杂的流体力学方程，但往往对简化方程的介绍篇幅较短。因此，根据译者的观察，从数值算法课程到 CFD，似乎还缺少很连贯的过渡，这也促成了本书的诞生。

本书译自 Springer 出版社于 2014 年出版的 Fundamental Algorithms in Computational Fluid Dynamics 一书。该书由 NASA (National Aeronautics and Space Administration) 的 Thomas H. Pulliam 研究员与多伦多大学 (University of Toronto) 的 David W. Zingg 教授合著。该书作为研究生 CFD 课程的教材在多伦多大学试用多年，反响很好。

Pulliam 博士是 NASA Ames 研究中心计算空气动力学方向的资深研究员，AIAA (American Institute of Aeronautics and Astronautics) 会士，深耕 CFD 算法四十多年，发展了一系列隐式差分算法，改进了 ARC2D 和 ARC3D 程序，为超算 CRAY XMP 和 CYBER 205 开发了三维矢量化 CFD 程序。Zingg 教授是多伦多大学航空航天研究所 (University of Toronto Institute for Aerospace Studies，UTIAS) 前所长，加拿大工程院院士，计算空气动力学与环境友好型飞行器设计首席科学家 (Tier-I Canada research chair in Computational Aerodynamics and Environmentally Friendly Aircraft Design)，AIAA 会士，亦从事 CFD 与气动优化研究三十多年。两位学者在 CFD 基础算法、程序开发以及实际应用方面均有

着丰富的研究和教学经验，从而保证了原著中内容安排的实用性。

译者亦从事航空航天、能源动力领域相关的流体力学研究多年，具有较为丰富的 CFD 代码开发、商业 CFD 软件使用及 CFD 在工程中应用的经验。译者之一王晓东曾在 UTIAS 进行深造。彼时，他在原著作者之一——Zingg 教授的指导下进行大规模并行 CFD 算法研究。在学习工作期间，接触了原著的初稿 (当时尚未出版)。他在阅读此书后认为这是一本独树一帜的 CFD 著作。与大量的 CFD 教科书大而全、追求新方法和新技术不同的是，此书着眼于经典的基础算法，深入浅出地介绍已成熟的、得到广泛应用的核心算法。译者认为，系统学习并掌握这些经典算法对于 CFD 初学者夯实基础很有必要，对于 CFD 方法的研究者和高级使用者也大有裨益。此书可以作为高年级本科生的选修课教材和研究生课的教材，也可以作为从事 CFD 开发和应用的研究者的参考书。

本书的第 1、5、6 章及第 2 章的部分内容由王晓东翻译，第 3、4 章及第 2 章的其余部分由戴丽萍翻译。全书由王晓东统稿和编辑。本书的出版获得了 Springer 出版社的版权许可。本书的顺利出版也得到了 “国家数值风洞” 项目基础研究课题 (NNW2018-ZT7B14)、国家自然科学基金项目 (51576065，51876063) 和华北电力大学 “双一流” 建设项目的资助，在此表示真诚感谢!

鉴于译者水平有限，翻译过程中难免不能充分表述原著的精髓，遗漏或不妥之处，敬请读者批评指正。

译 者

2019 年 7 月于北京

目　　录

第 1 章　简　　介

1.1　背　　景

计算流体力学 (Computational Fluid Dynamic，CFD) 是计算科学的一个分支，专注于求解流体力学控制方程。虽然其准确的诞生时间难以确定，但大体认为 CFD 是诞生于 20 世纪 60 年代初期，与可实用计算机的发展同步。然而，其相关理论的发展可以追溯到更早的时候。早在 1950 年，冯 · 诺依曼 (von Neumann) 和里克特迈耶 (Richtmyer)[1] 发表的一篇文章就包含了非常丰富的现代 CFD 的思想。另外，在计算机诞生之前出现的一些学者，如高斯、理查德森和库朗等，也经常会出现在 CFD 相关的文章中。CFD 的发展和应用伴随着计算机的发展和应用。有趣的是，随着计算机变为现实，CFD 的概念也变得清晰。例如，1946 年，阿兰 · 图灵评论他发明的计算机时说“…… 会很适合处理传热学问题，至少在固体或者没有湍流运动的流体中”[2]。

除了可实用计算机的蓬勃发展，CFD 发展的第二个动力来自于寻找流体力学控制方程，即纳维-斯托克斯方程 (Navier-Stokes equation，N-S 方程) 的通解。N-S 方程是一组非线性偏微分方程。找到这些方程解析的通解是非常困难的。因而，求解这些方程的数值算法成为 CFD 的核心。也就是说，CFD 算法理论与通用的偏微分方程数值算法是紧密相关的，只不过前者更专注于 N-S 方程而已。而且，广义的 CFD 本身就包含了从计算几何到湍流模型等许多其他学科的内容。

科学家和工程师经常需要得到流体运动的定量信息，比如在特定条件下流场内不同位置的速度、压力、密度或者温度等参数的值。科学家希望通过这些信息理解特定现象，如湍流或者燃烧。工程师通常将这些信息用于设计。一般来说，量化流场参数的方法有三种：理论分析、实验和计算 (狭义上指 CFD)。由于理论解一般很难获得，实验和 CFD 模拟成为最常用的两种方法。这两种方法各有优缺点。CFD 的主要优势在于开销少、速度快。实验的主要优势在于其通常能真实地反映物理情况。但这些优势并非绝对，有的 CFD 模拟也很费时，需要使用昂贵的高性能计算机；而有的实验也可能包含很多人为因素的影响。因而，需要根据这些特点，在具体问题中具体选用实验或是 CFD。例如, 在当前的航空工业，得益于花费相对较低的 CFD 技术，设计新的飞行器所需的风洞实验数量已经大幅降低。当然，飞行器性能的最终确认通常还需要风洞实验和飞行实验。

采用 CFD 计算一个具体的流动问题要完成一系列任务。每个任务都已发展出了许多不同的方法和手段。尽管可用的方法和手段千变万化，但求解一个流动问题一般都包含以下四个步骤：

- 问题和几何的定义；
- 网格的生成；
- 控制 (偏微分) 方程的数值解；
- 计算结果的后处理、评估和阐释。

我们通过一个假想的问题来详细说明这些步骤：计算某飞行器在飞行过程中机翼所受的力。在实际应用中，我们可能希望得到多个飞行条件下所受的力。这里只是一个示例, 因此我们仅限于一种飞行工况。

为了说明问题，需要先精确定义运行工况，包括飞行的速度、机翼的方向和绕过机翼的流体的状态参数，即压力、密度和温度。通过这些信息可以计算关键的量纲为一的参数，如雷诺数 (Reynolds number)、马赫数 (Mach number) 和克努森数 (Knudsen number) 等。此外，在开始计算前，还需要预估计算的时间、计算的精度, 或者说计算误差的量级。

在此基础上，还要注意以下几个关系到计算成败的关键选择：是否是连续介质流动？是层流还是湍流？可压缩性是否能忽略？这些选择可以归结为一个关键问题，即什么控制方程能以期望的精度描述所预期的流动现象？

对于层流，只要连续介质假设成立 (这取决于克努森数)，合适的控制方程就是 N-S 方程，但还需要再解答一系列问题。流体的状态方程是什么样？是否是牛顿流体？如果不是的话，黏性应力怎么定义？黏度是否随温度变化？流动是否与时间相关？

湍流的情况就更加复杂。虽然合适的控制方程还是 N-S 方程，但对于高雷诺数流动，如近壁面流动，其物理时间尺度和空间尺度通常比几何和流速的相关尺度小得多，导致这种流动的数值计算的计算量很大。为此，发展了几种不同层次的湍流模拟方法，从完全解析所有相关尺度的直接数值模拟 (Direct Numerical Simulation，DNS[3]) 到对方程进行时间平均并模拟产生的雷诺应力 (Reynolds stress) 的雷诺平均法 (或称法富里平均，Favre averaging)。经过时间平均的方程称为雷诺平均纳维-斯托克斯 (Reynolds-averaged Navier-Stokes，RANS) 方程。用来计算雷诺应力的模型称为湍流模型 (turbulence model)，这通常是一个重要的误差来源。介于 DNS 和 RANS 之间，还存在混合方法，如大涡模拟 (Large-Eddy Simulation，LES)[4]或分离涡模拟 (Detached Eddy Simulation，DES)[5]。混合方法在计算精度和计算开销之间进行了折中。

上述讨论表明，正确定义数值模拟问题需要深入理解流体动力学。接下来讨论几何定义和网格生成。首先，需要定义网格的含义，并定性理解 CFD 计算的误差来源。

本书讲授的算法都依赖于网格，英文中经常将 mesh 和 grid 混用。一套网格就是一系列点的集合，这些点张成的空间称为计算域，点与点之间存在一定的关联，可以从两个角度去理解网格的概念。如果从有限差分 (finite-difference) 的角度看，网格相当于规定了空间上的一些点，需要在这些点上逼近控制方程的解。按照点之间的联系，确定用于构造有限差分逼近所需要的相邻点。如果从有限体积 (finite-volume) 的角度看，网格的目的是把流体域划分成大量的相邻的子域，也叫网格单元 (cell)。对于二维问题，连接网格节点 (grid node) 的线段构成了多边形网格单位的边。对于三维问题，则是多面体网格单元的边。

CFD 的误差可以分为数值误差和物理模型误差。选用不适当的网格可能会造成很大的数值误差。通常，在流体域增加网格节点可以降低数值误差。这一过程称为网格加密 (mesh refinement)。增加节点，即增加了网格密度 (density)。原则上，可以通过加密网格把与网格相关的误差降到足够小。但实际上，受到舍入误差的限制，网格相关误差的下降程度存在一定的下界。而且，要达到这个下界，需要的网格会很密，导致计算量太大。这种情况包含两方面的含义。一方面，现实中一般不会取这个下界，只取基本可以接受的误差范围即可。因此，了解网格相关误差，并采用某种手段量化和控制网格相关误差非常重要。另一方面，也体现了网格对求解的准确性和开销有很大的影响。因此，生成一个高效的网格，需要对流动和算法有很好的理解。(基于解的) 自适应网格生成 (solution-adaptive meshing) 的想法应运而生，即在求解过程中调整网格，并自动确定网格。

数值误差可以进一步分为网格相关误差和网格无关误差。计算域的有限性就是典型的与网格无关的误差。例如，在一个有限的计算域内进行一个外流问题的计算，意味着要在离开固壁有限的距离内施加边界条件，而理论上应该在无穷远处施加。这里我们不详细讨论这一误差，只是提醒读者要注意这一误差，并强调应该采取措施将此误差降低到适当的水平。另外一个重要的误差来源是有限代数精度的舍入误差。例如，在计算两个接近的数之差时，差值的数值远小于这两个数的量级，会导致多位有效数字丢失。舍入误差对数值算法的发展和实现具有一定的指导意义。但在实际的 CFD 计算中，舍入误差很少是主要的误差源。

物理模型误差与描述控制方程的各种模型有关。最大的物理模型误差通常来源于 RANS 方法中的湍流模型，包括预测从层流到湍流的转捩模型。当然，还有其他物理模型的误差源也需要重视，如完全气体定律和萨瑟兰 (Sutherland) 定律，特别是在这些定律的有效边界附近应用时，更需要小心。另外，与实验不同，不正确地定义来流边界条件也是可能的误差来源。

物理模型误差要比数值误差难以估量和控制。物理模型必须与可信的实验数据进行对比确认。如果比较方法得当 (这意味着数值误差与物理模型误差相比可以忽略)，且实验误差较小，则表明物理模型是实验的几何和流动条件等方面的精确表达，从而可以知道该具体流动问题的物理模型误差。经过一定数量的比较，可以量化一定范围内流动的物理模型误差。在此范围内的流动问题，计算的物理模型误差可以得到评估。如果在验证范围之外使用此模型，那它的物理模型误差就无法预知，甚至可能很大。

现在，我们再回到求解飞行器机翼受力这个假想问题上来。假设已经解决了以上描述的那些问题，并选定了一组控制方程，例如，假设可压缩 RANS 方程可以足够准确地表征我们的物理问题。接下来，就可以开始下一步工作——生成网格。生成网格首先要合理地表达几何。早期的 CFD 通常简单地用表面网格来表达几何。尽管表面网格也可以获得更完整的几何表达，但网格生成器通常只提供了几何表面上有限个点的位置。当需要更精细的网格，尤其是生成自适应网格时，这个方法就会产生问题。为了在几何表面增加网格点，需要进行某种插值。所用的插值方法依赖于原始的表面网格，经过插值后，变成有效的几何表达。这样，用不同的初始网格和不同的插值方法会产生不同的几何。因此，最好将几何表达与网格生成过程分开，并在生成网格之前就准备好完整而全面的几何表达。

CFD 计算的开销 (处理时间和内存) 依赖于网格特性，且一般随总网格节点数的增加而增加。计算精度也高度依赖于网格特性，通常也是随着网格数增加而提高。因而，存在一个计算开销与精度的折中。重要的是，网格节点必须合理分布，以便能在网格数一定的情况下高效地进行计算。因此，大部分情况下，均匀网格的效率都不高。要确定合理的网格密度和高效的节点分布，需要同时了解流场的解和算法。虽然流场的解不可能预先得知，但对于很多流动，流场的定性特征可以预先识别。例如，我们要计算的是一个机翼绕流，雷诺数可能很大，因此我们可以预知机翼表面的边界层应该比较薄。在边界层内，流动速度沿机翼壁面法向变化快；而平行于壁面方向，变化要慢很多。要高效地解析这种流动，应保证沿机翼壁面法向的网格节点间距较小，而其他两个方向网格节点的间距可以大一些。其他类似流动模拟获得的经验也可用于指导网格生成。最后，还可以采用自动的网格自适应技术克服网格生成中的困难。

网格的性质对求解算法也有重要影响，反之亦然。每种方法都有长处和不足。不同网格之间的一个关键区别在于是否为贴体网格。贴体网格可以简化边界处理；非贴体网格通常为笛卡尔 (Cartesian) 网格，更容易生成，而且可以简化远离边界区域的算法。贴体网格可以分为结构化网格和非结构化网格，这些术语会在第 4 章进行定义。为了发挥不同网格的优势，也可以使用混合网格。因此，网格生成方法非常关键，需要根据几何的复杂程度和流动的物理性质进行选择。

一旦生成了网格，就可以对已选定的控制方程进行求解了。当前，具有不同性质的算法有很多，选择或者开发适合特定应用的算法取决于几个因素。我们希望能在本书中阐明这一点。

完成计算后，需要进行计算的后处理 (post-processing)。例如，通过计算得到的流场参数进一步计算机翼所受到的力。重要的是，后处理计算一定不能显著增加误差。另外，应该进行误差估计，包括数值误差和物理模型误差。如果我们想要有效地利用这些计算出的力和力矩，比如，用于飞行器设计，我们就必须充分了解这些量的潜在误差。另外，还应该通过流场可视化去研究计算结果。这一步可以揭示某些常见的错误，例如，不正确的输入条件，而且更重要的是它可以用来检查起初定义问题和选择控制方程时做的假设是否合理。显然，采用牛顿流体假设的计算结果不可能显示出非牛顿流体的结果。如果计算结果出现了意料之外的特征，就有必要考虑假设是否合理。例如，基于定常流动假设的计算结果中发现有未预料到的大尺度流动分离区域，则应该采用非定常方法重新计算流场。同样，检查流场结果可以发现假设的从层流到湍流的转捩位置是否正确，或者在计算域的某些区域网格是否足够密。

最后一点，计算中通常存在各种不确定性。有些参数只知道介于某些范围之内，比如几何形状、气流角和一些流体工质属性。一些重要计算结果的量化，例如，飞行器机翼的受力，对这些不确定性输入参数的敏感性是很重要的。如果输入参数的不确定性是有界的或者可以用概率密度函数来描述，这些信息将有助于确定输出参数的上下界或者概率密度函数。

CFD 用户的目标是获得一个有用的、可信的和准确的解；CFD 的开发人员的目标是尽可能做到这一点。上述的讨论旨在证明无论是开发算法和模型，还是要成功地应用 CFD, 都需要大量的流体力学和 CFD 的知识和经验。本书的目的就是为 CFD 用户和开发人员实现其目标提供必要的基础。

1.2　概述和路线图

CFD 的基础是什么? 或者说，想要使用 CFD 的人应该了解哪些基本主题? 我们的建议是：有限差分方法、有限体积法、显式 (explicit) 与隐式 (implicit) 时间推进法 (time-marching method)。另外，现代 CFD 还有两部分关键内容：多重网格 (multigrid) 和高分辨率迎风格式 (high-resolution upwind scheme)。这些主题构成了 CFD 的基础，而且已经发展得足够成熟了。因此，CFD 基础课程中应该包括这些主题。

大多数求解欧拉方程和 N-S 方程的算法都会分别处理控制方程中的时间项和空间项。因此，本书也采用这种模式，在第 2 章介绍其基本原理。我们将会展示两个完整的算法，包括空间离散和时间离散。这样做的好处是允许读者提早动手开始编程。在第 4 章学完一个完整的算法后，读者就可以立即对其进行编程，这既巩固了对概念的理解，也提供了一个研究算法形态的机会。此外，我们将只详细介绍两种具体算法，并不涵盖更广泛的其他算法。因为，深入介绍这两种算法可为读者理解其他算法提供强有力的基础。

本书第 2 章将介绍 CFD 的基础算法。这一章总结了我们写的前一本书的关键内容，已经熟悉那本书的读者可以略过此章。这一章通过两个简化的模型方程，即线性对流方程和扩散方程，介绍了有限差分法、半离散方法、有限体积法、时间推进法、稳定性分析和数值耗散的基本概念。这些方法是统一且通用的，并提供了理解后继章节所需的背景知识。

在第 3 章中，将不加推导地给出欧拉方程和 N-S 方程适合数值求解的形式，包括采用有限差分求解的偏微分方程形式和采用有限体积法求解的积分形式。此外，这一章还介绍了准一维欧拉方程，此方程是课后大多数编程练习的基础。此章还将练习求几个一维问题的精确解。这些解将作为后继章节练习的数值解的验证标准。

第 4 章介绍有限差分法和隐式近似分解算法。许多流体求解器都是基于这一经典算法编写的，包括广泛应用的 NASA 的程序 OVERFLOW[6] 和 CFL3D[7]。另外还将介绍广义曲线坐标系变换、人工耗散和边界条件。此章的练习提供了编写一个隐式有限差分求解器并用于求解定常和非定常问题的机会，还给出了一些期望解和收敛历史，使读者能够确定是否正确理解并编程实现了算法。

第 5 章将介绍结合了显式多阶时间推进和多重网格的有限体积法。这一经典算法首创于 Antony Jameson 及其同事开发的 FLOxx 系列程序 [8-11]，之后此算法也被用于 NASA 的程序 TLNS3D[12]。显式多阶时间推进和多重网格结合的方法非常流行，例如，NASA 的程序 CART3D[13] 也采用了这一方法。此章的练习包括编写多阶时间推进和多重网格程序。这一章也提供了预期的收敛历史供读者参考对比。

最后，第 6 章将介绍高分辨率迎风格式。发展这些方法的目的是保持解的某些特定物理性质，以提高欧拉方程和 N-S 方程数值方法的鲁棒性和精确性。例如，对于某个物理量，比如说压力，物理上要求为正值。计算中由于数值误差，压力可能会出现负值，这将会引起严重的计算问题。又如，计算完全气体的声速要用到压力或者温度的平方根，要求压力和温度必须为非负。发展高分辨率格式就是为了保持准确性的同时防止此类非物理解的发生，特别是在有激波的流动情况下。鉴于高分辨率迎风格式的鲁棒性，在可压缩流的 CFD 中普遍使用了这类格式。此章介绍的 Godunov 方法对高分辨率迎风格式的发展具有深远的影响。这一章还将介绍常用的 Roe 近似黎曼求解器，在此引入了高分辨率格式的基本原理和一些简单的带有通量限制器的高分辨率迎风格式。此章的练习要求采用高分辨率格式，编程求解一个激波管问题。

参 考 文 献

[1] Von Neumann, J., and Richtmyer, R.D.: A method for the numerical calculation of hydrodynamic shocks. J. Appl. Phys. **21**, 232-237 (1950)

[2] Hodges, A.: Alan Turing: The Enigma. Walker & Co., New York (2000)

[3] Moin, P., Mahesh, K.: Direct numerical simulation: a tool in turbulence research. Annu. Rev. Fluid Mech. **30**(1), 539-578 (1998)

[4] Sagaut, P.: Large Eddy Simulation for Turbulent Flows. Springer, Berlin (2005)

[5] Spalart, P.R.: Strategies for turbulence modelling and simulations. Int. J. Heat Fluid Flow **21**(3), 252-263 (2000)

[6] Jespersen, D.C., Pulliam, T.H., Buning, P.G.: Recent enhancements to OVERFLOW (NavierStokes code). AIAA Paper 97-0644 (1997)

[7] Rumsey, C., Biedron, R., Thomas, J.: CFL3D: its history and some recent applications. NASA TM-112861 (1997)

[8] Baker, T.J., Jameson, A., Schmidt, W.: A family of fast and robust Euler codes. Princeton University report MAE 1652 (1984)

[9] Jameson, A.: Multigrid algorithms for compressible flow calculations. In: Proceedings of the 2nd European Conference on Multigrid Methods, Lecture Notes in Mathematics 1228. Springer, Heidelberg (1986)

[10] Jameson, A., Baker, T.J.: Multigrid solution of the Euler equations for aircraft configurations. AIAA Paper 84-0093 (1984)

[11] Swanson, R.C., Turkel, E.: Multistage schemes with multigrid for Euler and Navier-Stokes equations. NASA TP 3631 (1997)

[12] Vatsa, V., Wedan, B.: Development of a multigrid code for 3-D Navier-Stokes equations and its application to a grid-refinement study. Comput. Fluids **18**(4), 391-403 (1990)

[13] Aftosmis, M.J., Berger, M., Adomavicius, G.: A parallel multilevel method for adaptively refined Cartesian grids with embedded boundaries. AIAA Paper 2000-808 (2000)

第 2 章　基础算法

将开发的算法应用于欧拉方程和 N-S 方程之前，应当先应用于简化的模型方程，通过简化模型尽可能地先了解这些算法的性质。在本章中，我们使用两个线性标量偏微分模型方程。这两个方程能体现流体动力学的基本物理特性。本章给出了我们上一本书《流体动力学基础》(Fundamentals of Fluid Dynamics)[1] 的一些概要。更多详细内容，读者可以参考该书。

2.1　模型方程

2.1.1　线性对流方程

线性对流方程是描述对流和波传播现象的简单数学模型，可以表示为下式：

$$\frac{\partial u}{\partial t}+a\frac{\partial u}{\partial x}=0 \tag{2.1}$$

其中，$u(x,t)$ 为某个以速度 a 传播的标量，该速度可为正或负的实数。在没有边界限定的情况下，例如，在无限大区域，当速度 a 为正值时，沿 x 增大的方向进行传播；当速度 a 为负值时，对应沿 x 轴负方向传播的情况。尽管上式较为简单，但该方程可用来验证数值方法的准确性，因为能在较长的距离内保持初始的波形不是件容易的事情。

在欧拉方程数值算法的发展过程中，线性对流方程是一个很好的简化模型方程，它可用来描述流动中的对流和波传播现象。一维的欧拉方程通过对角化可分解为三个线性对流方程，该方程可能包含一些非线性项和耦合项。对流方程传播的量为**黎曼不变量** (Riemann invariant)，它们分别以流速、流速加声速和流速减声速的速度传播。在流速为正，且小于声速的流动，即亚声速流动中，前两个波速是正值，第三个波速为负值。当用对流方程作为欧拉方程的简化模型时，任意符号的波速都需考虑。

在考虑有限区域 (如 $0<x<2\pi$) 的流动时，需要给定边界条件。最常见的边界条件为入口和出口条件，入口和出口位置需要根据 a 的符号来判定。如果 a

为正值，$x=0$ 为入口条件，$x=2\pi$ 为出口条件。如果 a 为负值，情况相反。不论哪种情况，都需在入口给定速度 $u(t)$ 分布，出口则不必给定。

另一种边界条件，即周期性边界条件，有时可以简化问题。在周期性边界条件中，波形从一端流出，再从另一端流入，这个区域可以理解为圆，波形绕着圆做简单重复的传播。这样基本消除了解中的边界信息，此时流场仅仅依赖于初始条件。周期性边界条件还可以模拟任意传播距离的流动，而不必考虑区域尺寸的大小。每次初始波形穿过整个流场后，理论上应该不发生变化地回到初始波形。

2.1.2 扩散方程

在连续介质中，由分子运动引起的扩散是流体动力学里另一种非常重要的物理现象。描述扩散过程的简单线性模型方程如下：

$$\frac{\partial u}{\partial t}=\nu\frac{\partial^2 u}{\partial x^2} \tag{2.2}$$

其中，ν 为正实数。例如，当 u 代表温度时，上述抛物线型偏微分方程表示一维热扩散的控制方程。边界条件可以是周期性的狄利克雷 (Dirichlet) 条件（直接给定 u 值）、诺依曼 (Neumann) 条件（给定 $\partial u/\partial x$）或狄利克雷/诺依曼混合条件。在研究数值算法之前，先来介绍一下引入源项的扩散方程，表示如下：

$$\frac{\partial u}{\partial t}=\nu\left[\frac{\partial^2 u}{\partial x^2}-g(x)\right] \tag{2.3}$$

此方程有一个稳态解，满足

$$\frac{\partial^2 u}{\partial x^2}-g(x)=0 \tag{2.4}$$

2.2 有限差分法

2.2.1 基本概念：泰勒级数

观察上述对流和扩散模型方程，不难发现其包含了一些对时间和空间的偏导数项。在有限差分法中，某点的空间偏导数可以用相邻点的 u 值来近似表示。类似地，某点的时间偏导数可以用 u 在不同时刻的值来近似表示。通过图 2.1 所示的网格可以很容易解释，图中网格点上的 x 值用 x_j 表示，时间 t 上的值用 t_n 表示。此处，j 称为空间标号，n 称为时间标号。在当前的阐述中，我们考虑等间距

网格，因而有

$$x = x_j = j\Delta x \tag{2.5}$$

$$t = t_n = n\Delta t = nh \tag{2.6}$$

其中，Δx 为 x 方向的网格间距，Δt 表示时间离散尺度，如图 2.1 所示。在本书中 $h = \Delta t$。

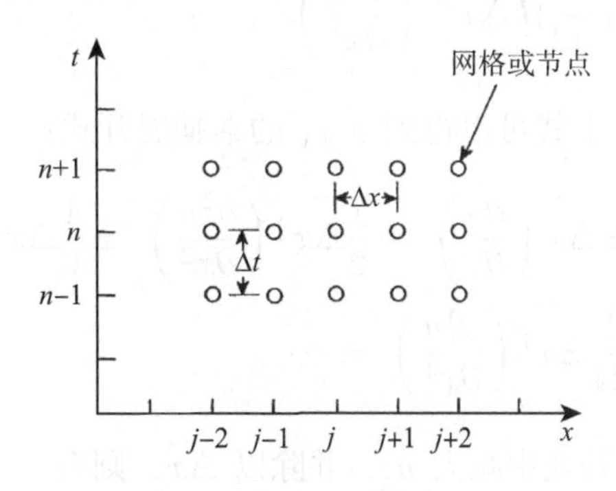

图 2.1 空间-时间网格排列

先来考虑空间偏导数。如果仅知道变量 $u(x,t)$ 在离散点 x 上的值，如何准确逼近下述的偏导数？

$$\frac{\partial u}{\partial x} \quad 或 \quad \frac{\partial^2 u}{\partial x^2} \tag{2.7}$$

根据导数的定义，或者根据曲线斜率的几何表示，不难得到上述一阶偏导数的逼近：

$$\left(\frac{\partial u}{\partial x}\right)_j \approx \frac{u_{j+1} - u_j}{\Delta x} \quad 或 \quad \left(\frac{\partial u}{\partial x}\right)_j \approx \frac{u_j - u_{j-1}}{\Delta x} \tag{2.8}$$

上式分别称为向前和向后差分逼近。显然，当 Δx 足够小时，上式可以给出准确逼近，而合适的 Δx 取值则取决于函数的性质。聪明的读者可能会推断出中心差分逼近的表达式

$$\left(\frac{\partial u}{\partial x}\right)_j \approx \frac{u_{j+1} - u_{j-1}}{2\Delta x} \tag{2.9}$$

上式可以通过几何参数来证明，或在三个点 u_{j-1}, u_j, u_{j+1} 之间拟合一条抛物线来确定 x_j 点的一阶导数。同上面一阶导数的差分相比，二阶导数的推导略微显得不是那么直观。我们可以应用上述一阶逼近两次，或者通过由三个点确定的唯一的抛物线的方法来获得下述二阶导数的逼近：

$$\left(\frac{\partial^2 u}{\partial x^2}\right)_j \approx \frac{u_{j+1} - 2u_j + u_{j-1}}{\Delta x^2} \tag{2.10}$$

上述直观方法的局限在于没有提供逼近精度的信息。获得上述差分逼近的更深入、更普遍的方法需用到泰勒展开。在假设各阶导数都存在的情况下，考虑在 x_j 点展开得 $u(x+k\Delta x)=u(j\Delta x+k\Delta x)=u_{j+k}$，有

$$u_{j+k}=u_j+(k\Delta x)\left(\frac{\partial u}{\partial x}\right)_j+\frac{1}{2}(k\Delta x)^2\left(\frac{\partial^2 u}{\partial x^2}\right)_j+\cdots \\ +\frac{1}{n!}(k\Delta x)^n\left(\frac{\partial^n u}{\partial x^n}\right)_j+\cdots \tag{2.11}$$

例如，将 $k=\pm 1$ 代入上式可以得到 $u_{j\pm 1}$ 的泰勒展开式：

$$u_{j\pm 1}=u_j\pm\Delta x\left(\frac{\partial u}{\partial x}\right)_j+\frac{1}{2}\Delta x^2\left(\frac{\partial^2 u}{\partial x^2}\right)_j\pm\frac{1}{6}\Delta x^3\left(\frac{\partial^3 u}{\partial x^3}\right)_j \\ +\frac{1}{24}\Delta x^4\left(\frac{\partial^4 u}{\partial x^4}\right)_j\pm\cdots \tag{2.12}$$

在上述 u_{j+1} 的泰勒展开式中减去 u_j，并除以 Δx，则有

$$\frac{u_{j+1}-u_j}{\Delta x}=\left(\frac{\partial u}{\partial x}\right)_j+\frac{1}{2}\Delta x\left(\frac{\partial^2 u}{\partial x^2}\right)_j+\cdots \tag{2.13}$$

上式表明，只要 Δx 与特征尺度相比很小，那么式（2.8）给出的向前差分就是微分 $\left(\frac{\partial u}{\partial x}\right)_j$ 合理的近似。更进一步，当 Δx 趋于 0 时，误差的首项（误差主项）正比于 Δx。**逼近精度的阶数** (order of accuracy)由误差主项 Δx 的指数表示，即误差中 Δx 的最低阶幂指数项。因此，公式（2.13）中给出的有限差分是一阶导数的**一阶近似** (first-order approximation)。如果网格间距 Δx 变为原来的一半，一阶导数中的误差主项也会变为原来的一半。

类似地，将 u_{j-1} 和 u_{j+1} 的泰勒展开式相减，再除以 $2\Delta x$，可以得到

$$\frac{u_{j+1}-u_{j-1}}{2\Delta x}=\left(\frac{\partial u}{\partial x}\right)_j+\frac{1}{6}\Delta x^2\left(\frac{\partial^3 u}{\partial x^3}\right)_j+\frac{1}{120}\Delta x^4\left(\frac{\partial^5 u}{\partial x^5}\right)_j+\cdots \tag{2.14}$$

这表明式（2.9）中给出的中心差分近似表达式是具有二阶精度的。如果网格间距 Δx 减小一半，误差主项会变为原来的 1/4。因此，随着 Δx 减小，二阶差分比一阶差分的近似值更快地向精确解逼近。采用泰勒展开式，可以证明式（2.10）给出的二阶导数的逼近也具有二阶精度。

有限差分公式可以推广到任意阶导数和任意阶精度。泰勒表提供了一个非常方便地获得有限差分算子的方法（参考 Lomax 等 [1]）。在任一种情况下，节点 j

处的差分可以用节点 j 的函数值和附近指定节点的函数值通过线性组合得到。根据泰勒表，人们可以方便地找到使精度最大化的线性组合的各项系数。例如，一阶导数和二阶导数的四阶中心差分表示如下：

$$\left(\frac{\partial u}{\partial x}\right)_j = \frac{1}{12\Delta x}(u_{j-2} - 8u_{j-1} + 8u_{j+1} - u_{j+2}) + O(\Delta x^4) \tag{2.15}$$

$$\left(\frac{\partial^2 u}{\partial x^2}\right)_j = \frac{1}{12\Delta x^2}(-u_{j-2} + 16u_{j-1} - 30u_j + 16u_{j+1} - u_{j+2}) + O(\Delta x^4) \tag{2.16}$$

非中心差分格式也会经常用到。例如，下式就是根据 $j-2$ 点到 j 点的值得到的二阶向后差分格式：

$$\left(\frac{\partial u}{\partial x}\right)_j = \frac{1}{2\Delta x}(u_{j-2} - 4u_{j-1} + 3u_j) + O(\Delta x^2) \tag{2.17}$$

用 $j-2$ 到 $j+1$ 点推导的一阶导数的三阶**偏心**（biased）差分可表示为

$$\left(\frac{\partial u}{\partial x}\right)_j = \frac{1}{6\Delta x}(u_{j-2} - 6u_{j-1} + 3u_j + 2u_{j+1}) + O(\Delta x^3) \tag{2.18}$$

最终，有限差分格式可进一步推广到**紧致或 Padé**(compact or Padé) 格式。紧致或 Padé 格式通过 j 点和邻近点函数值的线性组合来同时逼近 j 点和 j 邻近点的导数（数目可以与点的数目不同）的线性组合。如下列算子提供了一阶导数的四阶逼近

$$\left(\frac{\partial u}{\partial x}\right)_{j-1} + 4\left(\frac{\partial u}{\partial x}\right)_j + \left(\frac{\partial u}{\partial x}\right)_{j+1} = \frac{3}{\Delta x}(-u_{j-1} + u_{j+1}) + O(\Delta x^4) \tag{2.19}$$

紧致格式也可以很容易地从泰勒表中推导得到。

2.2.2 修正波数

误差主项对理解有限差分格式的精度提供的帮助较为有限。更多的信息可通过**修正波数** (modified wavenumber) 得到。我们通过推导下式中二阶中心差分的修正波数来引入这个概念

$$(\delta_x u)_j = \frac{u_{j+1} - u_{j-1}}{2\Delta x} \tag{2.20}$$

首先，考虑函数 $\mathrm{e}^{\mathrm{i}\kappa x}$ 的一阶导数的精确表达式：

$$\frac{\partial \mathrm{e}^{\mathrm{i}\kappa x}}{\partial x} = \mathrm{i}\kappa \mathrm{e}^{\mathrm{i}\kappa x} \tag{2.21}$$

将 $u_j = \mathrm{e}^{\mathrm{i}\kappa x_j}$(其中 $x_j = j\Delta x$) 代入式（2.20）中，可得

$$\begin{aligned}(\delta_x u)_j &= \frac{\mathrm{e}^{\mathrm{i}\kappa\Delta x(j+1)} - \mathrm{e}^{\mathrm{i}\kappa\Delta x(j-1)}}{2\Delta x} \\ &= \frac{(\mathrm{e}^{\mathrm{i}\kappa\Delta x} - \mathrm{e}^{-\mathrm{i}\kappa\Delta x})\mathrm{e}^{\mathrm{i}\kappa x_j}}{2\Delta x} \\ &= \frac{1}{2\Delta x}[(\cos\kappa\Delta x + \mathrm{i}\sin\kappa\Delta x) - (\cos\kappa\Delta x - \mathrm{i}\sin\kappa\Delta x)]\mathrm{e}^{\mathrm{i}\kappa x_j} \\ &= \mathrm{i}\frac{\sin\kappa\Delta x}{\Delta x}\mathrm{e}^{\mathrm{i}\kappa x_j} \\ &= \mathrm{i}\kappa^*\mathrm{e}^{\mathrm{i}\kappa x_j}\end{aligned} \tag{2.22}$$

其中，κ^* 为修正波数。之所以这样命名是因为它出现在了精确表达式（2.21）中波数 κ 出现的地方。因此，实际上可以用修正波数同实际波数的接近程度来度量差分格式的精度。对上述二阶中心差分格式，修正波数为

$$\kappa^* = \frac{\sin\kappa\Delta x}{\Delta x} \tag{2.23}$$

式（2.23）对应曲线如图 2.2 所示。标准四阶中心差分格式和四阶 Padé 格式中波数与修正波数的关系也展示在该图中。修正波数的表达式给出了在给定的网格尺寸 $0 < \kappa\Delta x < \pi$ 范围内的波数分量的解析精度。$\kappa\Delta x$ 的值与单位波长的网格节点数和网格分辨率相关联。单位波长节点数（**PPW**）指的是被求解的波数对应的单位波长上的网格数，二者关系为 $\mathbf{PPW} = 2\pi/(\kappa\Delta x)$。例如，$\kappa\Delta x = \pi/4$ 时，对应单位波长上有 8 个网格数。从图 2.2 可以看出，对该网格尺度，二阶中心差分格式对应的 κ^* 已经同 κ 有较大的差别。因此基于该网格密度的函数的谱特性包含相当大的数值误差。

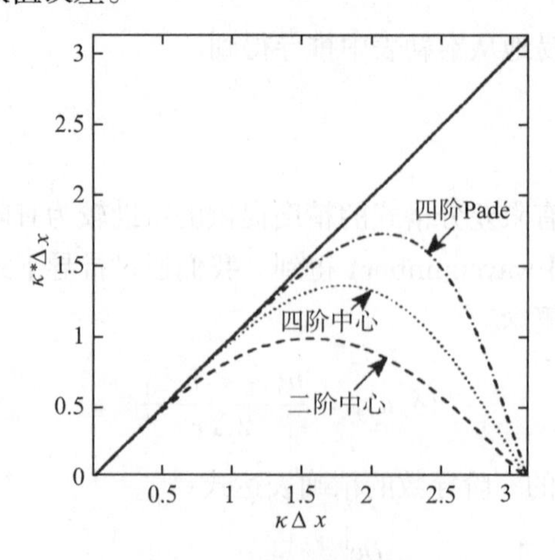

图 2.2　不同算法的修正波数

中心差分的修正波数是纯实数，但一般情况下修正波数也可以包含虚数部分。任意的有限差分算子可以分解成反对称和对称部分。例如，式（2.18）可以分解如下：

$$
\begin{aligned}
(\delta_x u)_j &= \frac{1}{6\Delta x}(u_{j-2} - 6u_{j-1} + 3u_j + 2u_{j+1}) \\
&= \frac{1}{12\Delta x}[(u_{j-2} - 8u_{j-1} + 8u_{j+1} - u_{j+2}) \\
&\quad + (u_{j-2} - 4u_{j-1} + 6u_j - 4u_{j+1} + u_{j+2})]
\end{aligned} \tag{2.24}
$$

反对称部分决定了修正波数的实部，而虚部则由差分算子的对称部分决定。中心差分格式是反对称的，对称部分也即修正波数的虚部为零。在线性对流方程中，可以观察到解的相位误差，即相速度误差同修正波数的实部相关，而解的幅值误差则同虚部相关。因此，空间差分算子的反对称部分决定了传播速度的误差，而对称部分决定了传播幅值的误差。观察中心差分格式，可以发现它不产生幅值误差。由于相速度的数值误差依赖于波数，所以引入了数值色散，因此相速度误差通常也被称为**色散** (dispersive) 误差。同理，幅值误差通常也被称为**耗散** (dissipative) 误差。

2.3 半离散方法

根据 2.2 节的讨论，可以采用有限差分表达式来替代偏微分方程中空间和时间的导数项，由此可将偏微分方程降阶为可用计算机求解的代数方程。鉴于多种原因，将空间导数和时间导数分别进行离散更便于分析。我们首先离散空间导数项，使偏微分方程转化成如下所示的常微分方程：

$$
\frac{\mathrm{d}\boldsymbol{u}}{\mathrm{d}t} = \boldsymbol{F}(\boldsymbol{u}, t) \tag{2.25}
$$

然后再采用时间推进法将常微分方程转化为可求解的代数方程，这种方法称为**半离散方法** (semi-discrete approach)。中间过程引入的空间导数被离散而时间导数未被离散的常微分方程称为**半离散形式** (semi-discrete form)。特别需要注意，对某些偏微分方程来讲，一些数值方法可以同时实现空间导数项和时间导数项的离散，而不引入半离散形式方程。然而，绝大多数广泛应用的，以及后续章节中提到的所有算法都对时间和空间项分别采用了不同的离散方法。

在半离散方法中，可以将偏微分方程转化为常微分方程的空间离散同用来数值求解常微分方程的时间推进法分开。这样做可以更清楚地理解空间离散和时间推进法各自对精度和稳定性的影响。这种方法也使我们可以方便地采用同常微分方程相关的数值理论来进行分析。在提出模型方程的半离散常微分方程形式之前，我们需要先了解一下**矩阵差分算子** (matrix difference operator)。

2.3.1 矩阵差分算子

考虑如下关系式：

$$(\delta_{xx}u)_j = \frac{1}{\Delta x^2}(u_{j+1} - 2u_j + u_{j-1}) \tag{2.26}$$

这是二阶导数的一点差分逼近。现在用一个**矩阵** (matrix) 算子来表示上式。在 $0 < x < \pi$ 区域内，划分四个内部节点和两个标记为 a、b 的边界节点，如下所示。

$$\begin{array}{c} a\ 1\ 2\ 3\ 4\ b \\ x = 0 - - - - - \pi \\ j = \quad 1\ \cdot\ \cdot\ M \end{array}$$

四个内部节点的网格 $\Delta x = \pi/(M+1)$

现在在边界上给定狄利克雷条件，$u(0) = u_a, u(\pi) = u_b$，并在每个网格节点上采用式（2.26）给出的中心差分近似。可以得到下述四个方程:

$$\begin{aligned}
(\delta_{xx}u)_1 &= \frac{1}{\Delta x^2}(u_a - 2u_1 + u_2) \\
(\delta_{xx}u)_2 &= \frac{1}{\Delta x^2}(u_1 - 2u_2 + u_3) \\
(\delta_{xx}u)_3 &= \frac{1}{\Delta x^2}(u_2 - 2u_3 + u_4) \\
(\delta_{xx}u)_4 &= \frac{1}{\Delta x^2}(u_3 - 2u_4 + u_b)
\end{aligned} \tag{2.27}$$

引入

$$\boldsymbol{u} = \begin{bmatrix} u_1 \\ u_2 \\ u_3 \\ u_4 \end{bmatrix}, \quad (\boldsymbol{bc}) = \frac{1}{\Delta x^2}\begin{bmatrix} u_a \\ 0 \\ 0 \\ u_b \end{bmatrix} \tag{2.28}$$

和

$$A = \frac{1}{\Delta x^2}\begin{bmatrix} -2 & 1 & & \\ 1 & -2 & 1 & \\ & 1 & -2 & 1 \\ & & 1 & -2 \end{bmatrix} \tag{2.29}$$

我们可以将式（2.27）改写为

$$\delta_{xx}\boldsymbol{u} = A\boldsymbol{u} + (\boldsymbol{bc}) \tag{2.30}$$

这个例子给出了矩阵差分算子。矩阵差分算子的每一行都是基于一个点差分算子得到的，但是不同行对应的点算子不必完全相同。例如，矩阵最上行、最下行或它们邻近行对应边界条件，而边界条件是可以修改的。谱方法是矩阵差分算子中的极特殊情况，其中任两行都是不同的。在一个四点网格上，采用狄利克雷边界条件，并用三点中心差分离散一阶和二阶导数项得到如下的矩阵算子：

$$\delta_x = \frac{1}{2\Delta x}\begin{bmatrix} 0 & 1 & & \\ -1 & 0 & 1 & \\ & -1 & 0 & 1 \\ & & -1 & 0 \end{bmatrix}, \quad \delta_{xx} = \frac{1}{\Delta x^2}\begin{bmatrix} -2 & 1 & & \\ 1 & -2 & 1 & \\ & 1 & -2 & 1 \\ & & 1 & -2 \end{bmatrix} \tag{2.31}$$

差分算子的每个矩阵都是除主对角线及其附近区域外其余元素均为零的方阵。我们称这样的矩阵为**带状矩阵**（banded matrix），并表示如下：

$$B(M:a,b,c) = \begin{bmatrix} b & c & & & \\ a & b & c & & \\ & & \ddots & & \\ & & a & b & c \\ & & & a & b \end{bmatrix} \begin{matrix} 1 \\ \\ \vdots \\ \\ M \end{matrix} \tag{2.32}$$

其中矩阵维数为 $M \times M$。参数中的 M 为非必选项，这个方法可用来表示任意带宽的简单**三对角** (tridiagonal) 矩阵。沿着带宽各元素不为常数的三对角矩阵可以表示为 $B(\boldsymbol{a}, \boldsymbol{b}, \boldsymbol{c})$。此带状矩阵的参数个数总是为奇数，最中间的参数总是指向主对角线。

如果采用**周期性** (periodic) 边界条件，矩阵算子的形式会发生变化。考虑 $0 \leqslant x \leqslant 2\pi$ 区域中具有周期性的八节点网格分布。该情况也可以表示具有重复入口的线性网格或圆形网格分布，如图 2.3 所示。当网格分布在圆周上时，可以从任一点开始对网格点进行计数，只需保证终点恰好位于起始点之前。

$$\begin{array}{l} \cdots\ 7\ 8\ 1\ 2\ 3\ 4\ 5\ 6\ 7\ 8\ 1\ \ 2 \cdots \\ x = -\,-\,0 - - - - - - - - 2\pi\ - \\ j = \quad 0\ 1 \cdot \cdot \cdot \cdot \cdot \cdot \cdot\ M \end{array}$$

八个点的线性周期性网格 $\Delta x = 2\pi/M$

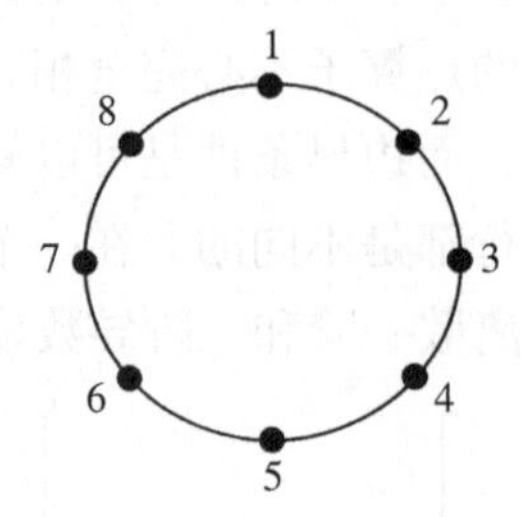

图 2.3 八个点的环形网格

具有周期性边界条件的标量方程的差分格式矩阵称为**周期性**矩阵。周期性矩阵有一种特殊的子集，称为 **循环 (轮换)**(circulant) 矩阵，其沿着不同带的元素不变。循环矩阵中每一行同上一行相比右移了一个元素。特殊的三对角循环矩阵形式如下：

$$B_{\mathrm{p}}(M:a,b,c)=\begin{bmatrix} b & c & & a \\ a & b & c & \\ & & \ddots & \\ & a & b & c \\ c & & a & b \end{bmatrix}\begin{matrix} 1 \\ \\ \vdots \\ \\ M \end{matrix} \tag{2.33}$$

当采用三点中心差分来离散式（2.31）中的一阶导数项，同时边界采用周期性边界条件时，差分矩阵表示如下：

$$(\delta_x)_{\mathrm{p}}=\frac{1}{2\Delta x}\begin{bmatrix} 0 & 1 & & -1 \\ -1 & 0 & 1 & \\ & -1 & 0 & 1 \\ 1 & & -1 & 0 \end{bmatrix}=\frac{1}{2\Delta x}B_{\mathrm{p}}(-1,0,1)$$

注意，由于所有的信息均来自矩阵内部，因此此处不需要边界条件矢量。

2.3.2 偏微分方程组降阶为常微分方程组

我们已经了解了矩阵差分算子的概念，现在可以通过空间差分将偏微分方程组 (PDE) 降为常微分方程组 (ODE)。在此，我们以 2.1 节中讲述的扩散和周期对流中的模型 PDE 为例。在这些简单的算例中，我们用差分算子来近似空间导数项，并用矩阵的形式表示得到的 ODE。若 ODE 是线性的，这将是一种简单而又自然的表达形式。

扩散流动模型 ODE。例如，当采用三点中心差分格式来表示扩散偏微分方程的二阶导数项时，可得到下述的常微分扩散模型：

$$\frac{\mathrm{d}\boldsymbol{u}}{\mathrm{d}t}=\frac{\nu}{\Delta x^2}B(1,-2,1)\boldsymbol{u}+(\boldsymbol{bc}) \tag{2.34}$$

其中，矢量 $(\boldsymbol{bc})$ 表示狄利克雷边界条件。

周期性对流模型 ODE。采用三点中心差分格式离散具有周期性边界条件的线性对流方程时，得到的常微分方程如下：

$$\frac{\mathrm{d}\boldsymbol{u}}{\mathrm{d}t}=-\frac{a}{2\Delta x}B_{\mathrm{p}}(1,0,1)\boldsymbol{u} \tag{2.35}$$

由于流动具有周期性，因此没有边界条件矢量。

式（2.34）和式（2.35）分别为扩散和周期性对流的一维标量模型常微分方程。它们是系数矩阵与 x 和 t 无关的线性方程组。

一般的矩阵形式。更为一般的半离散方程形式如下：

$$\frac{\mathrm{d}\boldsymbol{u}}{\mathrm{d}t}=A\boldsymbol{u}-\boldsymbol{f}(t) \tag{2.36}$$

其中，矩阵 A 中的元素依赖于偏微分方程的形式和所采用的空间导数项的差分格式。矢量 $\boldsymbol{f}(t)$ 通常由边界条件及源项所决定。如欧拉方程和 N-S 方程这样的复杂方程也可以表示为式（2.36）的形式。这时的方程通常为非线性的，也即 A 中元素与 $\boldsymbol{u}$ 的解有关，一般由矢通量的雅可比矩阵推导得出。虽然该方程为非线性的，但是将线性分析理论应用于欧拉方程和 N-S 方程时得出的许多数值方法方面的结论都惊人地准确。

2.3.3 线性常微分方程的精确解

为了在时间上求解式（2.25），常微分方程组必须采用时间推进法来进行积分。我们可以利用常微分方程组耦合系统在一定条件下存在的精确解来分析时间推进法。在常微分方程（2.25）中，如果 F 同 u 是线性关系（比如 $\partial F/\partial u=A$，此处 A 与 u 无关），那么该方程也是**线性** (linear) 的。前面已经指出，线性的常微分方程组可以表示为如式（2.36）所示的矩阵的形式。其中系数矩阵 A 是同 u 无关的。如果 A 与 t 是显式关系，则通解的形式无法直接写出；相反，如果 A 和

t 不是显式关系，式（2.36）的通解是可以写出的。不管限制函数 $\boldsymbol{f}$ 是否显式依赖于 t，上述结论都是成立的。

式（2.36）的精确解可以用 A 的特征值及特征向量来表示。这样我们可以用具有代表性的标量方程来分析时间推进法。为此，先来考虑一个耦合的、非齐次的、具有常系数的一阶线性常微分方程组，该方程组可由一组偏微分方程的空间离散得到。方程表示如下：

$$\frac{\mathrm{d}\boldsymbol{u}}{\mathrm{d}t} = A\boldsymbol{u} - \boldsymbol{f}(t) \tag{2.37}$$

假设 $M \times M$ 阶矩阵 A 有完备的特征系统[①]，并且可以用左特征向量矩阵 X^{-1} 和右特征向量矩阵 X 将其变换为对角矩阵 Λ，其对角元素为矩阵 A 的特征值。用 X^{-1} 左乘式（2.37），并在 A 和 $\boldsymbol{u}$ 之间插入以 XX^{-1} 表示的单位矩阵 I，可得

$$X^{-1}\frac{\mathrm{d}\boldsymbol{u}}{\mathrm{d}t} = X^{-1}AX \cdot X^{-1}\boldsymbol{u} - X^{-1}\boldsymbol{f}(t) \tag{2.38}$$

由于 A 与 $\boldsymbol{u}$ 和 t 无关，因此 X^{-1} 和 X 也分别独立于 $\boldsymbol{u}$ 和 t，式（2.38）可以变为

$$\frac{\mathrm{d}}{\mathrm{d}t}X^{-1}\boldsymbol{u} = \Lambda X^{-1}\boldsymbol{u} - X^{-1}\boldsymbol{f}(t)$$

最后，引入下述新的变量 $\boldsymbol{w}$ 和 $\boldsymbol{g}$：

$$\boldsymbol{w} = X^{-1}\boldsymbol{u}, \quad \boldsymbol{g}(t) = X^{-1}\boldsymbol{f}(t) \tag{2.39}$$

我们将式（2.37）降阶为新的代数形式

$$\frac{\mathrm{d}\boldsymbol{w}}{\mathrm{d}t} = \Lambda\boldsymbol{w} - \boldsymbol{g}(t) \tag{2.40}$$

式（2.40）表示的方程组是解耦的。其每一行都可以表示成独立的、单变量的一阶方程，如

$$\begin{aligned} w_1' &= \lambda_1 w_1 - g_1(t) \\ &\vdots \\ w_m' &= \lambda_m w_m - g_m(t) \\ &\vdots \\ w_M' &= \lambda_M w_M - g_M(t) \end{aligned} \tag{2.41}$$

---

① 表示 A 的特征向量线性无关，且 $X^{-1}AX = \Lambda$，此处 X 以 A 的左特征向量为列，即 $X = [\boldsymbol{x}_1, \boldsymbol{x}_2, \cdots, \boldsymbol{x}_M]$，且 Λ 是由 A 的特征值组成的对角矩阵。

对给定的 $g_m(t)$ 集合，上述每个方程都可以单独求解，然后用式（2.39）的逆变换再进行耦合，可得

$$\begin{aligned}\boldsymbol{u}(t) &= X\boldsymbol{w}(t) \\ &= \sum_{m=1}^{M} w_m(t)\boldsymbol{x}_m\end{aligned} \tag{2.42}$$

其中，$\boldsymbol{x}_m$ 是矩阵 X 的第 m 列向量，即与特征值 λ_m 对应的特征向量。

接下来我们关注当 A 和 f 都不是 t 的显式函数时式（2.36）的情况。这种情况下，式（2.40）和（2.41）中的 g_m 也与时间无关，式（2.41）中每行的解为

$$w_m(t) = c_m \mathrm{e}^{\lambda_m t} + \frac{1}{\lambda_m} g_m$$

其中，c_m 是与初始条件有关的常数。变换回 u 方程，可得

$$\begin{aligned}\boldsymbol{u}(t) &= X\boldsymbol{w}(t) \\ &= \sum_{m=1}^{M} w_m(t)\boldsymbol{x}_m \\ &= \sum_{m=1}^{M} c_m \mathrm{e}^{\lambda_m t}\boldsymbol{x}_m + \sum_{m=1}^{M} \frac{1}{\lambda_m} g_m \boldsymbol{x}_m \\ &= \sum_{m=1}^{M} c_m \mathrm{e}^{\lambda_m t}\boldsymbol{x}_m + X\Lambda^{-1}X^{-1}\boldsymbol{f} \\ &= \underbrace{\sum_{m=1}^{M} c_m \mathrm{e}^{\lambda_m t}\boldsymbol{x}_m}_{\text{瞬态}} + \underbrace{A^{-1}\boldsymbol{f}}_{\text{稳态}}\end{aligned} \tag{2.43}$$

此时的稳态解为预想的 $A^{-1}\boldsymbol{f}$。

上述方程右边第一项通常被称为**通解** (complementary solution) 或齐次方程的解。第二项通常称为**特解** (particular solution) 或特殊积分。在流体力学的应用中，通常分别称二者为**瞬态** (transient) 和**稳态** (steady-state) 解。此解的另一种完全等价的形式可表示如下：

$$\boldsymbol{u}(t) = c_1 \mathrm{e}^{\lambda_1 t}\boldsymbol{x}_1 + \cdots + c_m \mathrm{e}^{\lambda_m t}\boldsymbol{x}_m + \cdots + c_M \mathrm{e}^{\lambda_M t}\boldsymbol{x}_M + A^{-1}\boldsymbol{f} \tag{2.44}$$

2.3.4　模型常微分方程的特征谱

通过中心差分离散扩散方程（2.34）和周期性对流方程（2.35）可获得常微分方程。考察这些方程的特征值对理解问题很有帮助。具有狄利克雷边界条件的模型扩散方程，其矩阵 A 的特征值如下：

$$\begin{aligned}\lambda_m &= \frac{\nu}{\Delta x^2}\left[-2+2\cos\left(\frac{m\pi}{M+1}\right)\right] \\ &= \frac{-4\nu}{\Delta x^2}\sin^2\left(\frac{m\pi}{2(M+1)}\right), \quad m=1,2,\cdots,M\end{aligned} \tag{2.45}$$

这些特征值都是负实数，同扩散的物理特征是相符的。

对周期性对流问题，可以得到

$$\begin{aligned}\lambda_m &= \frac{-\mathrm{i}a}{\Delta x}\sin\left(\frac{2m\pi}{M}\right), \quad m=0,1,\cdots,M-1 \\ &= -\mathrm{i}\kappa_m^* a\end{aligned} \tag{2.46}$$

其中，

$$\kappa_m^* = \frac{\sin\kappa_m\Delta x}{\Delta x}, \quad m=0,1,\cdots,M-1 \tag{2.47}$$

为修正波数，$\kappa_m = m$，且有 $\Delta x = 2\pi/M$。这些特征值都是纯虚数，反映了波形幅值在传递过程中既没有增长也没有衰减，这种性质通过中心差分保持了下来。

2.3.5　时间推进法的代表性方程

我们希望了解采用时间推进法求解 ODE 时的稳定性和精确性，这些 ODE 通常是将空间离散格式应用于 PDE 上得到的，如 N-S 方程，形式如下：

$$\frac{\mathrm{d}\boldsymbol{u}}{\mathrm{d}t} = \boldsymbol{F}(\boldsymbol{u},t) \tag{2.48}$$

为了简化问题，我们考虑更简单的、可推导出如式（2.34）和（2.35）所示的常微分方程的模型方程，其一般形式为

$$\frac{\mathrm{d}\boldsymbol{u}}{\mathrm{d}t} = A\boldsymbol{u} - \boldsymbol{f}(t) \tag{2.49}$$

其中，A 同 u 和 t 无关。进一步简化，我们注意到上述公式可以解耦，因此可将时间推进法应用于下述标量常微分方程来对其进行研究

$$\frac{\mathrm{d}u}{\mathrm{d}t} = \lambda u + a\mathrm{e}^{\mu t} \tag{2.50}$$

其中，λ，a 和 μ 均为复常数。我们分析的目的不是针对特定问题，而是为了了解普遍问题的典型性质。为了评价时间推进法，参数 λ，a 和 μ 可以取在 ODE 特征系统中可能出现的最坏组合中。例如，如果对对流主导的问题感兴趣，应用时间推进法时，则应当考虑虚数 λ。典型的 ODE 的精确解如下（当 $\mu \neq \lambda$ 时）:

$$u(t) = c\mathrm{e}^{\lambda t} + \frac{a\mathrm{e}^{\mu t}}{\mu - \lambda} \tag{2.51}$$

其中，常数 c 由初始条件确定。

2.4 有限体积法

2.4.1 基本概念

在 2.3 节中我们了解了如何采用有限差分离散空间导数项，从而将 PDE 简化为 ODE。空间离散还有一种方法，即有限体积法，可以将积分形式的守恒定律简化为 ODE。在当前的 CFD 领域，有限体积法非常流行，主要因为其具有两个优点。其一，这种方法可以保证离散是守恒的，例如，质量、动量和能量在离散区域内为守恒的。当然，在有限的体积内，有限差分法通常也可以获得这种性质。其二，应用在**非结构化** (unstructured)网格上时，有限体积法不需要进行坐标的转化。因此，有限体积法可以应用在包含三维任意多面体及二维任意多边形的非结构化网格中。在复杂几何形状中，这种特点对生成网格是非常便利的。

守恒定律的偏微分形式或散度形式可以表示为

$$\frac{\partial Q}{\partial t} + \nabla \cdot \boldsymbol{F} = P \tag{2.52}$$

其中，Q 为包含一系列守恒变量的向量，如单位体积的质量、动量和能量；$\boldsymbol{F}$ 为向量或张量，为单位时间单位面积上的 Q 通量；P 为单位时间单位体积上 Q 的生成率，$\nabla \cdot \boldsymbol{F}$ 为众所周知的散度算子。该守恒定律的积分形式如下：

$$\frac{\mathrm{d}}{\mathrm{d}t}\int_{V(t)} Q\mathrm{d}V + \oint_{S(t)} \boldsymbol{n} \cdot \boldsymbol{F}\mathrm{d}S = \int_{V(t)} P\mathrm{d}V \tag{2.53}$$

这个方程是在空间为 $V(t)$、表面积为 $S(t)$ 的有限区域中的守恒量的守恒定律。在二维问题中，空间区域指的是被周长为 $C(t)$ 的封闭曲线包围的面积 $A(t)$。$\boldsymbol{n}$ 为垂直于表面且指向外侧的单位矢量。

有限体积法的基本原理是在覆盖整个研究区域的许多小区域中，在某种近似程度上满足积分形式的守恒定律。网格的作用是将整个区域划分为许多邻接的控制体，式（2.53）中的体积 V 为控制体体积，其形状同网格的划分有关。仔细查看该公式，可以发现必须要做一些近似。控制体边界上的通量需要确定，控制边界在三维问题中为封闭曲面，在二维问题中为封闭曲线。为了得到边界上的净通量，需对边界上的通量进行积分。类似地，源项 P 也需在整个控制体上积分获得。接下来可采用时间推进法获得下一个时间步上的积分值

$$\int_V Q\mathrm{d}V \tag{2.54}$$

我们来详细考虑上述的每一个近似。首先，在 V 的有限体积内 Q 的平均值为

$$\bar{Q} \equiv \frac{1}{V}\int_V Q\mathrm{d}V \tag{2.55}$$

当控制体不随时间发生变化时，式（2.53）可以表示为

$$V\frac{\mathrm{d}}{\mathrm{d}t}\bar{Q} + \oint_S \boldsymbol{n}\cdot\boldsymbol{F}\mathrm{d}S = \int_V P\mathrm{d}V \tag{2.56}$$

应用时间推进法，我们可以更新体积平均的 $\bar{Q}$ 值。为了获得控制体边界上与 Q 相关的通量值，可以假设在控制体积内 Q 值为分段线性分布，进而获得正确的 $\bar{Q}$ 值，这种插值的过程称为**重构** (reconstruction)。每个网格内可以用不同的分段线性来模拟 Q 分布。基于此计算的 $\boldsymbol{F}(Q)$，通常会在相邻控制体的共同边界上产生不同的通量近似结果，即通量在相邻控制体边界上不连续。将两个通量进行平均，可得到一种类似于中心差分格式的非耗散格式。另一种通量差分分裂格式将在 2.5 节中讲解。

有限体积法的基本步骤如下：

（1）给定控制体积上的 $\bar{Q}$ 值，构建在该体积上的 $Q(x,y,z)$ 分布。基于该分布假设，确定 Q 在边界上的值。计算边界上的 $\boldsymbol{F}(Q)$。由于在每个体积上 $Q(x,y,z)$ 分布不同，因此在相邻体积共同边界点上可能得到两个不同的通量值。

（2）采用一些处理方式来解决边界上 $\boldsymbol{F}(Q)$ 值不连续的问题，具体将在 2.5 节讨论。

（3）通过一些积分算法积分得到控制体边界上的净通量。

（4）采用时间推进法获得下一个时间步上新的 $\bar{Q}$ 值。

这种方法的精度同上述采用的近似方式有关。

对扩散项通量，可采用下述 ∇Q 和 Q 的关系式：

$$\int_V \nabla Q\mathrm{d}V = \oint_S \boldsymbol{n}Q\mathrm{d}S \tag{2.57}$$

或二维问题中

$$\int_A \nabla Q \mathrm{d}A = \oint_C \boldsymbol{n} Q \mathrm{d}l \tag{2.58}$$

其中单位矢量 $\boldsymbol{n}$ 指向控制面或线的外法线方向。

2.4.2 一维算例

先来关注模型方程中标量因变量 u 和标量通量 f。考虑在网格间距为 Δx 的等间距网格中，网格节点 x_j 对应的坐标为 $x_j = j\Delta x$。第 j 个控制体对应区间 $x_j - \Delta x/2$ 到 $x_j + \Delta x/2$，如图 2.4 所示。这种节点中心格式同控制体积为 x_j 到 x_{j+1} 的单元中心格式有所不同。对于本节的讨论，这两种方法是一致的。我们采用下面符号：

$$x_{j-1/2} = x_j - \Delta x/2, \quad x_{j+1/2} = x_j + \Delta x/2 \tag{2.59}$$

$$u_{j\pm1/2} = u(x_{j\pm1/2}), \quad f_{j\pm1/2} = f(u_{j\pm1/2}) \tag{2.60}$$

根据上述定义，控制体单元内平均值为

$$\bar{u}_j(t) \equiv \frac{1}{\Delta x}\int_{x_{j-1/2}}^{x_{j+1/2}} u(x,t)\mathrm{d}x \tag{2.61}$$

积分形式（2.53）变为

$$\frac{\mathrm{d}}{\mathrm{d}t}(\Delta x \bar{u}_j) + f_{j+1/2} - f_{j-1/2} = \int_{x_{j-1/2}}^{x_{j+1/2}} P \mathrm{d}x \tag{2.62}$$

当 $f = au$，$P = 0$ 时，可得线性对流方程的积分形式，当 $f = -\nu\nabla u = -\nu\partial u/\partial x$ 且 $P = 0$ 时可得扩散方程的积分形式。

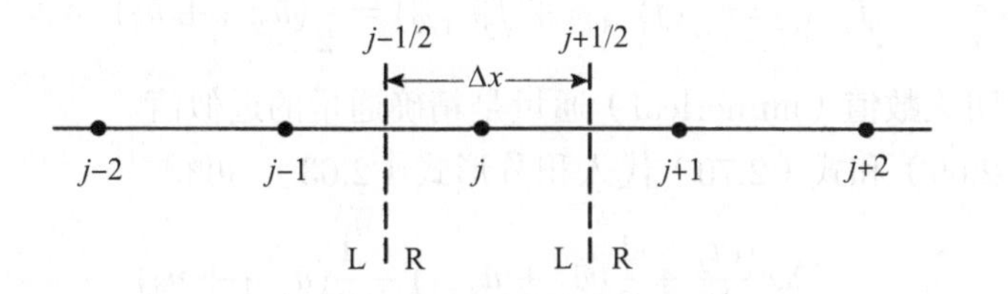

图 2.4 控制体积的一维例子

对流方程的二阶近似。 当 $a = 1$，$f = u$ 时，线性对流方程的积分形式可变为

$$\Delta x \frac{\mathrm{d}\bar{u}_j}{\mathrm{d}t} + f_{j+1/2} - f_{j-1/2} = 0 \tag{2.63}$$

在每个单元内，采用分段常数来近似 $u(x)$，即

$$u(x) = \bar{u}_j, \quad x_{j-1/2} \leqslant x \leqslant x_{j+1/2} \tag{2.64}$$

则在 $j+1/2$ 处可得

$$f_{j+1/2}^{\mathrm{L}} = f(u_{j+1/2}^{\mathrm{L}}) = u_{j+1/2}^{\mathrm{L}} = \bar{u}_j \tag{2.65}$$

其中，L 表明 $f_{j+1/2}$ 点的近似值是根据 $x_{j+1/2}$ 点左侧控制体积单元中 $u(x)$ 的近似关系得到的，如图 2.4 所示。$x_{j+1/2}$ 的右侧单元，也即 $j+1$ 单元，给出如下关系式：

$$f_{j+1/2}^{\mathrm{R}} = \bar{u}_{j+1} \tag{2.66}$$

类似地，j 点单元为 $x_{j-1/2}$ 右边的区域，有

$$f_{j-1/2}^{\mathrm{R}} = \bar{u}_j \tag{2.67}$$

$j-1$ 点单元为 $x_{j-1/2}$ 左边的区域，有

$$f_{j-1/2}^{\mathrm{L}} = \bar{u}_{j-1} \tag{2.68}$$

现在我们已经完成了 2.4.1 小节中所列的第一步，即根据单元平均值定义了单元边界上的通量。在这个例子中，边界通量上的不连续可以通过取边界两边平均值的办法来解决。即

$$\widehat{f}_{j+1/2} = \frac{1}{2}(f_{j+1/2}^{\mathrm{L}} + f_{j+1/2}^{\mathrm{R}}) = \frac{1}{2}(\bar{u}_j + \bar{u}_{j+1}) \tag{2.69}$$

和

$$\widehat{f}_{j-1/2} = \frac{1}{2}(f_{j-1/2}^{\mathrm{L}} + f_{j-1/2}^{\mathrm{R}}) = \frac{1}{2}(\bar{u}_{j-1} + \bar{u}_j) \tag{2.70}$$

其中，$\widehat{f}$ 表明该**数值**（numerical）通量是精确通量的近似值。

将式（2.69）和式（2.70）代入积分形式（2.63），可得

$$\begin{aligned}
&\Delta x \frac{\mathrm{d}\bar{u}_j}{\mathrm{d}t} + \frac{1}{2}(\bar{u}_j + \bar{u}_{j+1}) - \frac{1}{2}(\bar{u}_{j-1} + \bar{u}_j) \\
=&\Delta x \frac{\mathrm{d}\bar{u}_j}{\mathrm{d}t} + \frac{1}{2}(\bar{u}_{j+1} - \bar{u}_{j-1}) = 0
\end{aligned} \tag{2.71}$$

采用周期性边界条件和三点中心差分可得到如下的半离散格式：

$$\frac{\mathrm{d}\bar{\boldsymbol{u}}}{\mathrm{d}t} = -\frac{1}{2\Delta x} B_{\mathrm{p}}(-1, 0, 1)\bar{\boldsymbol{u}} \tag{2.72}$$

上式与采用二阶中心差分得到的表达式是一致的，只是用体积平均值 $\bar{\boldsymbol{u}}$ 表示，而非用节点值 $\boldsymbol{u}$ 表示。因此理解与分析矩阵 $B_{\mathrm{p}}(-1,0,1)$ 的特征系统既同有限体积法相关，又同有限差分法相关。$B_{\mathrm{p}}(-1,0,1)$ 的特征值为纯虚数，所以我们可以推断采用控制体积边界两侧的通量的平均值，如式（2.69）和（2.70），不会导致耗散。

对流方程的四阶近似。用分段抛物线代替 2.4.2 小节中的分段常数近似可得四阶空间离散，分段抛物线可以表示为

$$u(\xi) = a\xi^2 + b\xi + c \tag{2.73}$$

其中，ξ 等于 $x - x_j$。三个参数 a、b 和 c 需满足下述限定条件：

$$\begin{aligned}
\frac{1}{\Delta x}\int_{-3\Delta x/2}^{-\Delta x/2} u(\xi)\mathrm{d}\xi &= \bar{u}_{j-1} \\
\frac{1}{\Delta x}\int_{-\Delta x/2}^{\Delta x/2} u(\xi)\mathrm{d}\xi &= \bar{u}_{j} \\
\frac{1}{\Delta x}\int_{\Delta x/2}^{3\Delta x/2} u(\xi)\mathrm{d}\xi &= \bar{u}_{j+1}
\end{aligned} \tag{2.74}$$

由上可得

$$\begin{aligned}
a &= \frac{\bar{u}_{j+1} - 2\bar{u}_j + \bar{u}_{j-1}}{2\Delta x^2} \\
b &= \frac{\bar{u}_{j+1} - \bar{u}_{j-1}}{2\Delta x} \\
c &= \frac{-\bar{u}_{j-1} + 26\bar{u}_j - \bar{u}_{j+1}}{24}
\end{aligned} \tag{2.75}$$

下面给读者留一个练习，试着证明以上重构是否会得到一个类似四阶中心有限差分的格式：

$$\Delta x\frac{\mathrm{d}\bar{u}_j}{\mathrm{d}t} + \frac{1}{12}(-\bar{u}_{j+2} + 8\bar{u}_{j+1} - 8\bar{u}_{j-1} + \bar{u}_{j-2}) = 0 \tag{2.76}$$

扩散方程的二阶近似。在本节中，我们介绍扩散方程有限体积近似的两种推导方法。第一种方法易于扩展到多维，而第二种方法易于扩展到更高阶精度。

当 $\nu = 1$ 且 $f = -\nabla u = -\partial u/\partial x$ 时，扩散方程的积分形式如下：

$$\Delta x\frac{\mathrm{d}\bar{u}_j}{\mathrm{d}t} + f_{j+1/2} - f_{j-1/2} = 0 \tag{2.77}$$

此外，式 (2.58) 可变为

$$\int_a^b \frac{\partial u}{\partial x}\mathrm{d}x = u(b) - u(a) \tag{2.78}$$

在区间 $x_j \leqslant x \leqslant x_{j+1}$ 中，我们可以将 u 的梯度的平均值表示为

$$\frac{1}{\Delta x}\int_{x_j}^{x_{j+1}} \frac{\partial u}{\partial x}\mathrm{d}x = \frac{1}{\Delta x}(u_{j+1} - u_j) \tag{2.79}$$

如果连续函数在区间中心处的值用区间平均值来表示，则此近似具有二阶精度。因此，在二阶精度范围，有

$$\widehat{f}_{j+1/2} = -\left(\frac{\partial u}{\partial x}\right)_{j+1/2} = -\frac{1}{\Delta x}(\bar{u}_{j+1} - \bar{u}_j) \tag{2.80}$$

类似地有

$$\widehat{f}_{j-1/2} = -\frac{1}{\Delta x}(\bar{u}_j - \bar{u}_{j-1}) \tag{2.81}$$

将上述表达式代入积分形式（2.77），可得

$$\Delta x\frac{\mathrm{d}\bar{u}_j}{\mathrm{d}t} = \frac{1}{\Delta x}(\bar{u}_{j-1} - 2\bar{u}_j + \bar{u}_{j+1}) \tag{2.82}$$

或者采用狄利克雷边界条件时

$$\frac{\mathrm{d}\bar{\boldsymbol{u}}}{\mathrm{d}t} = \frac{1}{\Delta x^2}B(1,-2,1)\bar{\boldsymbol{u}} + (\boldsymbol{bc}) \tag{2.83}$$

上式为扩散方程半离散的有限体积近似。可以发现矩阵 $B(1,-2,1)$ 的特性同有限体积法以及有限差分法的研究是相关的。

对第二种方法，我们采用 2.4.2 小节中的分段二次多项式来近似。从式（2.73）可得

$$\frac{\partial u}{\partial x} = \frac{\partial u}{\partial \xi} = 2a\xi + b \tag{2.84}$$

其中，a 和 b 的表达式如式（2.75）所示。引入 $f = -\partial u/\partial x$，可得

$$f^{\mathrm{R}}_{j+1/2} = f^{\mathrm{L}}_{j+1/2} = -\frac{1}{\Delta x}(\bar{u}_{j+1} - \bar{u}_j) \tag{2.85}$$

$$f^{\mathrm{R}}_{j-1/2} = f^{\mathrm{L}}_{j-1/2} = -\frac{1}{\Delta x}(\bar{u}_j - \bar{u}_{j-1}) \tag{2.86}$$

注意此时控制体边界上的通量是连续的。这样，可得

$$\frac{\mathrm{d}\bar{u}_j}{\mathrm{d}t} = \frac{1}{\Delta x^2}(\bar{u}_{j-1} - 2\bar{u}_j + \bar{u}_{j+1}) \tag{2.87}$$

上式同式（2.82）是等价的。

2.5 数值耗散与迎风格式

对给定的精度，相比单侧或非中心的格式，中心差分格式的主要截断误差的系数最小。此外，中心差分格式正确地模拟了对流和扩散的物理本质。尤其采用中心差分近似一阶导数时是无耗散的，也即相关矩阵算子的特征值是纯虚数，不会引入非物理的数值耗散。然而，在许多实际问题的数值求解中，为了保持稳定，较小的并且可控的数值耗散是可以甚至必须保留的。

在线性问题中，如图 2.2 中所展示的修正波数，存在一些没有准确解析的模态。如果这些模态通过初始条件等原因被引入数值模拟中，并且这些误差没有衰减，则可能影响解的精确性。通常希望可以衰减待求解的这些分量。在非线性方程描述的物理过程中，如 N-S 方程中，解的高频分量可能会持续生成，并导致诸如激波等现象的产生。在实际的物理问题中，高频分量的形成通常受到黏性的限制。然而，在数值模拟中，通常不足以解析能产生物理阻尼的最小长度尺度。因此，除非这些量在相应的尺度上已经被解析，否则还需要引入一些附加的数值耗散。数值耗散项的引入等同于人为地引入非物理行为，因此必须仔细控制，使得引入的误差不会过大。

2.5.1 线性对流方程的数值耗散

引入数值耗散的一种方式就是对无黏通量项采用单侧差分格式。例如，在线性对流方程中，某点空间导数项采用如下差分算子：

$$
\begin{aligned}
-a(\delta_x u)_j &= \frac{-a}{2\Delta x}[-(1+\beta)u_{j-1}+2\beta u_j+(1-\beta)u_{j+1}] \\
&= \frac{-a}{2\Delta x}[(-u_{j-1}+u_{j+1})+\beta(-u_{j-1}+2u_j-u_{j+1})]
\end{aligned} \tag{2.88}
$$

上式第二行的形式将算子分解为非对称量 $(-u_{j-1}+u_{j+1})/(2\Delta x)$ 和对称量 $\beta(-u_{j-1}+2u_j-u_{j+1})/(2\Delta x)$。非对称部分为二阶中心差分算子。当 $\beta\neq 0$ 时，此算子仅具有一阶精度。$\beta=1$ 时表示向后差分算子，$\beta=-1$ 时表示向前差分算子。

对周期性边界条件，对应的矩阵算子为

$$
-a\delta_x = \frac{-a}{2\Delta x}B_{\mathrm{p}}(-1-\beta,2\beta,1-\beta)
$$

此矩阵的特征值为

$$
\lambda_m = \frac{-a}{\Delta x}\left\{\beta\left[1-\cos\left(\frac{2\pi m}{M}\right)\right]+\mathrm{i}\sin\left(\frac{2\pi m}{M}\right)\right\},\quad m=0,1,\cdots,M-1
$$

如果 a 为正值，向前差分算子 ($\beta=-1$) 对应的特征值的实部 $\mathcal{R}(\lambda_m)>0$，中心差分算子 ($\beta=0$) 使 $\mathcal{R}(\lambda_m)=0$，向后差分算子使 $\mathcal{R}(\lambda_m)<0$。此时，向前差分算子是固有不稳定的，而中心差分和向后差分是固有稳定的。如果 a 为负值，情况则相反。

为了设计一种稳定性不依赖于 a 的正负的空间差分格式，我们可以将线性对流方程写为

$$\frac{\partial u}{\partial t}+(a^{+}+a^{-})\frac{\partial u}{\partial x}=0,\quad a^{\pm}=\frac{a\pm|a|}{2} \tag{2.89}$$

如果 $a\geqslant 0$，那么 $a^{+}=a\geqslant 0$，$a^{-}=0$ 。当 $a\leqslant 0$ 时，$a^{+}=0$，$a^{-}=a\leqslant 0$。现在我们可以对 $a^{+}(\geqslant 0)$ 项使用向后差分，对 $a^{-}(\leqslant 0)$ 项使用向前差分。这是迎风格式的基本含义，即将通量分解或分裂成特征速度为正和负的两项，并采用适合的差分方式来离散。

上述方法可以写成另一种完全等价的形式。从式（2.88）可以看到当 $a\geqslant 0$ 时采用 $\beta=1$，或当 $a\leqslant 0$ 时采用 $\beta=-1$ 可得到稳定的离散格式。这种形式可以采用下述的点算子来得到：

$$-a(\delta_x u)_j=\frac{-1}{2\Delta x}\left[a(-u_{j-1}+u_{j+1})+|a|(-u_{j-1}+2u_j-u_{j+1})\right] \tag{2.90}$$

空间差分算子中的任一对称分量都会引入耗散（或放大）。因此，可以在式（2.88）中选择 $\beta=1/2$，得到如下结果：

$$-a(\delta_x u)_j=\frac{-1}{2\Delta x}\left[a(-u_{j-1}+u_{j+1})+\frac{1}{2}|a|(-u_{j-1}+2u_j-u_{j+1})\right] \tag{2.91}$$

此空间算子不是单侧的，但却是有耗散的。

类似地，偏心格式更多地采用网格节点的单侧信息。如三阶向后偏心格式：

$$\begin{aligned}(\delta_x u)_j&=\frac{1}{6\Delta x}(u_{j-2}-6u_{j-1}+3u_j+2u_{j+1})\\&=\frac{1}{12\Delta x}[(u_{j-2}-8u_{j-1}+8u_{j+1}-u_{j+2})\\&\quad+(u_{j-2}-4u_{j-1}+6u_j-4u_{j+1}+u_{j+2})]\end{aligned} \tag{2.92}$$

此算子中的非对称部分是四阶中心差分。对称项正比于 $\Delta x^3 u_{xxxx}/12$ 。因此，该算子在相位上为四阶精度，同时在耗散项上具有三阶精度。值得注意的是一阶导数的非对称部分总是具有偶数阶精度，而对称部分总是具有奇数阶精度。

2.5.2 迎风格式

在 2.5.1 小节中，我们了解了在空间差分算子中使用单侧差分或更普遍地增加对称部分的方法可以引入数值耗散。在这种方法中，单侧算子的方向（比如，它

是向前差分还是向后差分）以及对称部分的符号均依赖于波速的符号。当求解 **双曲型系统** (hyperbolic system)方程时，波速可为正也可为负。例如，一维欧拉方程通量雅可比矩阵的特征值为 u，$u+a$ 和 $u-a$，其中 u 为宏观流动速度，a 为声速。当流动为亚声速时，上述值有正有负。为了在这种问题中采用单侧差分格式，需要进行某种形式的分裂。

矢通量分裂。考虑如下所示的一个线性常系数双曲型偏微分方程：

$$\frac{\partial u}{\partial t}+\frac{\partial f}{\partial x}=\frac{\partial u}{\partial t}+A\frac{\partial u}{\partial x}=0 \tag{2.93}$$

其中，$f=Au$；A 为可对角化且具有实数特征值的矩阵。这个系统可以解耦成下述形式的特征方程：

$$\frac{\partial w_i}{\partial t}+\lambda_i\frac{\partial w_i}{\partial x}=0 \tag{2.94}$$

其中，波速 λ_i 是雅可比矩阵 A 的特征值；w_i 为特征变量。为了采用单侧或偏心空间差分格式，需要在波速 λ_i 为正时采用向后差分格式，波速 λ_i 为负时采用向前差分格式。

为此，我们将特征值矩阵 $\varLambda$ 分解为两部分

$$\varLambda=\varLambda^{+}+\varLambda^{-} \tag{2.95}$$

其中，

$$\varLambda^{+}=\frac{\varLambda+|\varLambda|}{2},\quad \varLambda^{-}=\frac{\varLambda-|\varLambda|}{2} \tag{2.96}$$

采用上述定义后，$\varLambda^{+}$ 仅包含正特征值，$\varLambda^{-}$ 仅包含负特征值。再引入下述定义①：

$$A^{+}=X\varLambda^{+}X^{-1},\quad A^{-}=X\varLambda^{-}X^{-1} \tag{2.97}$$

我们可以定义如下的分裂矢通量：

$$f^{+}=A^{+}u,\quad f^{-}=A^{-}u \tag{2.98}$$

注意 $f=f^{+}+f^{-}$，我们可以将原来的公式以分裂矢通量的形式表示：

$$\frac{\partial u}{\partial t}+\frac{\partial f^{+}}{\partial x}+\frac{\partial f^{-}}{\partial x}=0 \tag{2.99}$$

这样空间项就以波速的正负分解成了两部分。耗散格式可以通过对 $\dfrac{\partial f^{+}}{\partial x}$ 采用向后差分格式和对 $\dfrac{\partial f^{-}}{\partial x}$采用向前差分格式得到。

在有限体积法中也可以采用矢通量分裂 [2,3]。参考 2.4 节，回顾一下在有限体积边界上通量不连续的问题。通过对截面两侧通量取平均值，我们获得了类似

① 根据这些定义，A^{+} 包含所有的非负特征值，A^{-} 包含所有的非正特征值。

于中心差分的非耗散有限体积离散格式。为了发展带耗散的格式，我们用 f^+ 来代替截面左侧，f^- 代替截面右侧，可得下述的迎风数值通量：

$$\widehat{f}_{j+1/2} = (f^+)^{\mathrm{L}} + (f^-)^{\mathrm{R}} \tag{2.100}$$

这样得到的有限体积法类似于上述的有限差分格式中的矢通量分裂。

通量差分分裂。采用通量差分分裂 [4]，数值通量由下式给出：

$$\widehat{f}_{j+1/2} = \frac{1}{2}(f^{\mathrm{L}} + f^{\mathrm{R}}) + \frac{1}{2}\left|A\right|(u^{\mathrm{L}} - u^{\mathrm{R}}) \tag{2.101}$$

其中，

$$|A| = X\,|\Lambda|\,X^{-1} \tag{2.102}$$

对于线性常系数情况，很显然上式与式 (2.100) 完全等价。

2.5.3 人工耗散

我们了解了数值耗散可以通过单侧差分格式与某种形式的矢通量分裂引入。也看到这种耗散还可以通过给非对称算子增加对称部分来得到。这样我们可以归纳出迎风格式的本质：包含具有耗散作用的对称算子的任意格式。

例如，考虑以下算子：

$$\delta_x f = \delta_x^{\mathrm{a}} f + \delta_x^{\mathrm{s}}(|A|u) \tag{2.103}$$

其中，δ_x^{a} 和 δ_x^{s} 分别为反对称和对称差分算子；$|A|$ 的定义见式 (2.102)。第二项空间项称为**人工耗散**（aritifical dissipation）。选择合适的 δ_x^{a} 和 δ_x^{s} 后，这种方法可等同于迎风格式。

上式中的 δ_x^{s} 通常可以用下述式子计算：

$$\left(\delta_x^{\mathrm{s}} u\right)_j = \frac{\epsilon}{\Delta x}(u_{j-2} - 4u_{j-1} + 6u_j - 4u_{j+1} + u_{j+2}) \tag{2.104}$$

其中，ϵ 是同具体问题相关的系数。这种对称算子近似等于 $\epsilon\Delta x^3 u_{xxxx}$ ，因此相当于引入了三阶耗散项。采用合适的 ϵ，可以使高频模态衰减而不会明显影响低频模态。在激波附近或其他不连续区域附近需要引入更为复杂的数值耗散处理方式，相关主题会在后续章节中提到。

2.6 常微分方程的时间推进法

2.6.1 基本概念：显式和隐式方法

通过离散 PDE（如 N-S 方程）中的空间导数项，我们可以得到如下形式的耦合非线性 ODE：

$$\frac{\mathrm{d}\boldsymbol{u}}{\mathrm{d}t} = \boldsymbol{F}(\boldsymbol{u}, t) \tag{2.105}$$

对**非定常** (unsteady) 流动问题而言，上式可以采用时间推进法对时间进行积分进而获得时间精确解。对**定常** (steady) 流动问题，空间离散可推导出下列形式的耦合非线性代数方程

$$\boldsymbol{F}(\boldsymbol{u}) = 0 \tag{2.106}$$

由于上述方程是非线性的，需要采用某种迭代方法来进行求解。例如，被广泛应用于求解非线性代数方程的牛顿法（Newton method）。这形成了一种可求解每一迭代步上耦合线性方程的迭代方法。或者，可以考虑能达到稳态的时间相关路径，并采用时间推进法对非定常形式的方程进行积分，直至解足够接近稳态解。因此本节的内容——求解 ODE 的时间推进法，同定常及非定常流动均相关。采用时间推进法计算稳态流动的目的是简单迅速地去除解中的非定常部分，不要求时间上的精确性。这也推动了对稳定性和刚度等主题的研究，这些主题将在 2.7 节进行讨论。

对 ODE 应用时间推进法可得到**常差分** (ordinary difference) 方程 (OΔE）。一些简单的 OΔE 很容易求解，因此，可以将时间推进法应用于模型 ODE，得到 OΔE，进而可以得到其精确解。根据这些精确解，我们可以分析并理解不同时间推进法的稳定性和精确性。

根据 2.3节的讨论，标量 ODE 的形式如下：

$$\frac{\mathrm{d}u}{\mathrm{d}t} = u' = F(u, t) \tag{2.107}$$

需要牢记下述分析是直接应用于 ODE 的解。在 2.2节中，我们通常用下标 n 或者上标 (n) 来表示某离散时刻的值，用 h 表示时间间隔 Δt。将该标注同式（2.107）相结合，可得

$$u'_n = F_n = F(u_n, t_n), \quad t_n = nh$$

对中间时间步上的解，通常需引入更复杂的符号，如 $\tilde{u}, \bar{u}$ 等。我们引入如下符号：

$$\tilde{u}'_{n+\alpha} = \tilde{F}_{n+\alpha} = F(\tilde{u}_{n+\alpha}, t_n + \alpha h)$$

我们所研究的方法将会应用在线性或非线性 ODE 上，但是这些方法自身是由在不同时间区间上的因变量及其导数的线性组合所形成的。它们可表示为

$$u_{n+1} = f(\beta_1 h u'_{n+1}, \beta_0 h u'_n, \beta_{-1} u'_{n-1}, \cdots, \alpha_0 u_n, \alpha_{-1} u_{n-1}, \cdots) \tag{2.108}$$

选择合适的 α_i 和 β_i（i 可以取 $0, -1, \cdots$），上述方法可以构造成具有任意精度的泰勒级数。当 $\beta_1 = 0$ 时，代表**显式** (explicit) 方法，反之为**隐式** (implicit) 方法。在显式方法中，新的待求解量仅为已知量的函数，例如，采用前两个时间步上的值 u'_n，u'_{n-1} 和 u, u_{n-1} 计算下一时刻的值，这样进行时间推进是比较简单的。对隐式方法，待求解量还是当前时刻的时间导数 u'_{n+1} 的函数。因此我们会发现，对 ODE 系统和非线性问题，同显式方法相比，隐式方法需要用更复杂的方法去求 u_{n+1}。

目前 CFD 中采用的时间推进法大概有三类：**线性多步法** (linear multistep method)，**预估校正法** (predictor-corrector method)，**龙格–库塔法** (Runge-Kutta method)。从分析角度，我们将预估校正法和龙格–库塔法归为**多阶方法** (multi-stage method)[①]。

在线性多步法中，当前时刻的解是不同时间步上的解及其导数的线性组合。换句话说，式（2.108）变为

$$u_{n+1} = \beta_1 h u'_{n+1} + \beta_0 h u'_n + \beta_{-1} u'_{n-1} + \cdots + \alpha_0 u_n + \alpha_{-1} u_{n-1} + \cdots \tag{2.109}$$

不同的线性多步法有不同的 α_i 和 β_i 取值。为了分析解的精度，可以对 α_i 和 β_i 取不同的值，将式（2.109）右边各项进行泰勒展开，并将之与 u_{n+1} 的泰勒展开相比较。这种方法的精度阶数为差分中 h 的最低幂指数减 1。类似地，可以通过泰勒表选择非零的 α_i 和 β_i 并获得对应的线性多步方法；采用泰勒表可以方便选取精度最大化对应的 α 和 β。例如，最基本的时间推进法，称之为显式欧拉法，是通过将除 α_0 和 β_0 以外的 α_i 和 β_i 全部取为零而建立的。为了使精度最大化，必须选择 $\alpha_0 = \beta_0 = 1$，这样可得

$$u_{n+1} = u_n + h u'_n + O(h^2) \tag{2.110}$$

因为主要误差项是 $O(h^2)$，因此该方法精度为一阶。这表明如果采用该方法求解 ODE，若时间步长从 h 变为 $h/2$，在每个时间步结束时解的误差都变为原来的 1/2。

① 译者注：原文直译应为“多级方法”，国内通常习惯用“多阶方法”。

CFD 中常用的线性多步法有①：

显式方法：

$$u_{n+1} = u_{n-1} + 2hu'_n \qquad \text{蛙跳 (leapfrog)}$$

$$u_{n+1} = u_n + \frac{1}{2}h\left[3u'_n - u'_{n-1}\right] \qquad \text{AB2}$$

$$u_{n+1} = u_n + \frac{h}{12}\left[23u'_n - 16u'_{n-1} + 5u'_{n-2}\right] \qquad \text{AB3}$$

隐式方法：

$$u_{n+1} = u_n + hu'_{n+1} \qquad \text{隐式欧拉 (implicit Euler)}$$

$$u_{n+1} = u_n + \frac{1}{2}h\left[u'_n + u'_{n+1}\right] \qquad \text{梯形 (trapezoidal, AM2)}$$

$$u_{n+1} = u_n + \frac{1}{3}\left[4u_n - u_{n-1} + 2hu'_{n+1}\right] \qquad \text{二阶向后差分}$$

$$u_{n+1} = u_n + \frac{h}{12}\left[5u'_{n+1} + 8u'_n - u'_{n-1}\right] \qquad \text{AM3}$$

时间推进的线性或非线性 ODE 的预估校正法由一个线性多步法的序列构成，其中每个线性多步法被称为求解过程中的一族。求解序列可能包含很多族，与中间族相比，通常最后一族包含的泰勒级数的阶数更高。由于预报校正法应用简便，效率较高，因而得到了广泛应用。在一个简单的二阶预估校正方法中，首先采用线性多步法对下一时刻或某个中间时刻的解进行**预估**。然后通过另一个包含 t 时刻预估值 u 和推导得到的函数 $F(u,t)$ 在内的线性多步法来进行**校正**。例如，一种二阶预估校正法，即所谓的 MacCormack 时间推进法②，可以写为

$$\begin{aligned} \tilde{u}_{n+1} &= u_n + hu'_n \\ u_{n+1} &= \frac{1}{2}(u_n + \tilde{u}_{n+1} + h\tilde{u}'_{n+1}) \end{aligned} \tag{2.111}$$

t_{n+1} 时刻的预估值 $\tilde{u}_{n+1}$ 通过显式欧拉法获得，而校正是通过将隐式梯形方法（见上述例子）中的 u'_{n+1} 替换为 $\tilde{u}'_{n+1}$ 获得的。此方法为显式方法，因为在使用 $\tilde{u}'_{n+1}$ 之前就已经计算出了 $\tilde{u}_{n+1}$ 的值。注意到为了向前推进一个时间步，需要求两次导数 $F(u,t)$，预估步中的 $F(u_n,t_n)$ 和校正步中的 $F(\tilde{u}_{n+1},t_{n+1})$。在时间推进法中，求导数通常是计算量最大的部分。在线性多步法中每个时间步只需要一次求导，这意味着 MacCormack 方法每步计算量名义上是线性多步法的两倍③。

---

① 此处标号 AB2 代表二阶 Adams-Bashforth 方法，AM2 代表二阶 Adams-Moulton 方法，以此类推。

② 此处，我们只讨论 MacCormack 的时间推进法。通常的 MacCormack 方法是一个全离散方法 [5]。

③ 对于线性多步法，如果需要，可以在前一个时间步就计算出来并存储，如 $F(u_{n-1},t_{n-1})$。

龙格–库塔法是多阶法中的另一个重要分类。其中应用最广泛的是经典的显式四阶龙格–库塔法，写为预估校正格式的龙格–库塔法表示如下：

$$\begin{aligned}\widehat{u}_{n+1/2} &= u_n + \frac{1}{2}hu'_n \\ \tilde{u}_{n+1/2} &= u_n + \frac{1}{2}h\widehat{u}'_{n+1/2} \\ \bar{u}_{n+1} &= u_n + h\tilde{u}'_{n+1/2} \\ u_{n+1} &= u_n + \frac{1}{6}h\left[u'_n + 2(\widehat{u}'_{n+1/2} + \tilde{u}_{n+11}) + \bar{u}'_{n+1}\right]\end{aligned} \tag{2.112}$$

这种方法每个时间步需要四次求导。下面的章节中会讲到，多阶法的分析和推导比线性多步法要复杂得多。

2.6.2　时间推进法转换为常差分方程

在 2.3.5 小节中，我们选择了一个具有代表性的常微分方程来研究时间推进法，该方程形式如下：

$$\frac{\mathrm{d}u}{\mathrm{d}t} = \lambda u + a\mathrm{e}^{\mu t} \tag{2.113}$$

其中，λ，a 和 μ 均为常复数。若 $\mu \neq \lambda$，此方程有如下的精确解：

$$u(t) = c\mathrm{e}^{\lambda t} + \frac{a\mathrm{e}^{\mu t}}{\mu - \lambda} \tag{2.114}$$

其中，常数 c 由初始条件确定。实际上，一个可得到精确解的方程不需要用数值解法。这么做的目的是分析和评价时间推进法，在这个过程中已知精确解的 ODE 将起到重要作用。采用时间推进法求解典型 ODE 时可得**数值** (numerical) 解，根据 OΔE 理论可以得到该数值解的封闭形式解。为了了解时间推进法的性质，我们可以采用封闭形式的解来了解其特性随参数 h，λ，a 和 μ 的变化，而不必进行一系列的数值实验。因此，OΔE 理论为分析和推导时间推进法提供了强有力的工具。

例如，将式（2.110）的显式欧拉法应用于典型 ODE 中。此处 $t_n = hn$，可以得到

$$\begin{aligned}u_{n+1} &= u_n + h(\lambda u_n + a\mathrm{e}^{\mu hn}) \\ &= (1 + \lambda h)u_n + ha\mathrm{e}^{\mu hn}\end{aligned} \tag{2.115}$$

这是一阶非齐次 OΔE，可以写为如下的通用形式：

$$u_{n+1} = \sigma u_n + \widehat{a}b^n \tag{2.116}$$

其中，σ,$\widehat{a}$ 和 b 通常为复数。上式中独立变量是 n 而不是 t，并且方程是常系数线性方程，因此，σ 不是 n 或 u 的函数。式（2.116）的精确解为（当 $b \neq \sigma$ 时）

$$u_n = c_1\sigma^n + \frac{\widehat{a}b^n}{b-\sigma} \tag{2.117}$$

其中，c_1 是由初始条件确定的常数。根据轮换原则，容易证明式（2.117）是式（2.116）的解，此处读者可自行证明。

将显式欧拉法应用于式（2.115）给出的典型 ODE，可得到 OΔE。将 OΔE 的精确解（2.117）代入刚才得到的 OΔE，可得精确数值解

$$u_n = c_1(1+\lambda h)^n + \frac{ha\mathrm{e}^{\mu hn}}{\mathrm{e}^{\mu h}-1-\lambda h} \tag{2.118}$$

为了方便比较，将 ODE 的精确解改写为

$$u(t) = c(\mathrm{e}^{\lambda h})^n + \frac{a\mathrm{e}^{\mu hn}}{\mu-\lambda} \tag{2.119}$$

特别注意，比较齐次解

$$c_1(1+\lambda h)^n \approx c(\mathrm{e}^{\lambda h})^n \tag{2.120}$$

其中，$c_1 = c$，表明 $\sigma = 1+\lambda h$ 是 $\mathrm{e}^{\lambda h}$ 的近似。在 $\lambda h = 0$ 时对 $\mathrm{e}^{\lambda h}$ 进行泰勒展开，有

$$\mathrm{e}^{\lambda h} = 1+\lambda h+\frac{1}{2}\lambda^2h^2+\cdots+\frac{1}{k!}\lambda^k h^k+\cdots \tag{2.121}$$

上式的误差量级为 $O(h^2)$，同显式欧拉法精度为一阶的情况一致。通过一些代数计算[①]，可以发现式（2.118）的特解也是精确特解的一阶近似。

下面来详细地分析一下齐次 OΔE 的解。以 $\lambda = -1$ 为例，精确的 ODE 齐次解为具有简单形式的 $c\mathrm{e}^{-t}$。显式欧拉 OΔE 的齐次解为

$$u_n = c_1(1-h)^n \tag{2.122}$$

当 h 比较小时，上式是比较好的近似，同 $\sigma \approx \mathrm{e}^{\lambda h}$ 的事实相一致。然而，当 $h=1$ 时，齐次解在一个时间步之后变为 $u_n = 0$。虽然这是完全不准确的，但至少给出了 $n \to \infty$ 时正确的齐次解。当 $h=2$ 时，解在 1 和 -1 之间振荡；当 $h>2$ 时，随着 $n\to\infty$，解开始无界增长。对应到任意的 λ，当 $|\sigma| = |1+\lambda h| > 1$ 时，解开始无界增长[②]。

① 读者应该同时对 ODE 的精确特解和 OΔE 的精确特解进行泰勒展开，并从最低阶 h 项开始进行逐项比较。
② 注意，λ 和 σ 通常都是复数。

现在考虑在典型 ODE 中应用隐式欧拉法

$$u_{n+1} = u_n + hu'_{n+1} \tag{2.123}$$

得到的 OΔE 如下：

$$u_{n+1} = \frac{1}{1-\lambda h}u_n + \frac{1}{1-\lambda h}h\mathrm{e}^{\mu h}a\mathrm{e}^{\mu hn} \tag{2.124}$$

上式可再次同式（2.116）进行比较来获得 OΔE 的精确解：

$$u_n = c_1\left(\frac{1}{1-\lambda h}\right)^n + a\mathrm{e}^{\mu hn}\cdot\frac{h\mathrm{e}^{\mu h}}{(1-\lambda h)\mathrm{e}^{\mu h}-1} \tag{2.125}$$

这种情况下 $\sigma = 1/(1-\lambda h)$。虽然仍然是 $\mathrm{e}^{\lambda h}$ 的一阶近似，但其解同显式欧拉法的解 $\sigma = 1+\lambda h$ 有很大不同。例如，先前的例子中，当 $\lambda = -1$ 时，即使 $h \to \infty$，解仍不会是无界的。

基于式（2.116）及其解（2.117）的方法是只使用了 $n+1$ 时刻和 n 时刻数据的线性多步法，我们可以利用此方法对一步线性多步法进行研究。对两步或更多步的线性多步法和多阶方法，需要一个更通用的理论。这可以通过将时间推进法应用到典型 ODE 得到 OΔE，并写成下述 **算子形式** (operational form) 来获得

$$P(E)u_n = Q(E)\cdot a\mathrm{e}^{\mu hn} \tag{2.126}$$

式中，$P(E)$ 和 $Q(E)$ 是 E 的多项式，分别称为**特征多项式** (characteristic polynomial)和**特殊多项式** (particular polynomial)。**移位算子** (shift operator)E 由下述关系定义：

$$u_{n+1} = Eu_n, \quad u_{n+k} = E^k u_n$$

应用到指数表达式上可得

$$b^\alpha \cdot b^n = b^{n+\alpha} = E^\alpha \cdot b^n$$

其中，α 可以是任意分数或无理数。

式（2.126）的通解可以表示为

$$u_n = \sum_{k=1}^{K} c_k(\sigma_k)^n + a\mathrm{e}^{\mu hn}\cdot\frac{Q(\mathrm{e}^{\mu h})}{P(\mathrm{e}^{\mu h})} \tag{2.127}$$

其中，σ_k 是特征多项式 $P(\sigma)=0$ 的 K 个根。当 $\mu = 0$ 时，会得到解中很重要的一个子集，即不随时间变化的特解，或称稳态解。这种情况下有

$$u_n = \sum_{k=1}^{K} c_k(\sigma_k)^n + a\cdot\frac{Q(1)}{P(1)} \tag{2.128}$$

我们将通过两个例子来展示如何应用式（2.116）和式（2.117）：一个两步法和一个多阶法，即式（2.111）给出的 MacCormack 预估校正法。

先来考虑**蛙跳方法**，这是一个二阶显式两步法，可写为如下形式[①]：

$$u_{n+1} = u_{n-1} + 2hu'_n \tag{2.129}$$

将其代入 ODE 中可得

$$u_{n+1} = u_{n-1} + 2h(\lambda u_n + a\mathrm{e}^{\mu hn}) \tag{2.130}$$

在合并一些项并引入移位算子后 ($u_{n+1} = Eu_n, u_{n-1} = E^{-1}u_n$)，可得

$$(E - 2\lambda h - E^{-1})u_n = 2ha\mathrm{e}^{\mu hn} \tag{2.131}$$

上式同式（2.126）形式相同，只需令式（2.126）中

$$P(E) = E - 2\lambda h - E^{-1}, \quad Q(E) = 2h \tag{2.132}$$

若令 $P(\sigma) = 0$，则有

$$\sigma^2 - 2\lambda h\sigma - 1 = 0 \tag{2.133}$$

上式的两个 σ 根为

$$\sigma_{1,2} = \lambda h \pm \sqrt{\lambda^2 h^2 + 1} \tag{2.134}$$

这样 OΔE 的解为

$$\begin{aligned} u_n =& c_1(\lambda h + \sqrt{\lambda^2 h^2 + 1})^n + c_2(\lambda h - \sqrt{\lambda^2 h^2 + 1})^n \\ &+ a\mathrm{e}^{\mu hn} \cdot \frac{2h}{\mathrm{e}^{\mu h} - 2\lambda h - \mathrm{e}^{-\mu h}} \end{aligned} \tag{2.135}$$

上述的解同显式和隐式欧拉法获得的解有较大不同，有两个 σ 根，其中只有一个近似等于 $\mathrm{e}^{\lambda h}$。这种情况下，第一个根 $\sigma_1 = \lambda h + \sqrt{\lambda^2 h^2 + 1}$ 可以通过泰勒展开式证明为 $\mathrm{e}^{\lambda h}$ 的二阶近似。具有这种性质的根称为 **主根** (principal root)，另一个或多个根称为**伪根** (suprious root)。在 OΔE 中有两个常数，但是初始条件只有一个。这表明需要 $n-1$ 时刻或更早时刻数据的方法是不能自启动的。在初始 $n=0$ 时刻，根据初始条件，$u_n = u_0$ 已知，但 u_{n-1} 是未知的。因此，此类方法通常需要采用可以自启动的方法来进行第一步或前几步计算，这样可以给出第二个必需的常数。如果以这种方式开始计算，伪根的系数幅值通常较小（但不为零）。

① 读者应该观察此时间推进法与一阶导数的二阶中心差分逼近的联系。

最后一个例子，我们来推导如何应用 MacCormack 显式预估校正法求解典型 ODE 得到 OΔE。这种方法也可用来分析龙格–库塔法 [①]。将 MacCormack 方法应用到典型方程中可得

$$
\begin{aligned}
\tilde{u}_{n+1} - (1+\lambda h)u_n &= ahe^{\mu hn} \\
-\frac{1}{2}(1+\lambda h)\tilde{u}_{n+1} + u_{n+1} - \frac{1}{2}u_n &= \frac{1}{2}ahe^{\mu h(n+1)}
\end{aligned}
\tag{2.136}
$$

这是具有常系数的耦合线性 OΔE 组。式（2.136）的第二行由下式推出：

$$
\begin{aligned}
\tilde{u}'_{n+1} &= F(\tilde{u}_{n+1}, t_n + h) \\
&= \lambda\tilde{u}_{n+1} + ae^{\mu h(n+1)}
\end{aligned}
\tag{2.137}
$$

引入移位算子 E，我们得到

$$
\begin{bmatrix} E & -(1+(e^{\mu h})) \\ -\frac{1}{2}(1+(e^{\mu h}))E & E-\frac{1}{2} \end{bmatrix}
\begin{bmatrix} \tilde{u} \\ u \end{bmatrix}_n = h \cdot \begin{bmatrix} 1 \\ \frac{1}{2}E \end{bmatrix} \tilde{u}
\tag{2.138}
$$

上式同时解出了中间解 $\tilde{u}$ 和最终解 u_n。由于我们只对最终解感兴趣，可以采用克拉默 (Cramer) 法则来得到算子式（2.126），如下所示：

$$
P(E) = \det \begin{bmatrix} E & -(1+\lambda h) \\ -\frac{1}{2}(1+\lambda h)E & E-\frac{1}{2} \end{bmatrix} = E\left(E - 1 - \lambda h - \frac{1}{2}\lambda^2 h^2\right)
$$

$$
Q(E) = \det \begin{bmatrix} E & h \\ -\frac{1}{2}(1+\lambda h)E & \frac{1}{2}hE \end{bmatrix} = \frac{1}{2}hE\left(E + 1 + \lambda h\right)
$$

σ 根可根据下式求得：

$$
P(\sigma) = \sigma\left(\sigma - 1 - \lambda h - \frac{1}{2}\lambda^2 h^2\right) = 0
$$

上式只有一个非平凡解

$$
\sigma = 1 + \lambda h + \frac{1}{2}\lambda^2 h^2 \tag{2.139}
$$

因此完整的解可以写为

$$
u_n = c_1\left(1 + \lambda h + \frac{1}{2}\lambda^2 h^2\right)^n + ae^{\mu hn} \cdot \frac{\frac{1}{2}h(e^{\mu h} + 1 + \lambda h)}{e^{\mu h} - 1 - \lambda h - \frac{1}{2}\lambda^2 h^2} \tag{2.140}
$$

① 实际上，MacCormack 方法可以认为是二阶龙格–库塔方法。

显然，σ 根是 $e^{\lambda h}$ 的二阶近似，特解也是式（2.114）特解的二阶近似。这个例子提供了一种推导和分析三阶精度以内的预估校正法和龙格–库塔法的方法。四阶以上的龙格–库塔法必须在非线性 ODE 基础上推导得到。

我们已经了解与时间推进法相关的 σ 根，现在将其进行推广。回想我们试图将时间推进法应用到经空间离散的 PDE 得到的 ODE。对一个与模型方程相关的形如式（2.36）的线性常系数 ODE，其解可以表示为式（2.44）的形式。将其改写为下式，用 t 表示 nh：

$$\boldsymbol{u}(t)=c_1\left(e^{\lambda_1 h}\right)^n\boldsymbol{x}_1+\cdots+c_m\left(e^{\lambda_m h}\right)^n\boldsymbol{x}_m+\cdots+c_M\left(e^{\lambda_M h}\right)^n\boldsymbol{x}_M+\text{P.S.} \tag{2.141}$$

其中，λ_m 和 $\boldsymbol{x}_m$ 为 ODE 系统中矩阵 A 的特征值和特征向量，到目前为止，我们尚不关心特解（P.S.）的具体形式。

显式欧拉法和 MacCormack 方法均为单根法；每一个 λ 根对应有一个 σ 根。如果我们采用这样的方法在时间上推进 ODE 系统，得到的 OΔE 的解为

$$\boldsymbol{u}_n(t)=c_1(\sigma_1)^n\boldsymbol{x}_1+\cdots+c_m(\sigma_m)^n\boldsymbol{x}_m+\cdots+c_M(\sigma_M)^n\boldsymbol{x}_M+\text{P.S.} \tag{2.142}$$

上两式中的 c_m 和 $\boldsymbol{x}_m$ 均相同。不同的时间推进法，σ_m 逼近 $e^{\lambda h}$ 的程度也不同。如果某种方法对应每个 λ 有一个或多个伪 σ 根，如前面所介绍的蛙跳格式，那么 OΔE 的解为

$$\begin{aligned}\boldsymbol{u}_n=&c_{11}(\sigma_1)_1^n\boldsymbol{x}_1+\cdots+c_{m1}(\sigma_m)_1^n\boldsymbol{x}_m+\cdots+c_{M1}(\sigma_M)_1^n\boldsymbol{x}_M+\text{P.S.}\\&+c_{12}(\sigma_1)_2^n\boldsymbol{x}_1+\cdots+c_{m2}(\sigma_m)_2^n\boldsymbol{x}_m+\cdots+c_{M2}(\sigma_M)_2^n\boldsymbol{x}_M\\&+c_{13}(\sigma_1)_3^n\boldsymbol{x}_1+\cdots+c_{m3}(\sigma_m)_3^n\boldsymbol{x}_m+\cdots+c_{M2}(\sigma_M)_3^n\boldsymbol{x}_M\\&+\text{etc.},\quad\text{如果有更多的伪根}\end{aligned} \tag{2.143}$$

逼近 $e^{\lambda_m h}$ 的 σ 根称为**主** (principle)σ 根，用 $(\sigma_m)_1$ 表示。将相同的时间推进法应用到形如式（2.36）的耦合线性 ODE 中，通常每一个 λ 根对应一个主 σ 根，二者满足

$$\sigma=1+\lambda h+\frac{1}{2}\lambda^2h^2+\cdots+\frac{1}{k!}\lambda^kh^k+O\left(h^{k+1}\right) \tag{2.144}$$

其中，k 表示时间推进法的阶数。这里先忽略时间推进法的细节，只要注意它的主要误差项为 $O(h^{k+1})$。这样，主根是对 $e^{\lambda h}$ 的精度为 $O(h^k)$ 的逼近。

当某种方法用第 $n-1$ 时间步或更早时间步的数据来推进到第 n 时间步和第 $n+1$ 时间步的解时，就会产生伪根。这样的根完全来源于时间推进法的数值近

似，同被求解的 ODE 无关。然而，伪根产生的本身不会使方法变差。实际上，在实际应用中，许多用来精确积分 ODE 的方法都有伪根。采用初值控制技术，伪根系数的幅值会很小但又不为零。如果伪根本身幅值小于 1，则它们不会增长，因此也不会对解产生影响。这样，在**稳定性** (stability) 分析中需要考虑伪根，但在**准确性** (accuracy) 分析中它们的影响不大。表 2.1 展示了不同方法中的 λ-σ 关系。

表 2.1 常用格式的 λ-σ 关系

1.	$\sigma-1-\lambda h=0$	显式欧拉
2.	$\sigma^2-2\lambda h\sigma-1=0$	蛙跳
3.	$\sigma^2-\left(1+\frac{3}{2}\lambda h\right)\sigma+\frac{1}{2}\lambda h=0$	AB2
4.	$\sigma^3-\left(1+\frac{23}{12}\lambda h\right)\sigma^2+\frac{16}{12}\lambda h\sigma-\frac{5}{12}\lambda h=0$	AB3
5.	$\sigma(1-\lambda h)-1=0$	隐式欧拉
6.	$\sigma\left(1-\frac{1}{2}\lambda h\right)-\left(1+\frac{1}{2}\lambda h\right)=0$	梯形
7.	$\sigma^2\left(1-\frac{2}{3}\lambda h\right)-\frac{4}{3}\sigma+\frac{1}{3}=0$	二阶向后
8.	$\sigma^2\left(1-\frac{5}{12}\lambda h\right)-\left(1+\frac{8}{12}\lambda h\right)\sigma+\frac{1}{12}\lambda h=0$	AM3
9.	$\sigma^2-\left(1+\frac{13}{12}\lambda h+\frac{15}{24}\lambda^2h^2\right)\sigma+\frac{1}{12}\lambda h\left(1+\frac{5}{2}\lambda h\right)=0$	ABM3
10.	$\sigma^3-(1+2\lambda h)\sigma^2+\frac{3}{2}\lambda h\sigma-\frac{1}{2}\lambda h=0$	Gazdag
11.	$\sigma-1-\lambda h-\frac{1}{2}\lambda^2h^2=0$	RK2
12.	$\sigma-1-\lambda h-\frac{1}{2}\lambda^2h^2-\frac{1}{6}\lambda^3h^3-\frac{1}{24}\lambda^4h^4=0$	RK4
13.	$\sigma^2\left(1-\frac{1}{3}\lambda h\right)-\frac{4}{3}\lambda h\sigma-\left(1+\frac{1}{3}\lambda h\right)=0$	四次 Milne

2.6.3 隐式方法的实现

虽然基于典型 ODE 提出的用以分析时间推进法的方法对理解时间推进法非常有帮助，但在某些方面会影响隐式方法在非线性 ODE 上的应用。在本小节中将会对此问题进行阐述。

系统方程中的应用。考虑在如下所示的一般方程中应用隐式欧拉法：

$$\boldsymbol{u}'=A\boldsymbol{u}-\boldsymbol{f}(t) \tag{2.145}$$

其中，$\boldsymbol{u}$ 和 $\boldsymbol{f}$ 为矢量，此处仍然假设 A 不是 $\boldsymbol{u}$ 或 t 的函数。可得到在每个时间步要求解的代数方程组，如下所示：

$$(I-hA)\boldsymbol{u}_{n+1}-\boldsymbol{u}_n=-h\boldsymbol{f}(t+h) \tag{2.146}$$

或

$$\boldsymbol{u}_{n+1}=(I-hA)^{-1}[\boldsymbol{u}_n-h\boldsymbol{f}(t+h)] \tag{2.147}$$

实际上，此处不会进行矩阵求逆，而是将式（2.146）当作线性系统来求解。对一维情况，需求解的系统方程是三对角方程（如周期性对流，$A=-aB_{\mathrm{p}}(-1,0,1)/(2\Delta x)$），因此求解并不费力，但是在多维系统中，矩阵的带宽可能变得很大。通常，隐式方法每步求解量大于显式方法。隐式方法的主要应用是求解**刚性** (stiff)ODE；这会在 2.7 节中做进一步讨论。

非线性方程中的应用。来考虑如下所示的一般的**非线性** (nonlinear) 标量 ODE：

$$\frac{\mathrm{d}u}{\mathrm{d}t}=F(u,t) \tag{2.148}$$

应用隐式欧拉法可以给出

$$u_{n+1}=u_n+hF(u_{n+1},t_{n+1}) \tag{2.149}$$

这是一个非线性的差分方程，需要一个非平凡方法来求解 u_{n+1}。有几种不同的方法可以求解此非线性差分方程，可以用迭代法，如牛顿法。其他方法还包括**局部线性化** (local linearization) 和**双时间步法** (dual time stepping)。

为了进行局部线性化，我们将 $F(u,t)$ 在参考点沿时间展开。指定时间参考点为 t_n，对应变量值为 u_n。将变量在上述参考点进行泰勒展开可得

$$F(u,t)=F_n+\left(\frac{\partial F}{\partial u}\right)(u-u_n)+\left(\frac{\partial F}{\partial t}\right)(t-t_n)+O(h^2) \tag{2.150}$$

这是 $F(u,t)$ 的一个二阶的、局部线性化的逼近，在参考点 t_n 和对应的 $u_n=u(t_n)$ 附近是有效的。如法炮制，可得式（2.148）的局部（在 t_n 附近展开）线性化表达式：

$$\frac{\mathrm{d}u}{\mathrm{d}t}=\left(\frac{\partial F}{\partial u}\right)_n u+\left[F_n-\left(\frac{\partial F}{\partial t}\right)_n u_n\right]+\left(\frac{\partial F}{\partial t}\right)_n (t-t_n)+O(h^2) \tag{2.151}$$

为了说明如何应用展开式，考虑式（2.148）给出的时间积分的梯形方法，如下式：

$$u_{n+1}=u_n+\frac{1}{2}h\left(F_{n+1}+F_n\right) \tag{2.152}$$

采用式（2.150）来计算 $F_{n+1} = F(u_{n+1}, t_{n+1})$，可以得到

$$u_{n+1} = u_n + \frac{1}{2}h\left[F_n + \left(\frac{\partial F}{\partial u}\right)_n (u_{n+1} - u_n) + h\left(\frac{\partial F}{\partial t}\right)_n + O(h^2) + F_n\right] \quad (2.153)$$

注意到括号中的 $O(h^2)$ 项（由局部线性化产生）同 h 相乘后保持了梯形方法的二阶精度。在每个时间步后更新当地时间线性化，并和梯形时间推进法相结合，就构成了**二阶精度** (second-order-accurate) 的数值积分过程。当然也存在其他可用的二阶精度隐式时间推进法。此处的重点在于说明在每个时间步后更新局部线性化不会降低二阶时间推进法的精度。用 $\left(\frac{\partial F}{\partial u}\right)_n$ 来表示雅可比矩阵的话，上述方法扩展到系统方程就很简单了。

整理式（2.153）后可得

$$\left[1 - \frac{1}{2}h\left(\frac{\partial F}{\partial u}\right)_n\right]\Delta u_n = hF_n + \frac{1}{2}h^2\left(\frac{\partial F}{\partial t}\right)_n \quad (2.154)$$

上式称为 **delta 形式** (delta form)。在很多流体力学的应用中非线性函数 F 不是 t 的**显式** (explicit) 函数。这时 $F(u)$ 对 t 的偏微分为 0，式（2.154）可以简化为二阶精度的表达式

$$\left[1 - \frac{1}{2}h\left(\frac{\partial F}{\partial u}\right)_n\right]\Delta u_n = hF_n \quad (2.155)$$

按与隐式欧拉法相同的步骤，并且仍假设 F 不是时间 t 的显函数，我们可以得到

$$\left[1 - h\left(\frac{\partial F}{\partial u}\right)_n\right]\Delta u_n = hF_n \quad (2.156)$$

观察发现，梯形法和隐式欧拉法的唯一区别在于式（2.155）和（2.156）左边的括号中的系数 1/2。求解非定常问题可采用二阶精度或更高阶精度方法，而稳态流动采用一阶隐式欧拉法则是一种很好的选择。

考虑到 $h \to \infty$ 的极限情况，将式（2.156）两边都除以 h 并令 $1/h = 0$，可得

$$-\left(\frac{\partial F}{\partial u}\right)_n \Delta u_n = F_n \quad (2.157)$$

或

$$u_{n+1} = u_n - \left[\left(\frac{\partial F}{\partial u}\right)_n\right]^{-1} F_n \quad (2.158)$$

这就是求解非线性方程 $F(u) = 0$ 的著名的牛顿法。

最后，通过将双时间推进法应用到梯形方法中来介绍一下该方法。每个时间步都必须求一个式（2.152）给出的代数方程。因此，u_{n+1} 是下列方程的解：

$$G(u) = 0 \tag{2.159}$$

其中，

$$G(u) = -u + u_n + \frac{1}{2}h(F(u) + F(u_n))^{①} \tag{2.160}$$

牛顿法为求解这样的方程提供了一个选择。另一种方法是考虑 u_{n+1} 为下述 ODE 的稳态解：

$$\frac{\mathrm{d}u}{\mathrm{d}\tau} = G(u) \tag{2.161}$$

其中，τ 经常被称为虚拟时间。可以采用合适的时间推进法来求解上述 ODE，并且上述方法通常需要进行优化，以更有效地求稳态解。注意，合理选择 $\Delta\tau$ 可以加速收敛得到式（2.161）的稳态解，其中 h 决定了梯形方法的时间精度。如果采用**显式** (explicity) 时间推进法来求解某方程组生成的 ODE（式（2.161）），则相当于应用了隐式方法，即不需要在每个时间步求解一个线性代数方程组。

2.7 稳定性分析

求解 PDE 的数值算法的稳定性是一个很重要而又复杂的议题。在此，我们把问题进行一定简化，仅考虑与时间相关的 ODE 和 OΔE，它们的系数矩阵同 u 和 t 是无关的。我们称这样的矩阵为**平稳** (stationary) 矩阵。在之前的章节中，根据半离散方法，我们从基本 PDE 推导得到了典型形式的 ODE，又通过时间推进法将 ODE 转化成 OΔE。这些分别表示如下：

$$\frac{\mathrm{d}\boldsymbol{u}}{\mathrm{d}t} = A\boldsymbol{u} - \boldsymbol{f}(t) \tag{2.162}$$

和

$$\boldsymbol{u}_{n+1} = C\boldsymbol{u}_n - \boldsymbol{g}_n \tag{2.163}$$

对于一步法，后者是将时间推进法直接应用到普通 ODE 中得到的。例如，显式欧拉法可得 $C = I + hA$，以及 $\boldsymbol{g}_n = h\boldsymbol{f}(nh)$。两步和多步法通过引入新的非独立变量可以写成式（2.163）的形式。注意只有时间和空间离散单独处理的方法才可以写为式（2.162）所示的中间的半离散形式。全离散格式（2.163）以及相关的稳定性定义和分析适用于所有方法。

① 译者注：原著中为 $F(U_n)$，应为笔误。

我们对稳定性的定义完全基于式（2.162）和（2.163）齐次部分的特性。式（2.162）的稳定性完全依赖于 A 的特征系统[①]。式（2.163）的稳定性也同矩阵 C 的特征系统相关。然而，在应用到偏微分方程（尤其是双曲线方程）时，情况有所变化，此时稳定性的定义可能同时依赖于时间和空间差分。额外的好处是，如果系统是稳定的，那么特征系统分析方法可以用来评价求解达到稳态的收敛**速率**(rate)。我们仅考虑基于完备特征值的系统，对其他有缺陷系统的讨论参见 Lomax 等所著文献 [1]。注意完备系统可以无限接近缺陷系统，在实际应用中后者的特性可能占据主导地位。

如果 A 和 C 是平稳矩阵，可以对其基本性质进行评估。例如，在 2.3.4 小节中，我们发现扩散和周期性对流的模型 ODE 的特征谱与那些包含扩散和周期性对流现象的实际物理问题的特征谱相同。这些特征谱的重要特性总结如下：

- 扩散占主导的流动，λ 特征值更倾向于位于实轴的负半轴。
- 对流占主导的流动，λ 特征值更倾向于位于虚轴。

2.7.1 常微分方程的固有稳定性

在这里，我们先阐述用于常微分方程稳定性分析的标准准则。

对稳定矩阵 C, 当 $\boldsymbol{f}$ 为常数，且当 $t \to \infty$ 时，$\boldsymbol{u}$ 是有界的，
式(2.162)是固有稳定的 (2.164)

注意固有稳定性仅依赖于 ODE 的非稳态解。

如果矩阵有完备的特征值系统，则所有的特征向量是线性无关的，并且此矩阵可以通过简单的变换转化为对角矩阵。此时，它满足式（2.141），即当且仅当下式成立时 ODE 是固有稳定的：

$$\mathcal{R}(\lambda_m) \leqslant 0, \quad \text{对所有的} m \tag{2.165}$$

这表明，符合固有稳定性的矩阵，其所有的特征值 λ 必须落在该复 λ 平面的虚轴上或虚轴左侧。扩散和周期性对流问题的模型 ODE 是满足这条准则的。

---

① 如果系数矩阵依赖于 t，即便是线性关系，情况也会完全不一样。

2.7.2 常微分方程的数值稳定性

与式 (2.164) 类似，OΔE 相应的准则为

对平稳矩阵 C，当 $\boldsymbol{g}$ 为常数，且当 $n \to \infty$ 时，$\boldsymbol{u}_n$ 是有界的，

式(2.163)是固有稳定的 (2.166)

可以看到数值稳定性仅依赖于 OΔE 的非稳态解。这一稳定性有时又被称为渐进稳定性或时间稳定性。

考虑一组由完备特征系统支配的 OΔE。式（2.166）给定的稳定性规则，可从式（2.142）及式（2.143）多根的研究中得出。显然，对该系统，时间推进法为数值稳定的条件是当且仅当

$$|(\sigma_m)_k| \leqslant 1, \quad 对所有的\ m\ 和\ k \tag{2.167}$$

这个条件表明，若要保证数值稳定，所有的 σ 特征值（包括主特征值和奇异特征值，如果存在）必须位于 σ 复平面的单位圆内或单位圆上。

数值稳定性最重要的性质体现在下述情况中：

• 具有固有稳定性的耦合系统，其特征值 λ 具有分布宽泛的幅值，

或

• 我们只寻求稳态解，通过时间路径获得稳态解的过程中，包含了并不需要的瞬态解。

在上述两种情况下，特征系统中存在同特征向量相关的、相对较大的 $|\lambda h|$，我们希望在求解过程中无须考虑每个特征向量各自的准确性。这也是我们研究数值稳定性的目的所在，由此引申的对刚度的研究将会在后续章节中讨论。

2.7.3 无条件稳定性，A-stable 方法

如果一种数值方法对所有的固有稳定的常微分方程都是稳定的，则称之为**无条件稳定** (unconditionally stable)。具有该性质的方法称为 **绝对稳定** (A-stable)。可以证明绝对稳定的线性多步法的精度**不可能超过二阶**，或者进一步说，在所有的二阶绝对稳定方法中，梯形法具有最小的截断误差。

2.7.4 λh 复平面上的稳定性廓线

一种很方便地展示时间推进法稳定性的方法是画出 $|\sigma| = 1$ 时复数 λh 的轨迹，该轨迹将通过 $\lambda h = 0$ 点。此处的 $|\sigma|$ 指所有 σ 中绝对值的最大值，σ 为主

特征值或奇异特征值，其为给定 λh 时的特征多项式的根。根据 2.7.2 小节中的讨论，在廓线的一侧，数值方法是稳定的，在另一侧是不稳定的。我们称该廓线为**稳定性廓线** (stability contour)。

例如，对显式欧拉法，有

$$\sigma = 1 + \lambda h = 1 + \lambda_{\mathrm{r}} h + \mathrm{i}\lambda_{\mathrm{i}} h \tag{2.168}$$

其中，λ_{r} 和 λ_{i} 分别表示 λ 的实部和虚部。令 $|\sigma| = 1$，可得

$$(1 + \lambda_{\mathrm{r}} h)^2 + (\lambda_{\mathrm{i}} h)^2 = 1 \tag{2.169}$$

上式对应的方程为复 λh 平面上圆心位于 $(-1, 0)$ 点的单位圆。显式欧拉法对 λh 值在圆上或圆内的情况是稳定的。同时表明对周期对流常微分方程和一般的对流占主导的问题，该格式是不稳定的。对扩散常微分方程则是**条件稳定** (conditionally stable) 的。这时，时间步的选取必须保证下式给出的最大特征值要落在单位圆内或单位圆上

$$\lambda = \frac{\nu}{\Delta x^2}\left[-2 + 2\cos\left(\frac{M\pi}{M+1}\right)\right] \tag{2.170}$$

即时间步长需满足

$$h \leqslant \frac{\Delta x^2}{\nu\left[1 - \cos\left(\dfrac{M\pi}{M+1}\right)\right]} \approx \frac{\Delta x^2}{2\nu} \tag{2.171}$$

或

$$\frac{\nu h}{\Delta x^2} \leqslant \frac{1}{2} \tag{2.172}$$

其中，$\nu h/\Delta x^2$ 通常称为**冯 · 诺依曼数** (von Neumann number)。

显式欧拉法的稳定性廓线在所有显式方法的稳定性廓线中是非常典型的，体现在以下两方面：

(1) 廓线包含复 λh 平面左半边有限部分。

(2) 稳定性区域在边界**以内**，因此它是条件稳定的。

一阶至四阶显式龙格-库塔法的稳定性廓线如图 2.5 所示[①]。注意到三阶和四阶龙格–库塔法的廓线包括虚轴的一部分，分别为 $\pm 1.9\mathrm{i}$ 和 $\pm 2\sqrt{2}\mathrm{i}$，因此，其对对流主导的问题是适合的。

① 标记为 RK1 的方法为显式欧拉法。

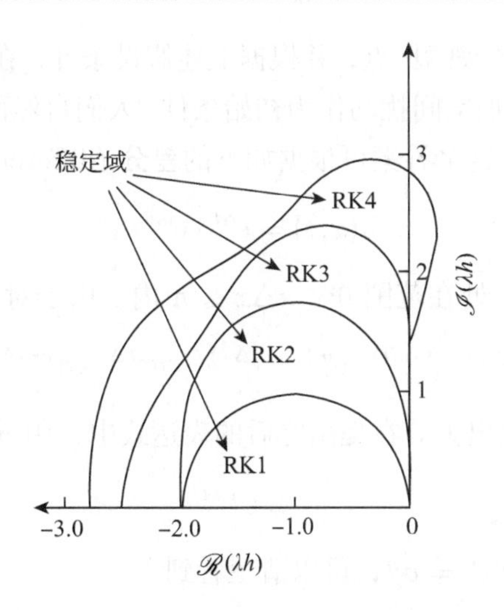

图 2.5 显式龙格–库塔法的稳定性廓线

周期对流偏微分方程通过二阶中心差分格式可转化为常微分方程，该方程的特征值由式（2.46）给出。最大幅值为 $|a|/\Delta x$，当采用四阶龙格–库塔法进行求解时，对应的最大时间步长为

$$\frac{|a|h}{\Delta x} \leqslant 2\sqrt{2} \tag{2.173}$$

其中，$|a|/\Delta x$ 称为**库朗** (Courant) 数或 **CFL 数**。

对隐式欧拉法，容易证明稳定性廓线为圆心位于 (1,0) 点的单位圆，**圆内**区域代表不稳定域。这表明即使用来积分的常微分方程是固有不稳定的，该方法也是数值稳定的，这在无条件稳定隐式算法中是非常典型的稳定性廓线。对于梯形算法，稳定边界就是虚轴，因此对 λh 位于该轴左侧或该轴之上的情况是稳定的。它的稳定条件精确地反映了常微分方程系统的稳定性。

2.7.5 傅里叶稳定性分析

数值算法中最流行的稳定性分析方法是傅里叶或冯 · 诺依曼方法。这种分析通常基于点算子来进行，同常微分方程的中间过程无关。严格来讲，它仅适用于 PDE 进行差分近似后所得线性的、系数不随空间和时间变化且具有周期性边界条件的 OΔE。实际应用中，它常被用来评估某种方法是否适用于多种普遍问题。它可作为一种值得信赖的稳定性**必要** (necessary) 条件，但不能作为**充分** (sufficient) 条件。

从流场中提取一个“典型”点，并根据上述假设条件，在时间和空间上始终观察这一点。在网格上施加空间扰动作为初始条件。人们自然而然会问，扰动幅值会随时间增大还是减小？这个答案可根据如下的**差分** (difference) 方程的解来确定

$$u(x,t)=\mathrm{e}^{\alpha t}\cdot\mathrm{e}^{\mathrm{i}\kappa x} \tag{2.174}$$

其中，κ 为实数，$\kappa\Delta x$ 处在范围 $0\leqslant\kappa\Delta x\leqslant\pi$ 内。由于对一般项有

$$u_{j+m}^{(n+\ell)}=\mathrm{e}^{\alpha(t+\ell\Delta t)}\cdot\mathrm{e}^{\mathrm{i}\kappa(x+m\Delta x)}=\mathrm{e}^{\alpha\ell\Delta t}\cdot\mathrm{e}^{\mathrm{i}\kappa m\Delta x}\cdot u_j^{(n)}$$

$u_j^{(n)}$ 作为共有项可以提出去。在提出之后的表达式中，用 σ 代替 $\mathrm{e}^{\alpha\Delta t}$，即

$$\sigma\equiv\mathrm{e}^{\alpha\Delta t}$$

这样，由于 $\mathrm{e}^{\alpha t}=(\mathrm{e}^{\alpha\Delta t})^n=\sigma^n$，可以清楚看到

$$\text{数值稳定须有}\quad|\sigma|\leqslant 1 \tag{2.175}$$

问题变为去求任何给定方法产生的 σ 集合，作为稳定性的必要条件，必须保证即使在最坏的参数组合条件下，式（2.175）也是满足的。

上述过程可通过一个例子来很好地阐述。在如下所述的模型扩散方程中应用完全离散点算子：

$$u_j^{(n+1)}=u_j^{(n-1)}+\nu\frac{2\Delta t}{\Delta x^2}\left(u_{j+1}^{(n)}-2u_j^{(n)}+u_{j-1}^{(n)}\right) \tag{2.176}$$

上式是将蛙跳法同二阶中心差分相结合后得到的。将式（2.174）代入式（2.176）可得

$$\sigma=\sigma^{-1}+\nu\frac{2\Delta t}{\Delta x^2}\left(\mathrm{e}^{\mathrm{i}\kappa\Delta x}-2+\mathrm{e}^{-\mathrm{i}\kappa\Delta x}\right)$$

或

$$\sigma^2+\underbrace{\left[\frac{4\nu\Delta t}{\Delta x^2}(1-\cos\kappa\Delta x)\right]}_{2b}\sigma-1=0 \tag{2.177}$$

因此，如果 σ 是式（2.177）的根，那么式（2.174）也是式（2.176）的解。式（2.177）的两个根为

$$\sigma_{1,2}=-b\pm\sqrt{b^2+1}$$

从上式可清晰地看出一个根的幅值 $|\sigma|$ 是永远大于 1 的。因此，根据傅里叶稳定性分析，我们发现这种方法对所有的 ν，κ 和 Δt 都是不稳定的。根据蛙跳方法的稳定性廓线和扩散常微分方程的特征值分析也可以得到相同的结论。蛙跳方法仅在特征值为纯虚数并且幅值小于等于 1 时是稳定的。扩散方程特征值为实数，因此无论如何选择步长 h 都不可能落在蛙跳方法的稳定域范围内。

2.7.6 常微分方程系统的刚度

“刚度” 这个概念来源于包含各种时间尺度的动力学现象的数学模型的数值分析。动力学尺度的差异转化成了常微分方程中特征值幅值的差异。CFD 中刚度的概念来自于这样一个事实，即在瞬态解中，对于与较大 $|\lambda_m|$ 相关的特征向量，我们通常不需要保持准确的**时间分辨率** (time resolution)，尽管这些特征向量必须在系统中保持耦合，以保持**空间分辨率** (spatial resolution) 的准确性。例如，回想图 2.2 描述的一阶导数的二阶中心差分的修正波数。当波数 $\kappa\Delta x$ 大于 1 时，此差分逼近是非常不准确的。因此，完全没有必要将与这些波数相关的特征向量在时间上推进到很高的精度。然而，为了避免对解造成影响，这些分量的时间推进必须稳定。

图 2.6 描述的是显式欧拉法对应的情形。所有的特征值，不论它们在时间上是否是准确解析的，均要落在时间推进法的稳定域之内。此外，需要在时间上精确解析的特征向量对应的特征值必须落在与 $e^{\lambda h}$ 足够近似的主 σ 根的附近区域 (称为精确域)。在该图中，可通过使特征值对应的特征向量落在小圆之内来保持时间精度，对需保持稳定性而不要求时间精度的，可使其落在小圆之外、大圆之内，其中，大圆为圆心在 $(-1,0)$ 的单位圆。

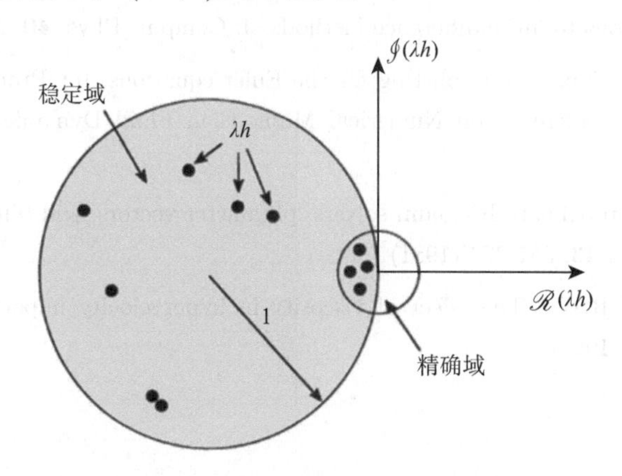

图 2.6 显式欧拉法的稳定域与精确域

我们将要求时间精度的特征向量对应的特征值命名为**驱动** (driving) 特征值，将那些只要求稳定性的特征向量对应的特征值命名为 **寄生** (parastic) 特征值。因此，时间精度要求是由驱动特征值决定的，而数值稳定性要求是由寄生特征值决定的。如果基于稳定性要求选择的时间步长 h 足够小以至于驱动特征值也落在精确域内，那么该时间步长称为**稳定性受限** (stability limited)。类似地，如果基于精度要求选择的时间步长 h 足够小使得寄生特征值落在稳定域内，那么该步长称为**精确性受限** (accuracy limited)。

常微分方程的刚度与寄生特征值最大幅值和驱动特征值最大幅值的比值有关。如果比值较大，则系统为刚性的。同时，如果采用了有条件稳定的时间推进法，时间步长的选择会受到稳定性要求的较大限制。换句话说，稳定性所要求的时间步长远小于驱动特征值精度要求的步长，这样需要计算的时间步比准确解析那些驱动模态所真正需要的时间步多很多，因而模拟的效率很低。这种情况下，可优先采用无条件稳定的隐式方法，此时的时间步长只取决于精确度要求。由于隐式方法每个时间步需要的计算量更大，由此可见选择哪种方法取决于问题的刚性。随着刚度的增加，更趋向于选择隐式方法，因为时间步数的减少足可以弥补每步长所多花费的计算量。

参考文献

[1] Lomax, H., Pulliam, T.H., Zingg, D.W.: Fundamentals of Computational Fluid Dynamics. Springer, Berlin (2001)

[2] Steger, J.L., Warming, R.F.: Flux vector splitting of the inviscid gas dynamic equations with applications to finite difference methods. J. Comput. Phys. **40**, 263-293 (1981)

[3] Van Leer, B.: Flux vector splitting for the Euler equations. In: Proceedings of the 8th International Conference on Numerical Methods in Fluid Dynamics, Springer-Verlag, Berlin (1982)

[4] Roe, P.L.: Approximate Riemann solvers, parameter vectors, and difference schemes. J. Comput. Phys. **43**, 357-372 (1981)

[5] MacCormack, R.W.: The effect of viscosity in hypervelocity impact cratering, AIAA Paper 69-354 (1969)

第 3 章　控 制 方 程

在本章中，我们将了解控制方程可以写成偏微分方程（PDE）的形式，并通过有限差分法来求解；也可以写成积分形式，通过有限体积法求解。此外，本章还将给出准一维欧拉方程和激波管问题，以及求这两个问题精确解的方法。这为本章和后续章节的编程奠定了基础。

3.1　欧拉方程和纳维-斯托克斯方程

3.1.1　偏微分方程形式

连续介质流动的控制方程是大家熟知的纳维-斯托克斯 (N-S) 偏微分方程组①，其可以写成多种形式。我们给出的下述形式，称为守恒形式。随后我们会看到，这种形式为数值求解带来了很大的便利性，并且为了简化论述，我们将问题限定在二维笛卡尔坐标系中。扩展到三维也是很直观的。在二维问题中，共有四个方程，分别为质量守恒方程、两个动量分量守恒方程和能量守恒方程。对非稳态可压缩流动，其形式如下：

$$\frac{\partial Q}{\partial t}+\frac{\partial E}{\partial x}+\frac{\partial F}{\partial y}=\frac{\partial E_{\mathrm{v}}}{\partial x}+\frac{\partial F_{\mathrm{v}}}{\partial y} \tag{3.1}$$

其中，

$$Q=\begin{bmatrix}\rho\\ \rho u\\ \rho v\\ e\end{bmatrix},\quad E=\begin{bmatrix}\rho u\\ \rho u^2+p\\ \rho uv\\ u(e+p)\end{bmatrix},\quad F=\begin{bmatrix}\rho v\\ \rho uv\\ \rho v^2+p\\ v(e+p)\end{bmatrix} \tag{3.2}$$

① 正式的 N-S 方程是根据动量守恒导出的方程组，并不包括质量和能量守恒方程。我们遵照普遍使用的命名方法，将整个守恒方程称为 N-S 方程。

$$E_\mathrm{v} = \begin{bmatrix} 0 \\ \tau_{xx} \\ \tau_{xy} \\ f_4 \end{bmatrix}, \quad F_\mathrm{v} = \begin{bmatrix} 0 \\ \tau_{xy} \\ \tau_{yy} \\ g_4 \end{bmatrix} \tag{3.3}$$

变量 Q 表示单位体积内的非独立守恒变量，包括密度 ρ、单位体积内的动量分量 ρu 和 ρv，其中 u 和 v 分别为笛卡尔速度分量，以及单位体积的总能量 e。总能量包括内能和动能，可以表示如下：

$$e = \rho\left(\epsilon + \frac{u^2+v^2}{2}\right) \tag{3.4}$$

其中，ϵ 为单位体积内能。列向量 E 和 F 称为无黏矢通量，它们包括对流通量项和压力相关项。对某些流动问题，其他可能很重要的项，如重力，也应当包括进来。在动量方程中，压力项代表力；在能量方程中，它们与压力做的功相关。从守恒角度来理解质量、动量和能量方程很重要。不过，也可以将动量方程理解为惯性坐标系下的粒子或粒子群的动量变化率等于作用在其上的合力。换句话说，动量方程是牛顿第二定律的另一种表示方式，即力等于质量乘以加速度。

我们将注意力主要放在热力学理想气体上，其满足状态方程：

$$p = \rho RT \tag{3.5}$$

以及

$$\epsilon = c_\mathrm{v} T \tag{3.6}$$

其中，p 为压力；R 为气体常数；T 为温度；c_v 为定容比热。通过状态方程可以采用流动守恒变量将压力表示出来：

$$\begin{aligned} p &= \rho RT && (3.7)\\ &= \rho R\left(\frac{\epsilon}{c_\mathrm{v}}\right) && (3.8)\\ &= (\gamma-1)\rho\epsilon && (3.9)\\ &= (\gamma-1)\left(e - \frac{\rho}{2}(u^2+v^2)\right) && (3.10)\\ &= (\gamma-1)\left[e - \frac{1}{2\rho}\left((\rho u)^2 + (\rho v)^2\right)\right] && (3.11) \end{aligned}$$

其中，$\gamma = c_\mathrm{p}/c_\mathrm{v}$ 为绝热指数，c_p 为定压比热，上式中我们用到了下述关系：

$$c_\mathrm{v} = \frac{R}{\gamma - 1} \tag{3.12}$$

对理想气体，声速 a 满足

$$a^2 = \frac{\gamma p}{\rho} = \gamma RT \tag{3.13}$$

当理想气体定律不满足时，如特高温下的流动，必须使用上述状态方程的替代方程。

向量 E_v 和 F_v 包括一些和黏性及导热相关的项。在本书中，仅考虑牛顿流体，但是提醒读者这种假设并不都是适用的。对于牛顿流体，二维流动中的黏性应力表示如下：

$$\begin{aligned}
\tau_{xx} &= \mu\left(\frac{4}{3}\frac{\partial u}{\partial x} - \frac{2}{3}\frac{\partial v}{\partial y}\right)\\
\tau_{xy} &= \mu\left(\frac{\partial u}{\partial y} + \frac{\partial v}{\partial x}\right)\\
\tau_{yy} &= \mu\left(-\frac{2}{3}\frac{\partial u}{\partial x} + \frac{4}{3}\frac{\partial v}{\partial y}\right)
\end{aligned} \tag{3.14}$$

其中，μ 为动力黏性系数，通常为温度的函数。对于空气，黏度通常可根据萨瑟兰定律（Sutherland's law）获得。出现在动量方程中的黏性项为力。能量方程中的 f_4 和 g_4 项表示由黏性力和热传导所做的功。

导热的控制规律是傅里叶定律，它描述了当地热流量（单位时间单位面积上的导热速率）同当地的温度梯度成正比。比例系数 k 称为导热系数。根据傅里叶定律，二维笛卡尔坐标系下的导热项可以表示为

$$\frac{\partial}{\partial x}\left(k\frac{\partial T}{\partial x}\right) + \frac{\partial}{\partial y}\left(k\frac{\partial T}{\partial y}\right) \tag{3.15}$$

为了方便，引入普朗特数 Pr，它表示动量黏性系数同导热系数的比值，定义如下：

$$Pr = \frac{\mu c_\text{p}}{k} \tag{3.16}$$

普朗特数是量纲为一的参数，同流体性质有关。对于空气，在很大的温度范围内，普朗特数都接近 0.71。对理想气体，导热项可以表示为

$$\frac{\partial}{\partial x}\left(\frac{\mu}{Pr(\gamma-1)}\frac{\partial a^2}{\partial x}\right) + \frac{\partial}{\partial y}\left(\frac{\mu}{Pr(\gamma-1)}\frac{\partial a^2}{\partial y}\right) \tag{3.17}$$

上式中应用了如下关系式：

$$c_\text{p} = \frac{\gamma R}{\gamma - 1} \tag{3.18}$$

这样，我们得出了能量方程中 f_4 和 g_4 项的表达式：

$$
\begin{aligned}
f_4 &= u\tau_{xx} + v\tau_{xy} + \frac{\mu}{Pr(\gamma-1)}\frac{\partial a^2}{\partial x} \\
g_4 &= u\tau_{xy} + v\tau_{yy} + \frac{\mu}{Pr(\gamma-1)}\frac{\partial a^2}{\partial y}
\end{aligned}
\tag{3.19}
$$

通常使用量纲为一的方程更为方便。为此我们选取了参考长度 l（通常选自问题中的某个特征物理尺寸）、参考密度 ρ_∞（通常选自远离物体的未受扰动的外流密度），以及参考速度。在流体动力学中，习惯选择物体在流体中移动的速度 u_∞ 作为参考速度。在某些流动中 u_∞ 可能为零，如盘旋中的直升机，因此，在本书中，选用远离物体的未受扰动的空气声速更为方便。远离物体的条件通常称为自由来流条件。有了上述参考量，我们可以得到下述量纲为一的量（用波浪号表示）

$$
\begin{aligned}
&\tilde{x} = \frac{x}{l}, \quad \tilde{y} = \frac{y}{l}, \quad \tilde{t} = \frac{ta_\infty}{l} \\
&\tilde{\rho} = \frac{\rho}{\rho_\infty}, \quad \tilde{u} = \frac{u}{u_\infty}, \quad \tilde{v} = \frac{v}{v_\infty} \\
&\tilde{e} = \frac{e}{\rho_\infty a_\infty^2}, \ \tilde{\mu} = \frac{\mu}{\mu_\infty}
\end{aligned}
\tag{3.20}
$$

将上述量纲为一的量代入 N-S 方程组中，去掉波浪号，定义雷诺数

$$
Re = \frac{\rho_\infty l a_\infty}{\mu_\infty} \tag{3.21}
$$

我们得到下述的量纲为一形式的表达式：

$$
\frac{\partial Q}{\partial t} + \frac{\partial E}{\partial x} + \frac{\partial F}{\partial y} = Re^{-1}\left(\frac{\partial E_{\mathrm{v}}}{\partial x} + \frac{\partial F_{\mathrm{v}}}{\partial y}\right) \tag{3.22}
$$

式中的所有量都在前面给出了定义，只不过都变成了量纲为一的量。需要注意雷诺数的定义是基于 a_∞，而不是传统的 u_∞，二者的比值为自由来流马赫数，$M_\infty = u_\infty/a_\infty$。

当忽略掉和黏性及导热相关的项时，如令 E_{v} 和 F_{v} 为零，N-S 方程可转化为欧拉方程。当所关注的问题中黏性和导热对物理量的影响很小时，欧拉方程的数值求解就变得非常有用了。N-S 方程还有其他一些简化形式，对一些特定类型的问题是很有用的。当然，了解它们的使用限制条件也是很重要的。

之前我们提到上述方程都是按守恒形式给出的，包含了两个方面的意思。第一，我们选择守恒物理量，如单位体积的质量、动量和能量作为独立变量。也可以写出用其他变量作为独立变量的方程，例如，**原始** (primitive) 变量，密度、速度

和压力，这两种方程虽然从解析的角度看具有等价性，但数值求解时却可能导致不同的解。例如，理想气体的一维欧拉方程用**原始** (primitive) 变量 $R=[\rho,u,p]^{\mathrm{T}}$ 可以表示如下：

$$\frac{\partial R}{\partial t}+\tilde{A}\frac{\partial R}{\partial x}=0 \tag{3.23}$$

其中，

$$\tilde{A}=\begin{bmatrix} u & \rho & 0 \\ 0 & u & \rho^{-1} \\ 0 & \gamma p & u \end{bmatrix}$$

第二方面与出现在通量中的乘积相关。在守恒形式中，微分的乘积法则不再适用。如质量守恒方程中出现的

$$\frac{\partial}{\partial x}(\rho u)$$

不能展开成

$$\rho\frac{\partial u}{\partial x}+u\frac{\partial \rho}{\partial x}$$

因为上式为非守恒形式。原因跟前述的一样，两种形式具有解析等价性，但在某些情况下，例如，带有非静止激波的流动中，非守恒形式可以得到相当不准确的解。

虽然我们通常不求解非守恒形式的方程，但对分析而言，它们是有用的。例如，考虑一维守恒形式的欧拉方程：

$$\frac{\partial Q}{\partial t}+\frac{\partial E}{\partial x}=0 \tag{3.24}$$

其中，

$$Q=\begin{bmatrix} Q_1 \\ Q_2 \\ Q_3 \end{bmatrix}=\begin{bmatrix} \rho \\ \rho u \\ e \end{bmatrix},\quad E=\begin{bmatrix} E_1 \\ E_2 \\ E_3 \end{bmatrix}=\begin{bmatrix} \rho u \\ \rho u^2+p \\ u(e+p) \end{bmatrix} \tag{3.25}$$

如果解是光顺的，式 (3.24) 可以表示为下述形式：

$$\frac{\partial Q}{\partial t}+A\frac{\partial Q}{\partial x}=0 \tag{3.26}$$

其中，

$$A=\frac{\partial E}{\partial Q} \tag{3.27}$$

称为通量雅可比矩阵。通量雅可比矩阵是将矢通量以守恒变量的形式写出的

$$E=\begin{bmatrix} Q_2 \\ (\gamma-1)Q_3+\frac{3-\gamma}{2}\frac{Q_2^2}{Q_1} \\ \gamma\frac{Q_3Q_2}{Q_1}-\frac{\gamma-1}{2}\frac{Q_2^3}{Q_1^2} \end{bmatrix} \tag{3.28}$$

对理想气体，

$$A=\frac{\partial E_i}{\partial Q_j}=\begin{bmatrix} 0 & 1 & 0 \\ \frac{\gamma-3}{2}\left(\frac{Q_2}{Q_1}\right)^2 & (3-\gamma)\frac{Q_2}{Q_1} & \gamma-1 \\ A_{31} & A_{32} & \gamma\left(\frac{Q_2}{Q_1}\right) \end{bmatrix} \tag{3.29}$$

其中，

$$\begin{aligned} A_{31}&=(\gamma-1)\left(\frac{Q_2}{Q_1}\right)^3-\gamma\left(\frac{Q_3}{Q_1}\right)\left(\frac{Q_2}{Q_1}\right) \\ A_{32}&=\gamma\left(\frac{Q_3}{Q_1}\right)-\frac{3(\gamma-1)}{2}\left(\frac{Q_2}{Q_1}\right)^2 \end{aligned} \tag{3.30}$$

式（3.29）可以用原始变量 ρ，u 和 e 另写为

$$A=\begin{bmatrix} 0 & 1 & 0 \\ \frac{\gamma-3}{2}u^2 & (3-\gamma)u & \gamma-1 \\ A_{31} & A_{32} & \gamma u \end{bmatrix} \tag{3.31}$$

其中，

$$\begin{aligned} A_{31}&=(\gamma-1)u^3-\gamma\frac{ue}{\rho} \\ A_{32}&=\gamma\frac{e}{\rho}-\frac{3(\gamma-1)}{2}u^2 \end{aligned} \tag{3.32}$$

雅可比矩阵 A 的特征值为 u，$u+a$，$u-a$。由于特征值均为实数，因此 A 的特征向量之间线性无关，即式（3.26）的方程是 **双曲型** (hyperbolic) 的。这样，

根据特征理论可得到上述方程的一些重要性质。首先，特征值代表信息传递的特征速度。通过流体对流传递信息的速度为 u，而声波传递信息的速度为 $u+a$ 和 $u-a$。如果流动是超声速的，即 $|u|>a$，那么所有的特征值都是正值，信息仅在一个方向传递。如果流动是亚声速的，即 $|u|<a$，那么特征值有正有负，信息会在两个方向传递。这在设计数值方法和发展边界条件时是很关键的。只要解保持光顺，就可发现黎曼不变量是以特征速度传递的。熵 $\ln(p/\rho^\gamma)$ 以速度 u 传播，而变量 $u \pm 2a/(\gamma-1)$ 以速度 $u \pm a$ 传播。

式（3.26）中的通量雅可比矩阵 A 可通过式（3.23）中的矩阵 $\tilde{A}$ 的相似变化得到

$$A = S\tilde{A}S^{-1} \tag{3.33}$$

其中，$S = \partial Q/\partial R$。因此，这两个矩阵的特征值是相同的，这与式（3.26）和式（3.23）是同一物理问题的不同表述的事实相一致。

3.1.2 积分形式

二维笛卡尔坐标系下的非稳态可压缩流动的 N-S 方程也可以表示成如下积分 (integral) 形式：

$$\frac{\mathrm{d}}{\mathrm{d}t}\iint_{V(t)} Q\mathrm{d}x\mathrm{d}y + \oint_{S(t)} (E\mathrm{d}y - F\mathrm{d}x) = Re^{-1}\oint_{S(t)} (E_\mathrm{v}\mathrm{d}y - F_\mathrm{v}\mathrm{d}x) \tag{3.34}$$

其中，$S(t)$ 表示任意控制体 $V(t)$ 的表面积，所有变量都在之前进行了定义并进行了无量纲化。这种形式是从如下所示的与坐标无关的一般形式中得到的

$$\frac{\mathrm{d}}{\mathrm{d}t}\int_{V(t)} Q\mathrm{d}V + \oint_{S(t)} \widehat{\boldsymbol{n}} \cdot \boldsymbol{\mathcal{F}}\mathrm{d}S = 0 \tag{3.35}$$

其中，$\widehat{\boldsymbol{n}}$ 表示垂直控制面指向外侧的单位矢量；$\boldsymbol{\mathcal{F}}$ 为通量张量，包括无黏项、黏性项和导热项。在二维笛卡尔坐标系中，通量张量由下式给出：

$$\boldsymbol{\mathcal{F}} = (E - Re^{-1}E_\mathrm{v})\widehat{\boldsymbol{i}} + (F - Re^{-1}F_\mathrm{v})\widehat{\boldsymbol{j}} \tag{3.36}$$

其中，$\widehat{\boldsymbol{i}}$ 和 $\widehat{\boldsymbol{j}}$ 分别为 x 和 y 方向的单位矢量。式（3.34）中的积分按逆时针方向绕行，这样，面积加权的外法线可以表示为

$$\widehat{\boldsymbol{n}}\mathrm{d}S = \widehat{\boldsymbol{i}}\mathrm{d}y - \widehat{\boldsymbol{j}}\mathrm{d}x \tag{3.37}$$

3.1.3　物理边界条件

刚体表面必须符合一定的物体边界条件：对无黏流动的欧拉方程，流动一定是同固壁表面相切的；换句话说，垂直于固壁表面的流速分量一定为零，即

$$(u\widehat{\boldsymbol{i}}+v\widehat{\boldsymbol{j}})\cdot\widehat{\boldsymbol{n}}=0 \tag{3.38}$$

对黏性流动的 N-S 方程，表面一定满足无滑移边界条件——流速的各个分量均为零。此外，对黏性流体，通常假设表面是恒温或绝热的。在第二种情况下，垂直于表面方向的温度梯度为零

$$\nabla T\cdot\widehat{\boldsymbol{n}}=0 \tag{3.39}$$

其他的物理边界条件根据问题的不同有所变化。对外流问题，通常要求当距离固壁边界无穷远时，流体必须恢复到未受扰动的状态。实际中，通常在物体和边界中施加有限远的距离。其他问题还可能涉及指定的来流条件。

3.2　雷诺平均纳维-斯托克斯方程

在一个时间段上对 N-S 方程进行时间平均，当此时间尺度与湍流时间尺度相比较长，但同物理问题涉及的时间尺度相比又较短时，会出现所谓的雷诺应力和附加的热流量项。湍流模型通常包括一个或多个偏微分方程，其作用是通过这些方程来得到这些附加项并封闭整个方程系统。在本书后面的部分，所有的算法都是根据欧拉和 N-S 方程而不是雷诺平均 N-S 方程（时均 N-S 方程）提出的，尽管这些算法通常应用于雷诺时均 N-S 方程。为了将这些算法应用到时均 N-S 方程，必须把根据选定的湍流模型得到的雷诺应力加到 N-S 方程中，并将求解算法应用到同湍流模型相关的偏微分方程中。

3.3　准一维欧拉方程与激波管问题

在整本书及后面的编程设计中都将准一维欧拉方程和激波管问题作为例子。对于变截面的准一维无黏槽道流，单位长度的面积为 $S(x)$，其控制方程——准一维欧拉方程可以写为如下形式 [1]：

$$\frac{\partial(\rho S)}{\partial t}+\frac{\partial(\rho uS)}{\partial x}=0 \tag{3.40}$$

$$\frac{\partial(\rho uS)}{\partial t}+\frac{\partial[(\rho u^2+p)S]}{\partial x}=p\frac{\mathrm{d}S}{\mathrm{d}x} \tag{3.41}$$

$$\frac{\partial(eS)}{\partial t}+\frac{\partial[u(e+p)S]}{\partial x}=0 \tag{3.42}$$

其中，变量 t，x，ρ，u，p 和 e 的定义同 3.1 节一致。此方程通常用于求解给定边界条件的稳态槽道流动。

激波管问题是一个初值问题，同样忽略了黏性，且令 $S(x)=1$。初始条件为在 $t=0$ 时刻存在两个被隔膜分隔开的流动状态。它们所处状态具有不同的压力和密度。采用 x_0 来表示隔膜的位置，下标 L 和 R 分别表示隔膜左右侧的流体状态，初始条件可以写为

$$u=0,\quad p=p_{\mathrm{L}},\quad \rho=\rho_{\mathrm{L}},\quad x<x_0 \tag{3.43}$$

$$u=0,\quad p=p_{\mathrm{R}},\quad \rho=\rho_{\mathrm{R}},\quad x\geqslant x_0 \tag{3.44}$$

当隔膜被瞬间移除时，流动开始从高压侧向低压侧流动。在本节后面给出的例子中，$p_{\mathrm{R}}<p_{\mathrm{L}}$，两种介质的不连续交接面向右传播，一道膨胀波向左传播，同时一道激波以比间断面移动速度更高的速度向右传播。我们假设这个过程在所有波达到激波管端面前已终止。因此过程中不需要边界条件。

3.3.1 精确解：准一维槽道流

对准一维槽道流动，我们给出了控制方程。为了同数值解相比较，还需要给出计算机程序得到的精确解来作为参考。相关理论和解释可以从很多优秀的空气动力学教科书上找到（如 Shapiro 所著文献 [1]）。问题定义如下：给出槽道截面变化 $S(x)$，进口的总压和总温 p_{01} 和 T_{01}，临界面积 S^*，并指出初始马赫数为亚声速还是超声速；如存在激波，给出其位置 x_{shock}。上述解可通过从入口到出口推进计算得到。在给定 x 位置，S 和 S^* 是已知的，因此当地马赫数 $M=u/a$，可以通过下述非线性方程迭代计算得到：

$$\frac{S}{S^*}=\frac{1}{M}\left[\frac{2}{\gamma+1}\left(1+\frac{\gamma-1}{2}M^2\right)\right]^{\frac{\gamma+1}{2(\gamma-1)}} \tag{3.45}$$

根据给定条件设定初始马赫数为亚声速还是超声速。温度和压力可根据等熵关系式得到

$$T=\frac{T_{01}}{1+\dfrac{\gamma-1}{2}M^2} \tag{3.46}$$

$$p=p_{01}\left(1+\frac{\gamma-1}{2}M^2\right)^{-\left(\frac{\gamma}{\gamma-1}\right)} \tag{3.47}$$

其他变量，如密度、速度和声速，可以通过理想气体关系式和马赫数的定义得到。如果推进到了指定激波所在位置，那么根据兰金-于戈尼奥公式可以确定激波下游的参数：

$$T_{0\mathrm{R}}=T_{0\mathrm{L}} \tag{3.48}$$

$$M_{\mathrm{R}}^2=\frac{2+(\gamma-1)M_{\mathrm{L}}^2}{2\gamma M_{\mathrm{L}}^2-(\gamma-1)} \tag{3.49}$$

$$\frac{p_{\mathrm{R}}}{p_{\mathrm{L}}}=\frac{2\gamma M_{\mathrm{L}}^2-(\gamma-1)}{\gamma+1} \tag{3.50}$$

$$\frac{p_{0\mathrm{R}}}{p_{0\mathrm{L}}}=\frac{([(\gamma+1)/2]M_{\mathrm{L}}^2/\{1+[(\gamma-1)/2]M_{\mathrm{L}}^2\})^{\frac{\gamma}{\gamma-1}}}{\{[2\gamma/(\gamma+1)]M_{\mathrm{L}}^2-(\gamma-1)/(\gamma+1)\}^{\frac{1}{\gamma-1}}} \tag{3.51}$$

激波下游的密度和声速可以根据理想气体关系式确定。S^* 的值需根据激波下游的参数值重新计算确定

$$S_{\mathrm{R}}^*=S_{\mathrm{L}}^*\frac{\rho_{\mathrm{L}}^*a_{\mathrm{L}}^*}{\rho_{\mathrm{R}}^*a_{\mathrm{R}}^*} \tag{3.52}$$

其中，

$$\rho_{\mathrm{L}}^*a_{\mathrm{L}}^*=\rho_{01}a_{01}\left(\frac{2}{\gamma+1}\right)^{\frac{\gamma+1}{2(\gamma-1)}}$$

$$\rho_{\mathrm{R}}^*a_{\mathrm{R}}^*=\rho_0^{\mathrm{R}}a_0^{\mathrm{R}}\left(\frac{2}{\gamma+1}\right)^{\frac{\gamma+1}{2(\gamma-1)}}$$

$$\rho_{01}=\frac{p_{01}}{RT_{01}}$$

$$\rho_0^{\mathrm{R}}=\frac{p_0^{\mathrm{R}}}{RT_{01}}$$

$$a_{01}=\sqrt{\frac{\gamma p_{01}}{\rho_{01}}}$$

$$a_0^{\mathrm{R}}=\sqrt{\frac{\gamma p_0^{\mathrm{R}}}{\rho_0^{\mathrm{R}}}}$$

激波下游的解可以根据式（3.45）以及新的 S^* 和 P_0 值进行计算。

考虑 Hirsch[2] 的书中的两个例子。在这两个例子中，$S(x)$ 均由下式给出：

$$S(x)=\begin{cases}1+1.5\left(1-\dfrac{x}{5}\right)^2, & 0\leqslant x\leqslant 5\\ 1+0.5\left(1-\dfrac{x}{5}\right)^2, & 5\leqslant x\leqslant 10\end{cases} \tag{3.53}$$

其中，$S(x)$ 和 x 的单位为 m。流体均为空气，且当作气体常数为 $R=287\,\mathrm{N}\cdot\mathrm{m}/(\mathrm{kg}\cdot\mathrm{K})$ 和 $\gamma=1.4$ 的理想气体，总温为 300K，进口总压 $p_{01}=100\,\mathrm{kPa}$。对第一种情况，流体以亚声速流过槽道，$S^*=0.8$。此时压力和马赫数分布如图 3.1 所示。第二种情况，流动为跨声速，进口亚声速，在 $x=7$ 和 $S^*=1$ 处产生激波。此时压力和马赫数分布如图 3.2 所示。

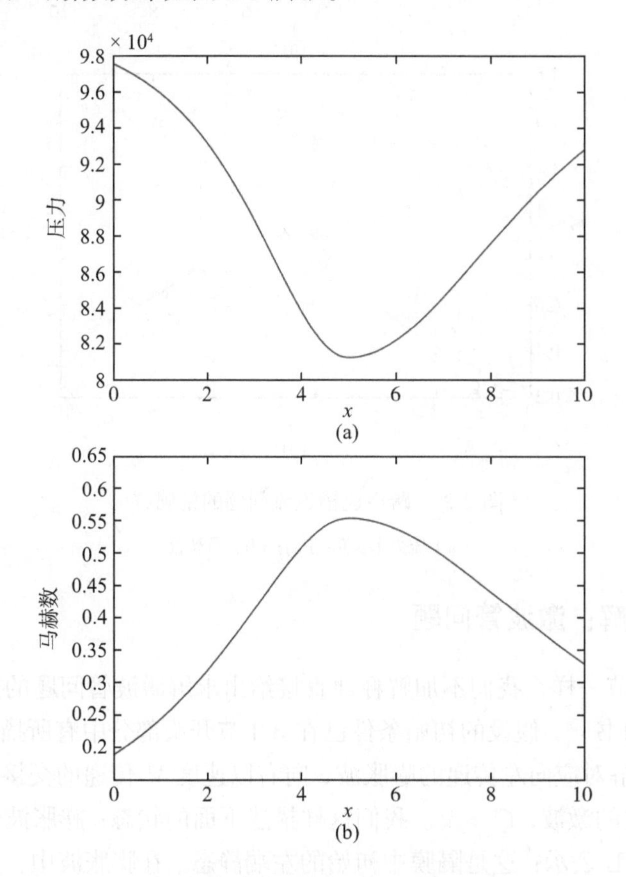

图 3.1 亚声速槽道流问题的精确解

（a）压力 (单位 Pa)；（b）马赫数

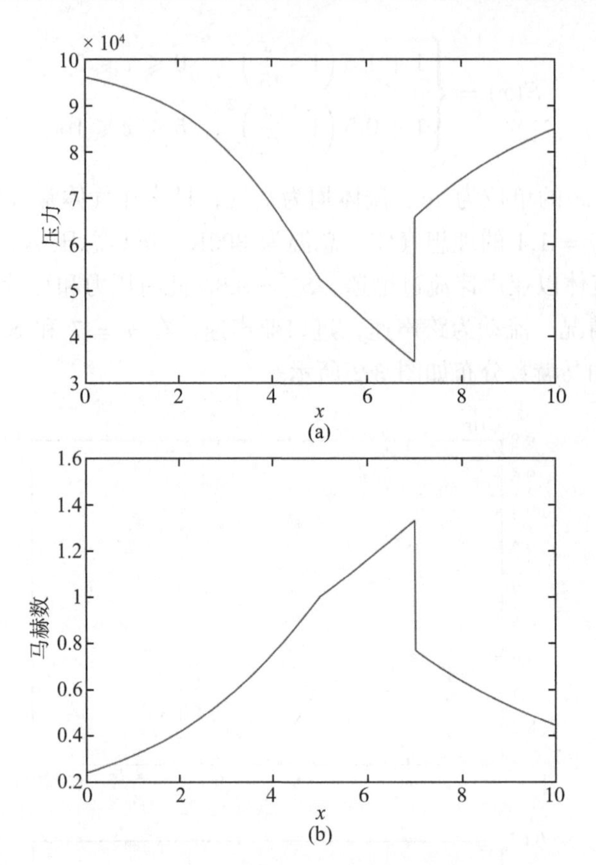

图 3.2　跨声速槽道流问题的精确解

（a）压力 (单位：Pa)；（b）马赫数

3.3.2　精确解：激波管问题

同上一小节一样，我们不加解释地直接给出求解激波管问题的方程。详情可参考 Hirsch 的书 [2]。假设的初始条件已在 3.3 节开头部分中有所描述。这种情况下，此问题的解对应向左传递的膨胀波，向右以速度 V 传递的交接面，以及以速度 C 向右传递的激波，$C > V$。我们这样描述下面的状态：膨胀波传播到最左端的状态用下标 L 表示；这是隔膜中初始的左端静态。在膨胀波中，变量是连续变化的，用下标 5 表示。在膨胀波末端和交接面之间的常态用下标 3 表示。交接面和激波之间的状态用下标 2 表示。最后，隔膜中右侧的初始状态，也是到激波右侧的静态，用下标 R 表示。

跨越激波时，正激波关系必须是成立的。按照 Hirsch[2]，我们定义激波前后压比为 $P = p_2/p_{\mathrm{R}}$。跨越交接面时，压力和速度都是连续的。膨胀波中的流动为等熵流动的，特征理论可以应用。经过一些代数计算，可以得到下述的有关 P 的隐式方程：

$$\sqrt{\frac{2}{\gamma(\gamma-1)}}\frac{P-1}{\sqrt{1+\alpha P}}=\frac{2}{\gamma-1}\frac{a_{\mathrm{L}}}{a_{\mathrm{R}}}\left[1-\left(\frac{p_{\mathrm{R}}}{p_{\mathrm{L}}}P\right)^{\frac{\gamma-1}{2\gamma}}\right] \tag{3.54}$$

其中，

$$\alpha=\frac{\gamma+1}{\gamma-1}$$

p_{L}，p_{R}，a_{L} 和 a_{R} 分别是同初始状态相关的压力和声速。前面已经介绍过，可以根据指定的压力和密度用式（3.13）确定声速。如果上式通过非线性代数迭代算法求解得到，如牛顿法，则激波左侧的压力 p_2 也是确定的。激波左侧的密度可通过下式确定：

$$\frac{\rho_2}{\rho_{\mathrm{R}}}=\frac{1+\alpha P}{\alpha+P} \tag{3.55}$$

由于通过交接面的压力是连续的，因此 $p_3=p_2$。交接面的传播速度可以通过下式确定：

$$V=\frac{2}{\gamma-1}a_{\mathrm{L}}\left[1-\left(\frac{p_3}{p_{\mathrm{L}}}\right)^{\frac{\gamma-1}{2\gamma}}\right] \tag{3.56}$$

在交接面任一侧的流体速度都必须等于 V，即 $u_3=u_2=V$。为了确定交接面左侧的状态，可以根据膨胀波内的流动为等熵流动这一事实来确定密度，可得交接面左侧的熵值等于初始时刻左侧的熵值，即

$$\rho_3=\rho_{\mathrm{L}}\left(\frac{p_3}{p_{\mathrm{L}}}\right)^{\frac{1}{\gamma}} \tag{3.57}$$

激波传递的速度由下式给出：

$$C=\frac{(P-1)a_{\mathrm{R}}^2}{\gamma u_2} \tag{3.58}$$

膨胀波的波头以速度 a_{L} 向左传递。因此，对 $x\leqslant x_0-a_{\mathrm{L}}t$，流体状态可用过隔膜中左侧的初始状态确定。膨胀波的波尾以 $a_{\mathrm{L}}-V(\gamma+1)/2$ 的速度向左传递。因此膨胀波波尾和交接面之间的状态对应 $x_0+[V(\gamma+1)/2-a_{\mathrm{L}}]t<x\leqslant x_0+Vt$ 区间的解。状态 2 对应位于 $x_0+Vt<x\leqslant x_0+Ct$ 区间的解。对 $x>x_0+Ct$，对应初始时隔膜中右侧状态。为了求解，我们需确定膨胀区内，即 $x_0-a_{\mathrm{L}}t<x\leqslant x_0+[V(\gamma+1)/2-a_{\mathrm{L}}]t$ 的状态。它们由下式确定：

$$u_5=\frac{2}{\gamma+1}\left(\frac{x-x_0}{t}+a_{\mathrm{L}}\right)$$

$$a_5 = u_5 - \frac{x - x_0}{t}$$

$$p_5 = p_{\mathrm{L}} \left(\frac{a_5}{a_{\mathrm{L}}} \right)^{\frac{2\gamma}{\gamma - 1}}$$

$$\rho_5 = \frac{\gamma p_5}{a_5^2}$$

作为例子，我们取 Hirsch[2] 的书中给出的值：$p_{\mathrm{L}} = 10^5$，$\rho_{\mathrm{L}} = 1$，$p_{\mathrm{R}} = 10^4$ 和 $\rho_{\mathrm{R}} = 0.125$，其中压力单位为 Pa，密度单位为 $\mathrm{kg/m^3}$。流体为理想气体，$\gamma = 1.4$。图 3.3 展示了在 $t = 6.1\mathrm{ms}$ 时的密度和马赫数。此图与稳态槽道流动的图 3.1 和图 3.2 给出的精确解为验证数值方法提供了一个很好的参考。

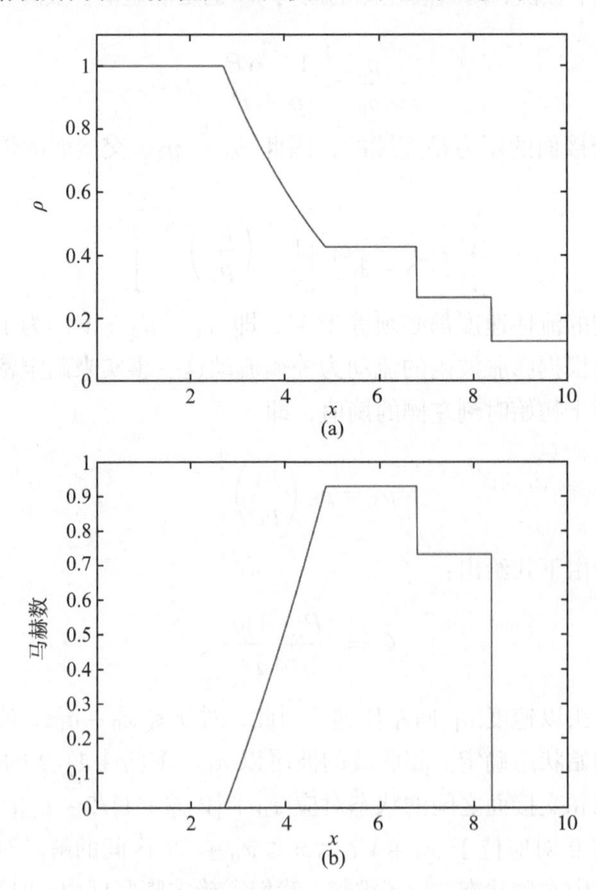

图 3.3 激波管问题在 $t = 6.1\mathrm{ms}$ 的精确解

（a）密度 (单位：$\mathrm{kg/m^3}$)；（b）马赫数

3.4 练　习

3.1 编程求解下述亚声速流动中准一维欧拉方程精确解。$S(x)$ 如下式:

$$S(x)=\begin{cases}1+1.5\left(1-\dfrac{x}{5}\right)^2, & 0\leqslant x\leqslant 5\\ 1+0.5\left(1-\dfrac{x}{5}\right)^2, & 5\leqslant x\leqslant 10\end{cases}\tag{3.59}$$

其中, $S(x)$ 和 x 的单位为 m。流体为空气, 可看作 $R=287\,\text{N}\cdot\text{m}/(\text{kg}\cdot\text{K})$, $\gamma=1.4$ 的理想气体。进口总温 $T_0=300\text{K}$, 总压 $p_{01}=300\,\text{kPa}$。槽道内流动为亚声速, $S^*=0.8$。并将结果同图 3.1 进行比较。

3.2 将上题中流动改为跨声速槽道流动, 其他条件不变, 进行计算。进口流动为亚声速, 在 $x=7$, S^* 处产生激波。并将结果同图 3.2进行比较。

3.3 编写确定下述精确解的程序: $p_{\text{L}}=10^5$, $\rho_{\text{L}}=1$, $p_{\text{R}}=10^4$, $\rho_{\text{R}}=0.125$, 其中压力单位为 Pa, 密度单位为 kg/m^3。流体可看作 $\gamma=1.4$ 的理想气体。并将计算得到的 6.1ms 时的结果与图 3.3 的结果进行比较。

参考文献

[1] Shapiro, A.H.: The Dynamics and Thermodynamics of Compressible Fluid Flow. Ronald Press, New York (1953)

[2] Hirsch, C.: Numerical Computation of Internal and External Flows, vol. 2. Wiley, Chichester (1990)

第 4 章　隐式有限差分算法

4.1 引　　言

N-S 方程的数值求解算法通常将原始的偏微分方程组转化为更大型的代数方程组，然后进行求解。很多这样的算法对空间和时间项进行单独离散。首先，通过控制方程中空间项的离散将偏微分方程组简化为常微分方程组，再通过时间推进法将这个半离散的常微分方程组转化为常差分方程组。上述过程假定了偏微分方程组是与时间有关的。如果人们仅对 N-S 方程组的稳态解感兴趣，可以去掉时间导数项，也就没有中间的常微分方程组了。这时，应用空间差分可直接将非线性的偏微分方程组转化为非线性代数方程组。由于方程的非线性，不能直接求解代数方程组，而是需要采用迭代的方法。即使人们只对稳态解感兴趣，通常保留时间项也是有好处的，因为按照准物理方法得到稳态解的时间推进法是一种很有效的迭代方法。

本章介绍的隐式算法和下一章介绍的显式算法都保留了 N-S 方程组的时间导数项，即使求解稳态流动也是如此。甚至，两种算法都包括了独立的空间和时间导数项，以及中间半离散常微分方程格式。原则上，算法的空间导数项和时间导数项可以单独表示。然而，在上述两种算法中，两者通常紧密地结合在一起。换言之，当采用特定的空间导数离散时，时间推进法特别有效。因此，发展隐式有限差分法和显式有限体积法当然是可能且有必要的。

本章介绍的算法的主要特点如下：

- 基于节点的数据存储；状态参数的数值解同网格节点相关。
- 二阶有限差分空间离散；以附加数值耗散为中心；简单的激波捕捉器。
- 广义曲线坐标系变换；适用于结构化网格。
- 基于矩阵算子近似因式分解的隐式时间推进。

本章会对上述特点进行介绍。Beam 和 Warming[1]，Steger[2]，Warming 和 Beam[3]，Pulliam 和 Stegar[4]，Pulliam 和 Chaussee[5]，以及 Pulliam[6] 对上述算法都做出了重要贡献。

本章结尾的习题是几个一维问题，读者可采用已介绍的算法对其进行编程。此练习不会涉及近似因式分解和坐标转换，只是通过此练习帮助读者加深对算法其他方面的理解。

4.1.1 隐式和显式时间推进法

在第 2 章中已经提到，时间推进法可分为隐式和显式，二者在稳定性和计算量上有很大差别。简单来说，就是在每个时间步上，隐式算法的计算量比显示算法的大，但隐式算法稳定，因此其可以采用更大的时间步长。哪种方法更有效需要根据物理问题的本质进行判断，尤其是它的**刚度** (stiffness)。随着问题的刚度增加，隐式方法通常会变得更为有效。

在 CFD 问题中，刚度可来自很多方面，如物理的和数值的。物理刚度来自偏微分方程中的不同物理过程中的多尺度和速度。例如，如果计算中包括的化学反应进行的速度通常比基本流体流动快很多，并且我们不需要得到化学反应的精确解，这就会产生一个刚性系统。图 2.2表示了一种引入数值刚度的方法。在完全不准确的高波数系统中存在很多模态，这些模态本质为寄生的。这意味着时间精确的求解并不会提高求解精度，因为对解的这些部分的空间离散是不准确的。这些模态及其特征值必须位于时间推进法的稳定域内，而不需要落在精确域内 (图 2.6)。此外，在很多计算中，流动中的某些区域需要非常小的网格尺度，如边界层区域，而在其他区域，较大尺度的网格就足够了。这种情况也可以导致系统刚性，例如，小尺度网格传递信息所需的时间比大尺度网格所需时间少很多，从数值角度看，就会引入非常宽的时间尺度。而且，如果一个方向的梯度比另一个方向的梯度大得多，在大梯度的地区采用小尺度网格以及在小梯度上采用大尺度网格可以提高方法的效率，但这样做会导致非常大的网格长宽比。当波在一个方向传递需要的时间与另一个方向有较大差异时，同样可能引入多时间尺度和刚度问题。

选取隐式和显式方法需要考虑的另一限定因素是时间步长的选择。考虑精度为选择的时间步长设置了上限。即时间步长必须足够小，这样解的时间精度才足够充分。考虑稳定性为时间步长的选取设定了另一个限制。如果精度限制范围比稳定限制范围小，那么时间步长称为 **精度受限** (accuracy limited)。反之，如果稳定性限制更小则称为**稳定性受限** (stability limited)。在时间步长精度受限的模拟中，采用隐式方法有一个小问题，因为在显式或隐式算法中时间步长均需满足精度限制，这样隐式中计算每个时间步需要较大的计算量就变得非常不值。相反，如果稳定限制比精确限制来得小，那么显式方法需要的时间步长要比无条件稳定的隐式方法的时间步长更小，这样后者可以更有效。

在常微分方程组的数值方法中，可以简单地分为隐式或显式方法。对偏微分方程组的数值方法，根据从完全显式到完全隐式的谱范围进行分类会更准确。完全显式谱的一端对应类似这样的方法，如不带任何多重网格或隐式残差光顺法（读者可在下章了解）等加速收敛技术的显式欧拉法。多级法，如显式龙格–库塔法，虽然仍是显式的，但是通常有着更大的稳定边界和每步更高的计算量，因此可以认为是朝完全隐式谱一端移动了一点。类似地，加速收敛技术，如隐式残差光顺和多重网格，也会使显式算法朝隐式方向移动一点。这通常与每个时间步上网格间信息传递加快相关，这也是隐式算法的一个特点，稳定性边界增加，每时间步计算量也增加。完全隐式谱一端对应着在每个时间步直接求解线性问题的完全隐式欧拉法。而此方法通常是不可行且效率很低的，其原因会在本章中给出解释，因此线性问题通常采用不十分精准的迭代方法求解，这会使得算法略微朝显式方向有些移动。或者线性问题可以用更容易求解的方法来近似，如本章的主题中的近似因式分解法。这样既可减少每步的计算量，同时也可以减少收敛所需要的最优时间步数，即此方法可以使算法稍微远离完全隐式谱端。

谱分布的极限隐式端和极限显式端算法对大部分问题来讲都是无效的。因此，当前所有可实际用以求解大型问题的算法，包括本章和后续章节介绍的算法，都位于二者之间，具体的选择需参考特定问题的刚度。有意思的是，虽然本章的算法名义上归为隐式，下章算法名义上归为显式，但它们每步的计算量却几乎是相当的。

4.2　广义曲线坐标系变换

如第 2 章所述，有限差分格式可以非常方便地应用在直线网格中。此时，网格线是正交的，因此可以很容易地排列网格，并得到同某个坐标方向相关的网格线。在给定坐标方向上的导数可以很容易地沿着相应的网格线根据有限差分近似得到。另一方面，如果网格是**贴体** (body-fitted) 网格（有时也称适体网格），也就是说网格同所考虑的物体几何边界是贴合的，边界条件的处理会比较简单。然而，在大多数问题中，边界都是曲线型的，无法采用既贴体又是直线的网格。在目前的算法中，这个问题可以通过广义的曲线坐标系变换的方法，将物理空间内可能非正交的曲线网格转化为计算空间的直线网格来解决。这样的转化可以使有限差分格式较容易地应用在贴体网格上。我们的关注点主要集中在二维空间，但对读者来讲扩展到三维空间也不会有任何概念上的困难。

图 4.1给出了一个翼型网格的例子，对应的曲线坐标系变换如图 4.2 所示。在这个例子中，物体为翼型，流动区域由外边界限定。在由笛卡尔坐标系 x，y 定义的物理空间中，一系列网格线形成一个 “C” 型，这样的网格称为 “C” 网格（C-mesh）。最里面的 “C” 贴合翼型表面，**尾迹切割**（wake cut）处的两条网格线对应物理空间中的一条网格线。最外面的 “C” 对应外边界的曲线部分。这一簇网格线的特征沿着曲线 ξ 变化而 η 保持为常数。第二簇网格线大致同第一簇网格线正交并且从物体或尾迹切割处向外边界延伸。沿着这簇线，η 变化而 ξ 保持为常数。进行这样的坐标系变换可以使映射到计算区域的网格保持正交，且两方向网格间距 $\Delta\eta$ 和 $\Delta\xi$ 都为单位长度。这样可以很容易地应用标准有限差分模式。对于当前的翼型算例，计算区域取为矩形，其中下边界线包括位于翼型和尾迹切割线上的网格，上边界对应外边界的曲线部分，左边是尾迹切割线下的后边界部分，右边是尾缘切割线上的后边界部分。尽管对一些简单形状的几何，可以通过解析变换来定义网格，但更为普遍的是由网格节点本身的笛卡尔坐标来唯一地确定，而且变换到计算空间的过程并不是显式。

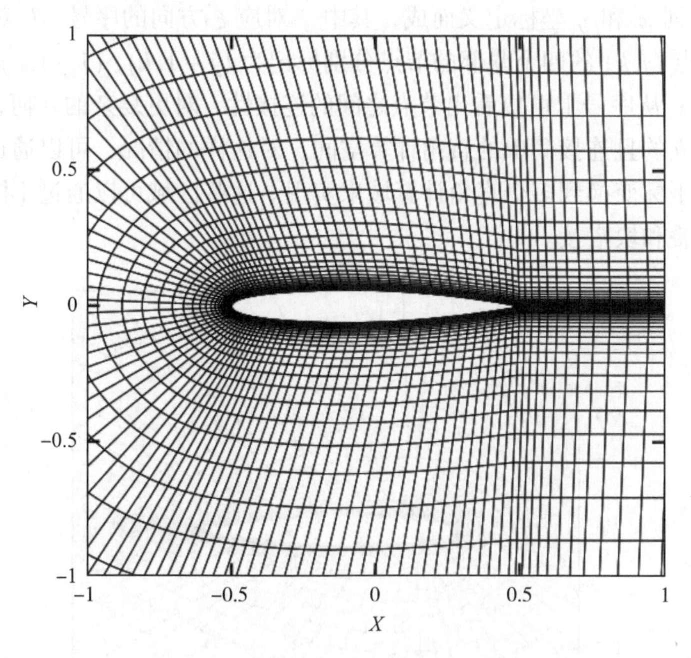

图 4.1　翼型附近的 “C” 型拓扑结构网格

需要特别注意的是，图 4.1 和图 4.2 所示的网格拓扑只是一种可能的拓扑结构。还有另一种可能性，“O” 型网格，如图 4.3所示。这种网格被称为**结构化网格**（structured mesh），其特点是节点都按照坐标轴方向排列。与之相对的是**非结构**

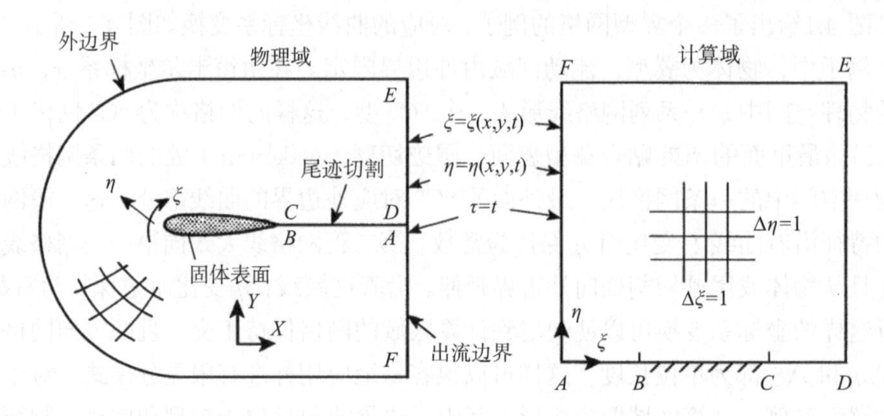

图 4.2 “C” 型网格的广义坐标变换

化网格（unstructured mesh），其没有这样的限制。二维结构化网格内部节点均有四个相邻节点（三维空间中具有六个邻点），而非结构化网格节点可以有任意数量的邻点。结构化网格的这种特点可以简化存储。二维结构化网格由标号为 j 和 k 的一系列 x 和 y 坐标定义而成，其中 j 对应 ξ 方向的序号，k 对应 η 方向的序号。节点 (j,k) 的四个紧邻的节点分别标记为 $(j+1,k)$，$(j-1,k)$，$(j,k-1)$ 和 $(j,k+1)$；从序号上可以看出节点之间的连接性。对更复杂的几何，很难定义这样一个独立的且连接简单的直角计算空间。对这样的情况，可以通过块结构化网格，即将坐标变换到多个直角计算域来实现。这些区域可以通过不同的方式连接，如块重叠和块搭接。

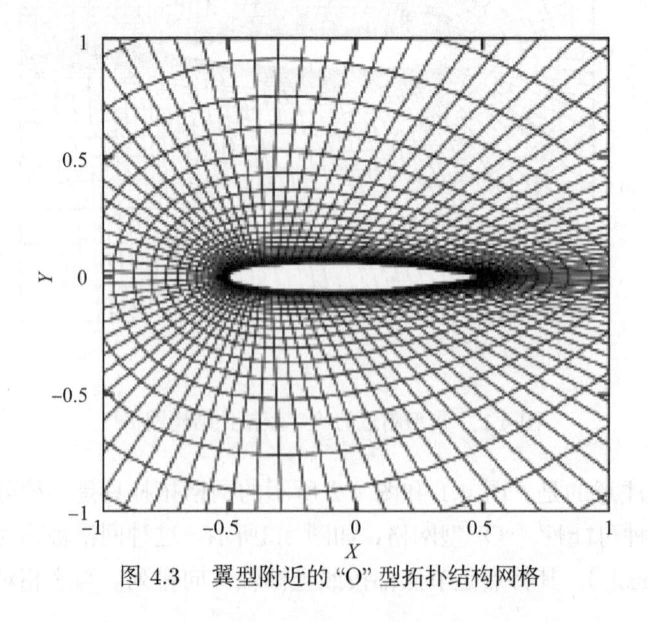

图 4.3 翼型附近的 “O” 型拓扑结构网格

为了在计算空间中使用有限差分算法，控制方程也必须进行变换，这样对笛卡尔坐标系下 x 和 y 的导数可以用对计算空间的 ξ 和 η 的导数来代替。本节介绍的坐标转换由 Viviand[7] 和 Vinokur[8] 发展而来。

笛卡尔坐标系下的 N-S 方程组可以变换到广义的曲线坐标系中，其中

$$\begin{aligned}\tau &= t \\ \xi &= \xi(x, y, t) \\ \eta &= \eta(x, y, t)\end{aligned} \tag{4.1}$$

如果网格不随时间发生变形，那么有 $\xi = \xi(x, y)$ 和 $\eta = \eta(x, y)$。通常物理空间上的点和计算空间上的点存在一一对应关系，除了由拓扑结构产生的奇点或切点对应的区域，如上述例子中 C 网格尾迹切割处。在那种情况下可能必须存在一个物理点对多个计算点的映射关系。

当前的坐标系变换不同于那些独立变量的变换。非独立变量保持在笛卡尔空间中的定义，如以笛卡尔坐标速度分量 u 和 v 来表示。可用链式法则展开来求笛卡尔空间中的导数，即式（3.1）中的 ∂_t，∂_x 和 ∂_y。在曲线坐标系下导数表示如下：

$$\begin{aligned}\frac{\partial}{\partial x} &= \frac{\partial \xi}{\partial x}\frac{\partial}{\partial \xi} + \frac{\partial \eta}{\partial x}\frac{\partial}{\partial \eta} \\ \frac{\partial}{\partial y} &= \frac{\partial \xi}{\partial y}\frac{\partial}{\partial \xi} + \frac{\partial \eta}{\partial y}\frac{\partial}{\partial \eta} \\ \frac{\partial}{\partial t} &= \frac{\partial}{\partial \tau} + \frac{\partial \xi}{\partial t}\frac{\partial}{\partial \xi} + \frac{\partial \eta}{\partial t}\frac{\partial}{\partial \eta}\end{aligned} \tag{4.2}$$

引入符号

$$\partial_x \equiv \frac{\partial}{\partial x} \quad 和 \quad \xi_x \equiv \frac{\partial \xi}{\partial x} \tag{4.3}$$

也可以写成矩阵的形式：

$$\begin{bmatrix}\partial_t \\ \partial_x \\ \partial_y\end{bmatrix} = \begin{bmatrix}1 & \xi_t & \eta_t \\ 0 & \xi_x & \eta_x \\ 0 & \xi_y & \eta_y\end{bmatrix}\begin{bmatrix}\partial_\tau \\ \partial_\xi \\ \partial_\eta\end{bmatrix} \tag{4.4}$$

将链式法则展开应用到式（3.1）的 N-S 方程组，可得

$$\begin{aligned}&\partial_\tau Q + \xi_t\partial_\xi Q + \eta_t\partial_\eta Q + \xi_x\partial_\xi E + \eta_x\partial_\eta E + \xi_y\partial_\xi F + \eta_y\partial_\eta F \\ &= Re^{-1}(\xi_x\partial_\xi E_{\mathrm{v}} + \eta_x\partial_\eta E_{\mathrm{v}} + \xi_y\partial_\xi F_{\mathrm{v}} + \eta_y\partial_\eta F_{\mathrm{v}})\end{aligned} \tag{4.5}$$

4.2.1 度量关系

在式（4.5）中，关于 t，x 和 y 的导数可用关于 τ，ξ 和 η 的导数来代替。计算空间的网格是直角且等间距的，因此易于采用有限差分来近似——这点在随后的章节中会介绍。变换过程中引入的系数 $(\xi_t,\xi_x,\xi_y,\eta_t,\eta_x,\eta_y)$ 称为网格度量系数。大多数情况下物理空间向计算空间的变换难以给出解析表达式，而是通过数值方法来确定度量系数的。也即，我们只有网格节点的 x，y 坐标，只能采用有限差分进行数值求解来得到度量系数 $(\xi_t,\xi_x,\xi_y,\eta_t,\eta_x,\eta_y)$。上述过程的困难之处在于这些求导都是关于原始笛卡尔坐标的。

为了说明这点，考虑式（4.1）的逆变换

$$\begin{aligned} t &= \tau \\ x &= x(\xi,\eta,\tau) \\ y &= y(\xi,\eta,\tau) \end{aligned} \tag{4.6}$$

将式（4.3）链式法则中的独立变量进行逆变换，可得到

$$\partial_\tau = \partial_t + x_\tau\partial_x + y_\tau\partial_y,\quad \partial_\xi = x_\xi\partial_x + y_\xi\partial_y,\quad \partial_\eta = x_\eta\partial_x + y_\eta\partial_y \tag{4.7}$$

写成矩阵形式表示如下：

$$\begin{bmatrix} \partial_\tau \\ \partial_\xi \\ \partial_\eta \end{bmatrix} = \begin{bmatrix} 1 & x_\tau & y_\tau \\ 0 & x_\xi & y_\xi \\ 0 & x_\eta & y_\eta \end{bmatrix} \begin{bmatrix} \partial_t \\ \partial_x \\ \partial y \end{bmatrix} \tag{4.8}$$

比较式（4.4）和式（4.8），容易得到

$$\begin{bmatrix} 1 & \xi_t & \eta_t \\ 0 & \xi_x & \eta_x \\ 0 & \xi_y & \eta_y \end{bmatrix} = \begin{bmatrix} 1 & x_\tau & y_\tau \\ 0 & x_\xi & y_\xi \\ 0 & x_\eta & y_\eta \end{bmatrix}^{-1} \tag{4.9}$$

$$= J\begin{bmatrix} (x_\xi y_\eta - y_\xi x_\eta) & (-x_\tau y_\eta + y_\tau x_\eta) & (x_\tau y_\xi - y_\tau x_\xi) \\ 0 & y_\eta & -y_\xi \\ 0 & -x_\eta & x_\xi \end{bmatrix} \tag{4.10}$$

其中，$J=(x_\xi y_\eta - x_\eta y_\xi)^{-1}$ 定义为度量雅可比。由此可得下述矩阵关系：

$$\begin{aligned}\xi_t &= J(-x_\tau y_\eta + y_\tau x_\eta), \quad \xi_x = Jy_\eta, \quad \xi_y = -Jx_\eta \\ \eta_t &= J(x_\tau y_\eta - y_\tau x_\xi), \quad \eta_x = -Jy_\xi, \quad \eta_y = Jx_\xi\end{aligned} \tag{4.11}$$

根据上述关系式，度量系数 $(\xi_t,\xi_x,\xi_y,\eta_t,\eta_x,\eta_y)$ 可根据 $(x_\tau,x_\xi,x_\eta,y_\tau,y_\xi,y_\eta)$ 得到，而后者比前者容易用有限差分法得到，因为它们表示的是计算空间的导数项，计算空间的网格是直角等距的。这些项的有限差分表达式会在本章后续小节中给出。

4.2.2 变换中的不变量

我们注意到转换后的方程组（4.5）是以弱守恒形式出现的。也即，即使流动变量（或流动变量函数）不出现在微分方程组的系数中，随空间变化的度量关系式也位于导数算子之外。关于这点，不同文献中尚存在争议。有的赞成利用所谓的链式法则形式，因为它可以很好地捕捉激波特性并且形式较为简单。尽管如此，在这里我们仅使用下面推导的强守恒定律形式。

为了简化推导过程，我们仅考虑无黏项。将式（4.5）简化为

$$\partial_\tau Q + \xi_t\partial_\xi Q + \eta_t\partial_\eta Q + \xi_x\partial_\xi E + \eta_x\partial_\eta E + \xi_y\partial_\xi F + \eta_y\partial_\eta F = 0 \tag{4.12}$$

为了得到强守恒定律形式，我们首先将式（4.12）乘以 J^{-1}，然后对所有项应用乘积法则。例如，左边第四项可以展开为

$$\left(\frac{\xi_x}{J}\right)\partial_\xi E = \partial_\xi\left(\frac{\xi_x}{J}E\right) - E\partial_\xi\left(\frac{\xi_x}{J}\right) \tag{4.13}$$

每一项都可以重新写为系数都在导数算子内的形式（这是我们想要的形式）与另外一项的差值，该项为 Q 的函数与某个网格相关量的导数的乘积。将上述各项归为两组，Term_1 表示第一组，Term_2 表示第二组，我们得到

$$\text{Term}_1 + \text{Term}_2 = 0$$

其中，

$$\begin{aligned}\text{Term}_1 =& \ \partial_\tau(Q/J) + \partial_\xi[(\xi_t Q + \xi_x E + \xi_y F)/J] + \partial_\eta[(\eta_t Q + \eta_x E + \eta_y F)/J] \\ \text{Term}_2 =& \ -Q[\partial_\tau(J^{-1}) + \partial_\xi(\xi_t/J) + \partial_\eta(\eta_t/J)] \\ & \ -E[\partial_\xi(\xi_x/J) + \partial_\eta(\eta_x/J)] - F[\partial_\xi(\xi_y/J) + \partial_\eta(\eta_y/J)]\end{aligned} \tag{4.14}$$

将 Term_2 中的表达式

$$\begin{aligned}&\partial_\tau(J^{-1})+\partial_\xi(\xi_t/J)+\partial_\eta(\eta_t/J)\\&\partial_\xi(\xi_x/J)+\partial_\eta(\eta_x/J)\\&\partial_\xi(\xi_y/J)+\partial_\eta(\eta_y/J)\end{aligned} \tag{4.15}$$

定义为变换中的不变量。将度量关系式（4.11）代入不变量关系式中可得

$$\partial_\tau(x_\xi y_\eta-y_\xi x_\eta)+\partial_\xi(-x_\tau y_\eta+y_\tau x_\eta)+\partial_\eta(x_\tau y_\xi-y_\tau x_\xi)$$

$$\partial_\xi(y_\eta)+\partial_\eta(-y_\xi) \tag{4.16}$$

$$\partial_\xi(-x_\eta)+\partial_\eta(x_\xi) \tag{4.17}$$

从解析角度来讲，导数项是可以互换的，因此上述项之和为零。这消掉了式（4.15）中的 Term_2 项，得到的方程是强守恒定律形式。

在上述不变量中还有很重要的一点。通常从有限差分角度来讲，求导互换是不正确的。因此，当应用数值差分到这些方程组中（4.4节推导的）时，用来评估通量的空间导数项的有限差分和用来计算度量系数的有限差分不必满足交换律。二阶中心差分格式可交换，但是混合二阶和四阶公式不可交换。此问题会在 4.4.1小节中进一步讨论。

4.2.3　广义曲线坐标系下的 N-S 方程组

以强守恒定律形式表示的 N-S 方程组可以表示为

$$\partial_\tau\widehat{Q}+\partial_\xi\widehat{E}+\partial_\eta\widehat{F}=Re^{-1}[\partial_\xi\widehat{E}_\text{v}+\partial_\eta\widehat{F}_\text{v}] \tag{4.18}$$

其中，

$$\widehat{Q}=J^{-1}\begin{bmatrix}\rho\\\rho u\\\rho v\\e\end{bmatrix},\quad \widehat{E}=J^{-1}\begin{bmatrix}\rho U\\\rho uU+\xi_x p\\\rho vU+\xi_y p\\U(e+p)-\xi_t p\end{bmatrix},\quad \widehat{F}=J^{-1}\begin{bmatrix}\rho V\\\rho uV+\eta_x p\\\rho vV+\eta_y p\\V(e+p)-\eta_t p\end{bmatrix}$$

此处的

$$U=\xi_t+\xi_x u+\xi_y v,\quad V=\eta_t+\eta_x u+\eta_y v \tag{4.19}$$

被称为逆变速度分量，详情可参考 4.2.4小节。黏性通量为 $\widehat{E}_\text{v}=J^{-1}(\xi_x E_\text{v}+\xi_y F_\text{v})$ 和 $\widehat{F}_\text{v}=J^{-1}(\eta_x E_\text{v}+\eta_y F_\text{v})$。黏性应力和导热项也可以根据链式法则进行变换，这

样它们可以表示为对 ξ 和 η 的导数形式：

$$\begin{aligned}
\tau_{xx} &= \mu(4(\xi_x u_\xi + \eta_x u_\eta) - 2(\xi_y v_\xi + \eta_y v_\eta))/3 \\
\tau_{xy} &= \mu(\xi_y u_\xi + \eta_y u_\eta + \xi_x v_\xi + \eta_x v_\eta) \\
\tau_{yy} &= \mu(-2(\xi_x u_\xi + \eta_x u_\eta) + 4(\xi_y v_\xi + \eta_y v_\eta))/3 \\
f_4 &= u\tau_{xx} + v\tau_{xy} + \mu Pr^{-1}(\gamma-1)^{-1}(\xi_x \partial_\xi a^2 + \eta_x \partial_\eta a^2) \\
g_4 &= u\tau_{xy} + v\tau_{yy} + \mu Pr^{-1}(\gamma-1)^{-1}(\xi_y \partial_\xi a^2 + \eta_y \partial_\eta a^2)
\end{aligned} \tag{4.20}$$

以上对度量不变量的讨论为有限差分格式的建立做了很好的示范。任何有限差分表达式的最低要求为稳态均匀流动是离散方程的有效解。如果用如下所示的稳态均匀流：

$$\begin{aligned}
\rho &= 1 \\
u &= M_\infty \\
v &= 0 \\
e &= \frac{1}{\gamma(\gamma-1)} + \frac{1}{2}M_\infty^2
\end{aligned} \tag{4.21}$$

去评估式（4.5）的链式法则，显然是满足的，因为只要解不随空间和时间发生变化则所有项都等于 0。我们还希望上述稳态均匀流满足用有限差分表示导数项的式（4.18）。如果式（4.18）离散格式不满足稳态均匀流，表明存在各种可能的误差，包括可能选择了度量不变量不为 0 的差分算子。

4.2.4 曲线坐标系中的协变量和逆变量分量

在 4.2.3小节中我们介绍了同曲线坐标系相关的逆变速度分量。由于我们会继续采用笛卡尔速度分量，因此理解接下来描述的算法部分并不需要详细了解协变和逆变分量。不过后续我们还是会用到协变量和逆变量，如用笛卡尔速度分量表示平行于和垂直于边界的速度分量。因此，充分地了解这些协变量和逆变量有助于推导这些表达式。

我们假设一个二维稳态流动，坐标为 $x(\xi,\eta)$，$y(\xi,\eta)$ 以及逆变换 $\xi(x,y)$，$\eta(x,y)$。首先定义矢量

$$\boldsymbol{r} = x\widehat{\boldsymbol{i}} + y\widehat{\boldsymbol{j}} \tag{4.22}$$

在曲线坐标系中，定义两套基本矢量。协变量矢量是同轴 ξ 和 η 相切的，它们之间不要求正交。它们由下式给出：

$$\boldsymbol{b}_1 = \frac{\partial \boldsymbol{r}}{\partial \xi}, \quad \boldsymbol{b}_2 = \frac{\partial \boldsymbol{r}}{\partial \eta} \tag{4.23}$$

将上式表示为单位速度矢量更为方便，单位矢量定义为

$$\widehat{\boldsymbol{e}}_1=\frac{\dfrac{\partial \boldsymbol{r}}{\partial \xi}}{\left|\dfrac{\partial \boldsymbol{r}}{\partial \xi}\right|},\quad \widehat{\boldsymbol{e}}_2=\frac{\dfrac{\partial \boldsymbol{r}}{\partial \eta}}{\left|\dfrac{\partial \boldsymbol{r}}{\partial \xi}\right|} \tag{4.24}$$

注意，上述矢量为局部定义的。逆变量基本矢量垂直于 η 和 ξ，定义如下：

$$\boldsymbol{B}_1=\nabla \xi,\quad \boldsymbol{B}_2=\nabla \eta \tag{4.25}$$

其中，∇ 为梯度算子。逆变量矢量对应的单位矢量为

$$\widehat{\boldsymbol{E}}_1=\frac{\nabla \xi}{|\nabla \xi|},\quad \widehat{\boldsymbol{E}}_2=\frac{\nabla \eta}{|\nabla \eta|} \tag{4.26}$$

基于上述定义，任意矢量 $\boldsymbol{A}$ 可以用下述方式来定义：

$$\begin{aligned}\boldsymbol{A}&=A_1\widehat{\boldsymbol{e}}_1+A_2\widehat{\boldsymbol{e}}_2=a_1\widehat{\boldsymbol{E}}_1+a_2\widehat{\boldsymbol{E}}_2\\&=C_1\boldsymbol{b}_1+C_2\boldsymbol{b}_2=c_1\boldsymbol{B}_1+c_2\boldsymbol{B}_2\end{aligned} \tag{4.27}$$

其中，C_1 和 C_2 为 $\boldsymbol{A}$ 的逆变量分量，即 $C_1=\boldsymbol{B}_1\cdot\boldsymbol{A}$，$C_2=\boldsymbol{B}_2\cdot\boldsymbol{A}$；$c_1$ 和 c_2 为 $\boldsymbol{A}$ 的协变量分量，即有 $c_1=\boldsymbol{b}_1\cdot\boldsymbol{A}$ 和 $c_2=\boldsymbol{b}_2\cdot\boldsymbol{A}$。注意到 $\boldsymbol{B}_i\cdot\boldsymbol{b}_j=\delta_{ij}$，其中，$\delta_{i,j}$ 为克罗内克函数（δ 函数）。

例如，用 $\boldsymbol{A}$ 表示速度矢量 $u\widehat{\boldsymbol{i}}+v\widehat{\boldsymbol{j}}$。根据式（4.25）有

$$\boldsymbol{B}_1=\xi_x\widehat{\boldsymbol{i}}+\xi_y\widehat{\boldsymbol{j}},\quad \boldsymbol{B}_2=\eta_x\widehat{\boldsymbol{i}}+\eta_y\widehat{\boldsymbol{j}} \tag{4.28}$$

因此，我们可以得到速度的逆变量分量

$$C_1=\boldsymbol{B}_1\cdot\boldsymbol{A}=\xi_x u+\xi_y v,\quad C_2=\boldsymbol{B}_2\cdot\boldsymbol{A}=\eta_x u+\eta_y v \tag{4.29}$$

当坐标变换同时间无关时，上式同式（4.19）中 U 和 V 的定义是相一致的。

在边界条件的应用中，常需用到以笛卡尔速度分量表示的垂直于边界和平行于边界的速度分量。这时，必须采用基本单位矢量来保持速度的大小。假设边界为等 η 值的一条网格线，比如图 4.1和图 4.2中的翼型表面，该结果很容易推广到其他的边界。由前面内容可知 $\widehat{\boldsymbol{e}}_1$ 是同 ξ 轴平行的，$\widehat{\boldsymbol{E}}_2$ 是同 η 轴相垂直的。因此我们可以得到

$$u\widehat{\boldsymbol{i}}+v\widehat{\boldsymbol{j}}=V_t\widehat{\boldsymbol{e}}_1+V_n\widehat{\boldsymbol{E}}_2 \tag{4.30}$$

其中，V_t 和 V_n 分别为切向和法向速度分量。两个单位矢量为

$$\begin{aligned}\widehat{\boldsymbol{e}}_1 &= \frac{x_\xi\widehat{\boldsymbol{i}}+y_\xi\widehat{\boldsymbol{j}}}{\sqrt{x_\xi^2+y_\xi^2}}=\frac{\eta_y\widehat{\boldsymbol{i}}-\eta_x\widehat{\boldsymbol{j}}}{\sqrt{\eta_x^2+\eta_y^2}}\\ \widehat{\boldsymbol{E}}_2 &= \frac{\eta_x\widehat{\boldsymbol{i}}+\eta_y\widehat{\boldsymbol{j}}}{\sqrt{\eta_x^2+\eta_y^2}}\end{aligned}\tag{4.31}$$

其中，$\widehat{\boldsymbol{e}}_1$ 的第二个表达式由度量关系得到。注意到

$$\widehat{\boldsymbol{e}}_1\cdot\widehat{\boldsymbol{E}}_2=0,\quad \widehat{\boldsymbol{e}}_1\cdot\widehat{\boldsymbol{e}}_1=\widehat{\boldsymbol{E}}_2\cdot\widehat{\boldsymbol{E}}_2=1\tag{4.32}$$

则可以发现对切向和法向速度分量有下述关系：

$$\begin{aligned}V_t &= \widehat{\boldsymbol{e}}_1\cdot(u\widehat{\boldsymbol{i}}+v\widehat{\boldsymbol{j}})=\frac{\eta_y u-\eta_x v}{\sqrt{\eta_x^2+\eta_y^2}}\\ V_n &= \widehat{\boldsymbol{E}}_2\cdot(u\widehat{\boldsymbol{i}}+v\widehat{\boldsymbol{j}})=\frac{\eta_x u+\eta_y v}{\sqrt{\eta_x^2+\eta_y^2}}.\end{aligned}\tag{4.33}$$

它们为在给定空间点上平行于和垂直于等 η 网格线的速度分量。

第二个例子，考虑压力在垂直于曲面方向的导数，曲面对应等 η 网格线。压力梯度用基本矢量 $\widehat{\boldsymbol{e}}_1$ 和 $\widehat{\boldsymbol{E}}_2$ 表示如下：

$$\nabla p=\frac{\partial p}{\partial x}\widehat{\boldsymbol{i}}+\frac{\partial p}{\partial y}\widehat{\boldsymbol{j}}=\frac{\partial p}{\partial t}\widehat{\boldsymbol{e}}_1+\frac{\partial p}{\partial n}\widehat{\boldsymbol{E}}_2\tag{4.34}$$

其中，t 指切向方向坐标。用上式同 $\widehat{\boldsymbol{E}}_2$（同 $\widehat{\boldsymbol{n}}$ 方向一致）的点积可得法向导数

$$\frac{\partial p}{\partial n}=\widehat{\boldsymbol{E}}_2\cdot\nabla p=\frac{\eta_x\dfrac{\partial p}{\partial x}+\eta_y\dfrac{\partial p}{\partial y}}{\sqrt{\eta_x^2+\eta_y^2}}\tag{4.35}$$

根据链式法则

$$\frac{\partial p}{\partial x}=\eta_x\frac{\partial p}{\partial \eta}+\xi_x\frac{\partial p}{\partial \xi},\quad \frac{\partial p}{\partial y}=\eta_y\frac{\partial p}{\partial \eta}+\xi_y\frac{\partial p}{\partial \xi}\tag{4.36}$$

从上式可得法向导数的最终表达式

$$\frac{\partial p}{\partial n}=\frac{(\eta_x\xi_x+\eta_y\xi_y)\dfrac{\partial p}{\partial \xi}+(\eta_x^2+\eta_y^2)\dfrac{\partial p}{\partial \eta}}{\sqrt{\eta_x^2+\eta_y^2}}\tag{4.37}$$

4.3 薄层近似

本节介绍的薄层近似 [9] 只是为了简化算法中对黏性项的处理。这点不是非常重要的，并且仅在下述条件成立时适用：

• 雷诺数很大；几何是流线的，且同流动方向保持不大的攻角。因此，边界层为附着的或轻微分离状态，边界层和尾迹的厚度同物体的几何特征尺寸相比都是小量。

• 网格为适体网格，网格线同物体表面至少接近于正交，如图 4.4所示。此外，等 η 网格线基本同尾迹方向相一致。因为最后一点限制，在使用薄层近似时，C 型网格是比 O 型网格更好的选择。

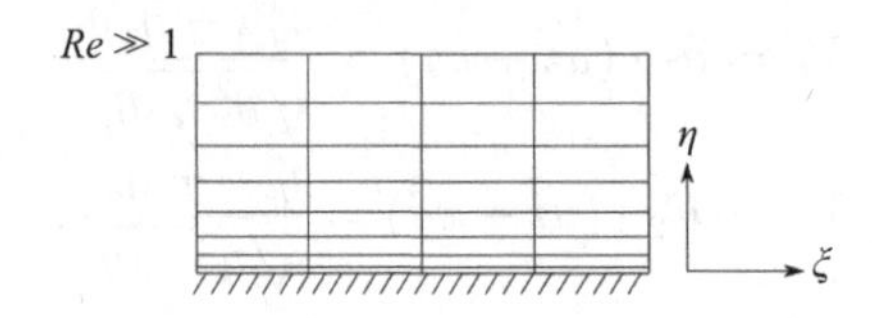

图 4.4 近壁面网格

在上述条件下，边界层理论证明流向的黏性梯度和湍流应力同法向的两个量相比为小量，并且在边界层和尾迹以外区域的黏性力和湍流应力可以忽略。因此，网格求解通常要求在边界层内垂直于表面方向的网格间距较小，这样会导致在表面附近的网格具有很大的长宽比，如图 4.4所示。此外，流向方向的黏性力和湍流应力对求解精度影响很小，通常可以忽略不计，这样可推导得到薄层 N-S 方程组。需要注意到，薄层 N-S 方程组同边界层方程理论基础虽然紧密相关，但不同于后者，薄层 N-S 方程组保留了所有完整的非黏性项。因此在边界层、尾迹区及之外近似无黏流的区域，薄层 N-S 方程都是适用的。

假设 η 变化的网格线近似垂直于物体表面，如图 4.4。将薄层近似应用到式 (4.18)，并忽略掉 $\partial_\xi \widehat{E}_v$ 项以及所有在 $\widehat{F}_v$ 中同 ξ 相关的导数项，可得

$$\partial_\tau \widehat{Q} + \partial_\xi \widehat{E} + \partial_\eta \widehat{F} = Re^{-1} \partial_\eta \widehat{S} \tag{4.38}$$

此处有

$$\widehat{S} = J^{-1} \begin{bmatrix} 0 \\ \eta_x m_1 + \eta_y m_2 \\ \eta_x m_2 + \eta_y m_3 \\ \eta_x(u m_1 + v m_2 + m_4) + \eta_y(u m_2 + v m_3 + m_5) \end{bmatrix} \tag{4.39}$$

其中，

$$
\begin{aligned}
m_1 &= \mu(4\eta_x u_\eta - 2\eta_y v_\eta)/3 \\
m_2 &= \mu(\eta_y u_\eta + \eta_x v_\eta) \\
m_3 &= \mu(-2\eta_x u_\eta + 4\eta_x v_\eta)/3 \\
m_4 &= \mu Pr^{-1}(\gamma-1)^{-1}\eta_x\partial_\eta(a^2) \\
m_5 &= \mu Pr^{-1}(\gamma-1)^{-1}\eta_y\partial_\eta(a^2)
\end{aligned}
\tag{4.40}
$$

虽然薄层理论在 CFD 发展初期十分盛行，但是读者须知本书提出的算法并不依赖于这种近似，也可适用于完整 N-S 方程。我们采用薄层近似只是因为它在保持了关键特征的同时简化了提出的算法。

4.4 空间差分

现在介绍一种求解坐标变换后 N-S 方程组——式（4.18）的数值方法，继而可得到笛卡尔坐标系中原始方程组的解 3.1。这种算法会采用第 2 章描述的半离散办法，先对空间导数做逼近，得到常微分方程组。

不论我们对稳态解还是非稳态的时间相关解是否感兴趣，第一步都要在离散的网格上对连续的微分算子 ∂_ξ 和 ∂_η 采用有限差分算子进行近似。这可通过应用4.2节中描述的广义曲线坐标系变换来完成。在一套由 $x(j,k)$ 和 $y(j,k)$ 定义的结构化网格中，j 和 k 为整数序号。如果定义 $\xi\equiv j$ 和 $\eta\equiv k$，那么在计算区域，两个坐标方向的网格间距都为 1，即

$$
\Delta\xi = 1, \quad \Delta\eta = 1 \tag{4.41}
$$

由于计算空间中网格是直线且均匀分布的，可以直接应用有限差分公式。我们用下标来标注计算空间中流动变量的坐标，如

$$
Q_{j,k} := Q(j\Delta\xi, k\Delta\eta) \tag{4.42}
$$

对无黏通量导数 $\partial_\xi\widehat{E}$ 和 $\partial_\eta\widehat{F}$ 应用二阶中心差分算子可得

$$
\delta_\xi\widehat{E}_{j,k} = \frac{\widehat{E}_{j+1,k}-\widehat{E}_{j-1,k}}{2\Delta\xi}, \quad \delta_\eta\widehat{F}_{j,k} = \frac{\widehat{F}_{j,k+1}-\widehat{F}_{j,k-1}}{2\Delta\eta} \tag{4.43}
$$

类似地，二阶中心差分可以用于度量项，如下所示：

$$
(x_\xi)_{j,k} = \frac{x_{j+1,k}-x_{j-1,k}}{2\Delta\xi} \tag{4.44}
$$

向计算空间转化的结果使得 $\Delta\xi = \Delta\eta = 1$，在本节后续内容中可忽略掉这些项。

对黏性导数项，其形式如下：

$$\partial_\eta \left(\alpha_{j,k} \partial_\eta \beta_{j,k}\right) \tag{4.45}$$

其中，$\alpha_{j,k}$ 表示空间变化系数，类似网格度量系数或流体黏性；$\beta_{j,k}$ 为速度分量或声速平方根。此项可通过在每个节点上对 $\alpha_\eta \beta_{j,k}$ 进行二阶中心差分，乘以空间变化系数，再用中心一阶导数项近似得到。然而，这样会得到一个五点格式，包括式（4.45）中 $k-2$ 到 $k+2$ 节点值。为了保留紧致三点格式，$\alpha_\eta \beta_{j,k}$ 项可以用中间位置 $k-1/2$ 和 $k+1/2$ 采用下述中心差分表示：

$$\begin{aligned} \left(\frac{\partial \beta}{\partial \eta}\right)_{k+1/2} &= \beta_{j,k+1} - \beta_{j,k} \\ \left(\frac{\partial \beta}{\partial \eta}\right)_{k-1/2} &= \beta_{j,k} - \beta_{j,k-1} \end{aligned} \tag{4.46}$$

为达到二阶精度，中间节点处的空间变化系数的值可通过下式平均得到：

$$\begin{aligned} \alpha_{j,k+1/2} &= \frac{1}{2}\left(\alpha_{j,k} + \alpha_{j,k+1}\right) \\ \alpha_{j,k-1/2} &= \frac{1}{2}\left(\alpha_{j,k-1} + \alpha_{j,k}\right) \end{aligned} \tag{4.47}$$

式（4.45）的三点紧致有限差分近似可以通过在 (j,k) 点利用中间点 $(j,k-1/2)$ 和 $(j,k+1/2)$ 施加中心差分格式得到，形式如下：

$$\frac{\left(\alpha_{j,k+1} + \alpha_{j,k}\right)}{2}\left(\beta_{j,k+1} - \beta_{j,k}\right) - \frac{\left(\alpha_{j,k} + \alpha_{j,k-1}\right)}{2}\left(\beta_{j,k} - \beta_{j,k-1}\right) \tag{4.48}$$

本章中我们仅考虑二阶格式，若采用 2.2节中描述的高阶算子，可以在一定程度上提高效率。如果采用高阶差分算子，度量项可以用相同的一阶导数算子，边界应采用合适精度的算子[①]。边界的高阶差分格式的稳定性也需要重点关注，但此问题超出了本书范围。算法中的其他精度近似，如通过数值积分来获得力，也应该提高到相应阶数。

关于这点，很自然的一个问题是曲线坐标系转换得到的非均匀网格上使用二阶中心差分格式是否还能保留二阶精度？为了回答这个问题，考虑一维的非均匀网格，对一阶导数项坐标转化后可得

$$\frac{\partial f}{\partial x} = \xi_x \frac{\partial f}{\partial \xi} = \frac{1}{x_\xi}\frac{\partial f}{\partial \xi} \tag{4.49}$$

① 边界上差分格式精度通常比内部差分格式的精度低一阶，这样内部差分的全局精度仍可以保证（见 Gustafsson 所著文献 [10]）。

对 $\partial f/\partial\xi$ 和 x_ξ 项在 j 点应用二阶中心差分格式：

$$(\delta_x f)_j = \frac{f_{j+1}-f_{j-1}}{x_{j+1}-x_{j-1}} \tag{4.50}$$

j 点右侧紧邻的网格间距用下式表示：

$$\Delta x_+ = x_{j+1}-x_j \tag{4.51}$$

左侧网格间距表示为

$$\Delta x_- = x_j - x_{j-1} \tag{4.52}$$

差分算子的泰勒展开式给出的误差项为

$$\frac{1}{2}\left(\frac{\partial^2 f}{\partial x^2}\right)_j(\Delta x_+ - \Delta x_-) + \frac{1}{6}\left(\frac{\partial^3 f}{\partial x^3}\right)_j\left(\frac{\Delta x_+^3+\Delta x_-^3}{\Delta x_+ + \Delta x_-}\right)+\cdots \tag{4.53}$$

第二项显然为二阶精度，但是，粗略看第一项似乎为一阶精度。然而，重要的是要记住，精度的阶数的概念与光顺网格均匀细化时的误差行为有关。

对当前的例子，我们定义网格函数 $x(\xi)=g(\xi/M)=g(\xi D)$，其中，M 是一维网格上的网格数，$D=1/M$ 是名义网格间距参数。例如，如果节点数 M 翻倍，则 D 减半。有了这个网格函数，Δx_+ 和 Δx_- 的泰勒展开式为

$$\Delta x_+ = x_{j+1}-x_j = Dg'_j + \frac{1}{2}D^2 g''_j + \frac{1}{6}D^3 g'''_j + \cdots \tag{4.54}$$

和

$$\Delta x_- = x_j - x_{j-1} = Dg'_j - \frac{1}{2}D^2 g''_j + \frac{1}{6}D^3 g'''_j - \cdots \tag{4.55}$$

二者差值为

$$\Delta x_+ - \Delta x_- = D^2 g''_j + \cdots = O(D^2) \tag{4.56}$$

我们可以看到即使是不均匀网格，误差项仍为二阶。注意到式（4.53）的误差正比于 $\partial^2 f/\partial x^2$，因此，虽然它是二阶精度的，但这个差分不是严格意义上的类似均匀网格上的二次函数。在均匀网格中，$\Delta x_+ - \Delta x_-$ 是等于零的。人们可以很容易地在非均匀网格上定义一个有限差分格式使其为二次函数，但是这种方法推广到多维上时仅适用于直角网格。

为了使上述讨论更具体，考虑一维网格函数

$$x(\xi) = \frac{\mathrm{e}^{\xi/M}-1}{\mathrm{e}-1} \tag{4.57}$$

该函数给出了一个均匀的延展比为

$$\frac{\Delta x_+}{\Delta x_-} = \frac{\mathrm{e}^{1/M} - 1}{1 - \mathrm{e}^{-1/M}} \tag{4.58}$$

当 $M = 10$ 时，延展比近似为 1.105；如果 M 增加到 100，延展比大概降为 1.010。随着 M 的增加，不但网格间距随 $1/M$ 呈比例减少，延展比也在减小。因此 $\Delta x_+ - \Delta x_-$ 具有 $(1/M)^2$ 的量级。在保持延展比为常数的前提下进行网格细化不是一个很合适的细化方法，并且也无法观察到式（4.50）差分算子的二阶特性。

4.4.1 度量系数差分与不变量

二维问题中的二阶中心差分很自然地能够产生相同的度量不变量，但在三维中需采取某些附加措施来确保该特性。观察二维中的一项，$\partial_\xi(y_\eta) + \partial_\eta(-y_\xi)$，采用二阶中心差分得到度量系数项并逼近通量导数，可得到预期等于 0 的下式：

$$\begin{aligned}\delta_\xi\delta_\eta y_{j,k} - \delta_\eta\delta_\xi y_{j,k} &= \delta_\xi(y_{j,k+1} - y_{j,k-1})/2 - \delta_\eta(y_{j+1,k} - y_{j-1,k})/2 \\ &= [y_{j+1,k+1} - y_{j-1,k+1} - y_{j+1,k-1} + y_{j-1,k-1}]/4 \\ &\quad - [y_{j+1,k+1} - y_{j+1,k-1} - y_{j-1,k+1} + y_{j-1,k-1}]/4 \\ &= 0\end{aligned} \tag{4.59}$$

在三维问题中，确保这些项为零有几种不同的方式。例如，考虑由下式给出的度量系数 ξ_x：①

$$\xi_x = J(y_\eta z_\zeta - y_\zeta z_\eta) \tag{4.60}$$

其中，z 和 ζ 分别为笛卡尔和计算空间中的第三个坐标方向。下式给出了一个表示 ξ_x 的方法：

$$\xi_x = J[(\mu_\zeta\delta_\eta y)(\mu_\eta\delta_\zeta z) - (\mu_\eta\delta_\zeta y)(\mu_\zeta\delta_\eta z)] \tag{4.61}$$

其中，δ 为二阶中心差分算子；μ 为定义的平均算子，如 $\mu_\eta x_{j,k,l} = (x_{j,k+1,l} + x_{j,k-1,l})/2$，其中，$l$ 为 ζ 方向的标号。如果所有的度量项都这样来计算，那么度量不变量是满足的。

三维扩展到高阶的另一种方法是将 ξ_x 表示为下式 [11]：

$$\xi_x = J((y_\eta z)_\zeta - (y_\zeta z)_\eta) \tag{4.62}$$

从解析角度来讲此式同式（4.60）是等价的。对其他转化的度量系数可写出类似的表达式。如果对空间项和通量项的导数，如 $\delta_\xi\widehat{E}$，都采用相同的中心差分格式，则度量不变量为 0（在舍入误差范围内）。

① 见 4.7.1小节。

在式（4.59）中我们得知二维问题中的度量关系和通量差分的二阶中心差分格式满足不变量关系。然而，考虑采用中心差分生成度量关系，并对通量项采用一阶单侧向后差分。我们得到

$$\begin{aligned}\nabla_\xi \delta_\eta y - \nabla_\eta \delta_\xi y = & [y_{j,k+1} - y_{j-1,k+1} - y_{j,k-1} + y_{j-1,k-1}]/2 \\ & + [-y_{j+1,k} + y_{j+1,k-1} - y_{j-1,k} - y_{j-1,k-1}]/2 \neq 0\end{aligned} \tag{4.63}$$

上式中，不满足不变量关系的相关误差为截断误差，其对应着所采用的算子中最低精度阶数或更高阶数。

4.4.2 人工耗散

在 2.5节中介绍了数值耗散的概念。在空间离散中加入数值耗散通常有以下三个目的：

- 为了消除难以解析并可能影响解的高频模态；
- 为了提高稳态问题的稳定性和收敛性；
- 为了防止间断处的振荡，如激波处。

基本思路是通过引入不会明显增加整体数值误差的数值耗散来达到上述三个目的。

在线性问题中，如线性对流方程，解中的频率或波数是由初始条件和边界条件给出的。在这些方程的数值解中，波数没有很好解析（图 2.2）的那些分量基本上是伪解。它们用对流或扩散中的数值算法是不能准确处理的。因此，可以考虑通过数值耗散或滤波的方式来去除。

在求解欧拉方程和 N-S 方程时，动量方程中对流项的非线性会引起波数之间的非线性相互作用。如果用波长或波频来表示尺度，可以看出两种波相互作用会形成一个更高频的波（两波频之和）和一个更低频的波（两波频之差）。在物理空间，该现象可导致湍流或激波的形成。由于存在黏性，出现的最小长度尺寸是有限制的。数值空间中，如果所有尺度都被精确地解析，如在高精确直接数值求解的湍流或高精度求解的层流中，是不需要数值耗散的。然而，在大多数流动计算中，通常是不会解析这些最小尺度的。因此，数值模拟中是不会精确地表示出物理机理对应的波频上限的。低频不会引起问题，但是连续堆叠形成越来越高的频率会导致求解不稳定。此问题可通过数值耗散来解决。即使在线性问题中，边界条件或其他使得半离散算子中特征值略微位于右半平面的差分方法也可能导致不稳定性。数值耗散可以解决这样的不稳定性并加速收敛到稳定状态。

欧拉方程可描述不连续现象，如激波、滑移线和交接面。通过这些断面时，偏微分方程组的微分形式不再适用，因此需从积分形式得到合适的跳跃条件。本质上，激波是一种前面描述的波频堆叠的极限情况。欧拉方程没有对最小波长的限制，因此在无黏流中激波为真正的间断面。在实际有黏流中，激波有一定的厚度，但由于其厚度非常小，实际上很少去求解它，并且无法确定是否在任何情况下连续假设在激波内均适用。因此，虽然 N-S 方程组不能描述不连续现象，但却提出了流动中甚至是黏性流动中的激波数值处理方法。没有特殊处理时，在激波上或附近区域以及其他间断面上会产生振荡。

长久以来激波的数值处理方法分为两类，激波装配法和激波捕捉法。在激波装配法中，人们需要知道激波的位置并对其使用跳跃条件。虽然这种方法本身非常好，但在实际中却很难确定激波的精确位置。因此通过数值耗散来光滑处理激波并且当作连续流动的激波捕捉法成为使用的主流方法。

关于在捕捉激波的数值方法方面进行的大量研究，我们会在第 6 章进行详细介绍。此处提及是说明为了防止振荡产生，需在不连续区域附近采用一阶数值耗散。然而，在流动区域采用一阶数值耗散会导致很大的数值误差，或需要非常细的网格来减少数值误差到要求的水平。因此，增加数值耗散到欧拉或 N-S 方程组的空间离散中通常包含下述三方面：

- 流动光滑区域的高阶部分；
- 激波捕捉的一阶部分；
- 激波和不连续区域的识别方法，进而可以在不同流动区域中选择合适的耗散算子。

在往下进行之前，回顾一下 2.5节的内容应该对读者有帮助，其介绍了数值耗散的基本概念。耗散同差分算子的对称部分相关，可以通过增加人工耗散抑或通过本身包含对称部分的单侧格式或迎风格式引入。在本章和下章，我们会继续关注具有附加人工耗散的中心格式，而第 6 章会详细讨论迎风格式。二者的紧密联系可以从 2.5节中更清楚地了解。

4.4.3 非线性人工耗散格式

回顾 2.5节，在无黏通量项的一阶导数的差分算子中添加对称部分，可以将人工耗散引入中心差分格式。对具有下述形式的常系数、线性、抛物线型方程

$$\frac{\partial u}{\partial t}+\frac{\partial f}{\partial x}=\frac{\partial u}{\partial t}+A\frac{\partial u}{\partial x}=0 \tag{4.64}$$

其中，$f = Au$，耗散可通过下述方式引入：

$$\delta_x f = \delta_x^{\mathrm{a}} f + \delta_x^{\mathrm{s}}(|A|u) \tag{4.65}$$

其中，δ_x^{a} 和 δ_x^{s} 是差分算子的反对称和对称部分；定义 X 为同右侧特征值 A 对应的矩阵，Λ 为包含特征值 A 的对角矩阵，有 $|A| = X\,|\Lambda|\,X^{-1}$。反对称算子采用简单的中心差分格式，由对称算子引入耗散。

一阶导数的反对称或中心差分算子具有偶数阶精度，而对称项具有奇数阶精度。对于流动光滑区域，对称算子至少应为三阶，因为一阶引入了太多的耗散和数值误差。对二阶中心差分，在流动变量逐渐变化的区域，如远离间断面处，三阶耗散是一个较好的选择。

因此，通常将下述对称算子和二阶中心差分一起应用：

$$(\delta_x^{\mathrm{s}} u)_j = \frac{\epsilon_4}{\Delta x}(u_{j-2} - 4u_{j-1} + 6u_j - 4u_{j+1} + u_{j+2}) \propto \epsilon_4 \Delta x^3 \frac{\partial^4 u}{\partial x^4} \tag{4.66}$$

其中，ϵ_4 是用户自定义的常数。这个算子对于衰减那些不希望存在的高频模态并保持稳定而言是足够的，同时只增加了一个较中心差分格式对应的二阶误差小的误差。然而，对于在不连续处防止振荡还是不够的。为此，通常采用下述一阶对称算子：

$$(\delta_x^{\mathrm{s}} u)_j = \frac{\epsilon_2}{\Delta x}(u_{j-2} - 4u_{j-1} + 6u_j - 4u_{j+1} + u_{j+2}) \propto \epsilon_2 \Delta x \frac{\partial^4 u}{\partial x^4} \tag{4.67}$$

在本章应用在隐式有限差分算法中的人工耗散通常将上述两种算子结合在一起，并用压力传感器来识别激波 [12,14]。这种方法可用来处理压力不连续的激波流动，交接面由于压力的连续性不会被识别为不连续面。在提出这个算子之前，我们注意到

$$\nabla\Delta\nabla\Delta u_j = u_{j-2} - 4u_{j-1} + 6u_j - 4u_{j+1} + u_{j+2} \tag{4.68}$$

和

$$\nabla\Delta u_j = u_{j-1} - 2u_j + u_{j+1} \tag{4.69}$$

其中，$\nabla u_j = u_j - u_{j-1}$ 和 $\Delta u_j = u_{j+1} - u_j$ 是未被除的差分。

在将二维方程拓展到曲线坐标系之前，先来考虑式（3.24）给出的一维欧拉方程

$$\frac{\partial Q}{\partial t} + \frac{\partial E}{\partial x} = 0 \tag{4.70}$$

其中，由于欧拉方程是齐次的（参考文献 [13]，附录 C），有 $E = AQ$。很自然地应用式（4.65）和（4.66）给出下述四阶耗散项：

$$D_j = \nabla\Delta\nabla\Delta|A_j|Q_j \tag{4.71}$$

在常系数、线性系统中，$|A|$ 为常数，但在非线性系统中该式不一定成立。因此上述方程中它的位置是非常重要的。如下式就是不守恒的：

$$D_j = |A_j|\nabla\Delta\nabla\Delta Q_j \tag{4.72}$$

通过类比通量分裂，可获得如下所示的更好选择：

$$D_j = \nabla|A_{j+1/2}|\Delta\nabla\Delta Q_j \tag{4.73}$$

其中，$A_{j+1/2}$ 是某种平均，如简单平均或 Roe 平均（见 6.3节）。

现在来考虑广义曲线坐标系中强守恒形式的 N-S 方程组（4.18），其空间导数项采用如式（4.43）所示的二阶中心差分来离散，并将所有的空间项都移至右边：

$$\partial_\tau \widehat{Q} = -\delta_\xi \widehat{E} - \delta_\eta \widehat{F} + Re^{-1}[\delta_\xi \widehat{E}_{\mathrm{v}} + \delta_\eta \widehat{F}_{\mathrm{v}}] \tag{4.74}$$

其中，对黏性导数项采用式 (4.48) 所示的紧致三点格式。首先来关注 ξ 方向的无黏项，如下：

$$\partial_\tau \widehat{Q} = -\delta_\xi \widehat{E} \tag{4.75}$$

上式可以写成**守恒形式** (conservation form)

$$\partial_\tau \widehat{Q} = -(f_{j+1/2} - f_{j-1/2}) \tag{4.76}$$

其中，

$$f_{j+1/2} = \frac{1}{2}(\widehat{E}_j + \widehat{E}_{j+1}) \tag{4.77}$$

这样应用于守恒形式方程的离散格式保持了原来偏微分方程的守恒特性。人工耗散需保持这种特性是很重要的。

我们现在将 ξ 方向的人工耗散项 $(D_\xi)_{j,k}$ 引入式（4.75）中，得

$$\partial_\tau \widehat{Q}_{j,k} = -(\delta_\xi \widehat{E})_{j,k} + (D_\xi)_{j,k} \tag{4.78}$$

其中，

$$\begin{aligned}(D_\xi)_{j,k} = {} & \nabla_\xi \left(\epsilon^{(2)}|\widehat{A}|J^{-1}\right)_{j+1/2,k} \Delta_\xi Q_{j,k} \\ & - \nabla_\xi \left(\epsilon^{(4)}|\widehat{A}|J^{-1}\right)_{j+1/2,k} \Delta_\xi \nabla_\xi \Delta_\xi Q_{j,k}\end{aligned} \tag{4.79}$$

在 η 方向可得到类似项。上式中包含很多项，下面会一一解读。右边的第一项是二阶差分项，具有一阶精度，可用于激波附近。第二项是四阶差分项，具有三阶

精度，可用在流动光滑区。它们的相对贡献通过两个系数来控制，$\epsilon^{(2)}$ 和 $\epsilon^{(4)}$，其定义会在下文中给出。其次，$\widehat{A}$ 为 ξ 方向的通量雅可比矩阵，定义如下：

$$\widehat{A} = \frac{\partial \widehat{E}}{\partial \widehat{Q}} \tag{4.80}$$

上式将会在 4.5节中给出详细说明。

注意耗散算子作用在 Q 上，而不是 $\widehat{Q}$；J^{-1} 同 $\left|\widehat{A}\right|$ 一起移动。这可确保均匀流不会有耗散产生。在非均匀网格中，即使 Q 是常数，由于 J^{-1} 随空间变化，$\widehat{Q}$ 也会随空间发生变化。因此，在非均匀流中如果耗散作用于 $\widehat{Q}$，会产生非零耗散。$\epsilon^{(2)}\left|\widehat{A}\right|J^{-1}$ 和项 $\epsilon^{(4)}\left|\widehat{A}\right|J^{-1}$ 的位置同（4.73）是一致的。它们可通过简单的平均得到，如

$$\left(\epsilon^{(2)}|\widehat{A}|J^{-1}\right)_{j+1/2,k} = \frac{1}{2}\left[\left(\epsilon^{(2)}|\widehat{A}|J^{-1}\right)_{j,k} + \left(\epsilon^{(2)}|\widehat{A}|J^{-1}\right)_{j+1,k}\right] \tag{4.81}$$

$$\left(\epsilon^{(4)}|\widehat{A}|J^{-1}\right)_{j+1/2,k} = \frac{1}{2}\left[\left(\epsilon^{(4)}|\widehat{A}|J^{-1}\right)_{j,k} + \left(\epsilon^{(4)}|\widehat{A}|J^{-1}\right)_{j+1,k}\right] \tag{4.82}$$

或可以对 $\widehat{A}_{j+1/2,k}$ 进行 Roe 平均。

二阶导数项的贡献通过压力传感器来控制。压力传感器可用于识别激波[12,14]。其定义如下：

$$\begin{aligned}
\epsilon_{j,k}^{(2)} &= \kappa_2 \max(\Upsilon_{j+1,k}, \Upsilon_{j,k}, \Upsilon_{j-1,k}) \\
\Upsilon_{j,k} &= \left|\frac{p_{j+1,k} - 2p_{j,k} + p_{j-1,k}}{p_{j+1,k} + 2p_{j,k} + p_{j-1,k}}\right| \\
\epsilon_{j,k}^{(4)} &= \max(0, \kappa_4 - \epsilon_{j,k}^{(2)})
\end{aligned} \tag{4.83}$$

上式中通常取值为 $\kappa_2 = 1/2$ 和 $\kappa_4 = 1/50$。此开关是基于正则化的压力二阶差分进行的，该值在激波区远大于光滑区。当二阶差分系数很大时，通过逻辑判断关闭四阶差分耗散。最大值函数可扩大二阶差分耗散的影响，从而确保在激波内部不会被关闭。

同式（4.76）一样，耗散项可以写为

$$(D_\xi)_{j,k} = (d_\xi)_{j+1/2,k} - (d_\xi)_{j-1/2,k} \tag{4.84}$$

其中，

$$\begin{aligned}
(d_\xi)_{j+1/2,k} = &\left(\epsilon^{(2)}|\widehat{A}|J^{-1}\right)_{j+1/2,k} \Delta_\xi Q_{j,k} \\
&- \left(\epsilon^{(4)}|\widehat{A}|J^{-1}\right)_{j+1/2,k} \Delta_\xi \nabla_\xi \Delta_\xi Q_{j,k}
\end{aligned} \tag{4.85}$$

这可确保耗散是守恒的。

为了减少耗散模型的计算量，可以用 $\widehat{A}$ 的谱半径代替矩阵 $|\widehat{A}|$。谱半径为绝对值最大的特征值。谱半径 $\widehat{A}$ 定义如下：

$$\sigma = |U| + a\sqrt{\xi_x^2 + \xi_y^2} \tag{4.86}$$

$\widehat{B}$ 的谱半径可用在 η 的耗散项中。这种方法称为标量人工耗散，是一种鲁棒性较好且计算量不太大的人工耗散方法，但在某些情况下可引起过度耗散。

聪明的读者可能想知道式（4.66）和（4.67）中的 Δx 项去哪里了。它们通过度量系数项 ξ_x 和 ξ_y 隐含在 $\widehat{A}$ 和谱半径 σ 中。ξ_x 和 ξ_y 是同网格间距成反比的，这可确保式（4.79）中的两个耗散项分别具有一阶和三阶精度。

下面来详细考虑一下四阶差分耗散项。暂时忽略系数项，有

$$\begin{aligned}(D_\xi^{(4)})_{j,k} &= -\nabla_\xi \Delta_\xi \nabla_\xi \Delta_\xi Q_{j,k} \\ &= -Q_{j-2,k} + 4Q_{j-1,k} - 6Q_{j,k} + 4Q_{j+1,k} - Q_{j+2}\end{aligned} \tag{4.87}$$

这个算子包含从 $(j-2,k)$ 到 $(j+2,k)$ 的 Q 值，为五点格式。这点同无黏和有黏通量导数的有限差分不同，后者仅包括从 $j-1$ 到 $j+1$ 三个节点的数据，是三点格式。在 4.5 节中我们会看到，上述差异对隐式时间推进法具有重要的影响。此处，我们关注耗散算子在边界网格点的应用。边界条件会在本章后面内容提及。现在假设边界上 Q 的值是已知的，因此边界上的控制方程无须求解。在第一个内节点，无黏和有黏通量以及耗散项的二阶差分耗散的三点格式算子可以无须任何修改直接应用。然而，五点格式不能直接应用，因为 $Q_{j-2,k}$ 和 $Q_{j+2,k}$ 是未知的，是与边界条件相关的。

为了建立可应用于边界上的四阶差分耗散项算子，必须保证采用的格式是守恒的、带耗散的、稳定的以及足够精确的。首先，我们考虑守恒性。式（4.87）的算子可以另写为

$$(D_\xi^{(4)})_{j,k} = (d_\xi^{(4)})_{j+1/2,k} - (d_\xi^{(4)})_{j-1/2,k} \tag{4.88}$$

其中，

$$(d_\xi^{(4)})_{j+1/2,k} = Q_{j-1,k} - 3Q_{j,k} + 3Q_{j+1,k} - Q_{j+2,k} \tag{4.89}$$

不失一般性，我们假设边界节点位于 $j=0$。在 $j=1$ 节点上的算子需要修改，因为 $j-2$ 网格点是不存在的。$j=2$ 网格点的算子不需要修改，根据守恒性可知 $j=1$ 上的 $(d_\xi^{(4)})_{j+1/2,k}$ 项无须修改。在任何情况下，该项都不包括 $Q_{j-2,k}$，

因此不用修改。在 $j=1$ 节点上有几种处理方法；其中一种是定义 $j=1$ 上的 $(d_\xi^{(4)})_{j-1/2,k}$，为

$$(d_\xi^{(4)})_{j-1/2,k} = -Q_{j-1,k} + 2Q_{j,k} - Q_{j+1,k} \tag{4.90}$$

这样在 $j=1$ 节点上可写出下列算子：

$$\begin{aligned}(D_\xi^{(4)})_{j,k} &= (Q_{j-1,k} - 3Q_{j,k} + 3Q_{j+1,k} - Q_{j+2,k}) \\ &\quad - (-Q_{j-1,k} + 2Q_{j,k} - Q_{j+1,k}) \\ &= 2Q_{j-1,k} - 5Q_{j,k} + 4Q_{j+1,k} - Q_{j+2,k}\end{aligned} \tag{4.91}$$

在其他边界上可应用类似的公式。这种方法已被证明是带耗散且稳定的 [14]，因此比其他方法流行。边界算子在局部具有一阶精度，同全局的二阶精度是相匹配的。如果内部节点格式具有超过二阶的精度，那么四阶差分耗散项应采用更高阶的边界算子。类似地，如果要求全局精度超过三阶，那么需要更高阶的人工耗散项。

最后，我们将人工耗散格式应用到准一维欧拉方程上，这也是本章末尾练习的题目。该问题可在均匀网格上采用标量人工耗散格式求解。一维通量雅可比矩阵的谱半径为

$$\sigma = |u| + a \tag{4.92}$$

由于是均匀网格，不需要坐标系变换。耗散项变为

$$\begin{aligned}D_j &= \frac{1}{\Delta x}\nabla\left(\epsilon^{(2)}(|u|+a)\right)_{j+1/2}\Delta Q_j \\ &\quad - \frac{1}{\Delta x}\nabla\left(\epsilon^{(4)}(|u|+a)\right)_{j+1/2}\Delta\nabla\Delta Q_j\end{aligned} \tag{4.93}$$

其中，∇ 和 Δ 表示未被除的差分。需特别注意式中的比例尺 $1/\Delta x$。

4.5 隐式时间推进法与近似因式分解算法

将上述空间差分应用到式 (4.18)，可得如下的网格内部节点上的半离散格式方程：

$$\partial_\tau \widehat{Q} = -\delta_\xi \widehat{E} + D_\xi - \delta_\eta \widehat{F} + D_\eta + Re^{-1}[\delta_\xi \widehat{E}_{\mathrm{v}} + \delta_\eta \widehat{F}_{\mathrm{v}}] \tag{4.94}$$

其中，δ 表示空间差分算子，此处采用二阶中心差分。D_ξ 和 D_η 为人工耗散项，如式 (4.79)。将上述整理为一个方程，可得下述的非线性耦合常微分方程组：

$$\frac{\mathrm{d}\widehat{\boldsymbol{Q}}}{\mathrm{d}t} = \boldsymbol{R}(\widehat{\boldsymbol{Q}}) \tag{4.95}$$

其中，$\widehat{\boldsymbol{Q}}$ 为包含网格节点上 $\widehat{Q}_{j,k}$ 的列向量；$\boldsymbol{R}$ 为包含网格节点 $R_{j,k}$ 的列向量，可表示为

$$R(\widehat{Q}) = -\delta_\xi \widehat{E} + D_\xi - \delta_\eta \widehat{F} + D_\eta + Re^{-1}[\delta_\xi \widehat{E}_\text{v} + \delta_\eta \widehat{F}_\text{v}] \tag{4.96}$$

上式中用 t 代替 τ。为了获得非稳态流动问题的时间精确解，该常微分方程组必须通过时间推进法来求解。或者，如果所关注的流动是稳态的，可求解下述耦合的非线性代数方程组

$$\boldsymbol{R}(\widehat{\boldsymbol{Q}}) = \boldsymbol{0} \tag{4.97}$$

在稳态问题中，$\boldsymbol{R}(\widehat{\boldsymbol{Q}})$ 为残差向量，或简单地说就是残差。由于残差向量的非线性本质，该系统不能直接求解，而需要采用迭代方法。

对如式（4.97）所示的大型非线性代数方程组，其数值求解可以采用牛顿法，这样可得下述线性方程组：

$$\boldsymbol{A}_n \Delta \widehat{\boldsymbol{Q}}_n = -\boldsymbol{R}(\widehat{\boldsymbol{Q}}_n) \tag{4.98}$$

其中，

$$\boldsymbol{A}_n = \frac{\partial \boldsymbol{R}}{\partial \widehat{\boldsymbol{Q}}} \tag{4.99}$$

为状态 $\widehat{\boldsymbol{Q}}_n$ 对应的雅可比矩阵，且 $\Delta\widehat{\boldsymbol{Q}} = \widehat{\boldsymbol{Q}}_{n+1} - \widehat{\boldsymbol{Q}}_n$。该线性系统必须采用迭代的方法来求解，最终可获得满足式（4.97）的收敛解。$\widehat{\boldsymbol{Q}}_n$ 在什么程度逼近式（4.97）的解可以通过 $\boldsymbol{R}(\widehat{\boldsymbol{Q}})$ 的范数来衡量。在有限精度计算中，通常残差范数不可能降低到机器零点之下，因此解的残差降到机器精度就可以认为完全收敛。然而，在单精度计算中，这样的收敛可能还不够。

将牛顿法应用到多维欧拉或 N-S 方程空间离散后得到的大型非线性代数方程组可能会遇到两个困难。第一，牛顿法仅在初值靠近解的有限范围内迭代才可以收敛。然而，$\widehat{\boldsymbol{Q}}$ 的初始值通常是位于该范围之外的，因此需要采用某种技术来确保对任意初始值牛顿法都可以收敛。通常选均匀流作为初始值。第二，待求解的公式（4.98）所示的线性方程组是大型稀疏组。基于上下因式分解（lower-upper factorization）的直接求解需要大量的内存，用于原稀疏系统和浮点计算，随着系统规模增加，该方法很难扩展。因此直接数值求解仅对一定规模之下的线性系统有效，尽管可直接求解的系统规模随着计算机硬件的更新换代可能会增加。实际问题得到的线性系统直接求解的大计算量促使了**非精确牛顿法** (inexact Newton method) 的产生，它通过迭代的方法来求解式（4.98）所示的线性系统，直至每

步迭代中误差达到一定容许误差。在收敛半径内，只要残差函数满足一定的条件，该残差序列即可保持牛顿法的二次收敛特性。

另一种解决初值落在牛顿法收敛范围之外的方法是沿着时间相关路径进行求解直至稳态。在一定条件下，稳态问题（4.97）的解也是常微分方程（4.95）的稳态解，后者可在式（4.95）上应用时间推进法直至稳定状态。此时不要求时间精度，我们只是希望能以最小的计算量从任意初始状态沿时间积分到稳定状态。因此解的中间过程是不重要的，该问题是刚性的。这表明只要瞬态解精度没有要求，就可以采用隐式时间推进法，并且一阶精度是非常足够的。因此隐式欧拉法是求解稳态问题的合理选择。它同牛顿法的关系已在 2.6.3 小节中介绍。

对要求瞬态精确解的非稳态流动问题，至少需要选择二阶及以上精度。因此，梯形法和二阶向后差分（2.6 节）是更合理的选择，二者都是无条件稳定的。二阶向后差分比梯形法有更大的稳定域范围，因此二者相比，二阶向后差分的鲁棒性更好。不仅如此，由于梯形法具有较大的负的实特征值，因此其模态衰减较慢，这在刚性问题中是不希望出现的。隐式龙格-库塔法，也是一种刚性常微分方程组的时间精确解的求解方法，在此不展开讨论。

不论是稳态还是非稳态问题，求解大型稀疏线性系统都给我们带来了很大的挑战。长久以来，由于计算机硬件限制，即使对相对简单的问题，直接数值求解也是不现实的。即使到了今天，对大型三维问题而言，直接求解也不是一种有效的选择。非精确牛顿法由于对非对称稀疏线性系统引入了有效的迭代技术而赢得了普遍关注，如广义最小残差方法（GMRES）[15]。然而，这些方法直到 20 世纪 80 年代中期才出现，因此三维流动的首次隐式计算法是采用现在经典的近似因式分解算法进行的，该主题会在 4.5.4 小节中介绍。

4.5.1 隐式时间推进法

基于上述讨论，不论我们求解的是稳态流动还是非稳态流动，我们都希望采用隐式时间推进法来求解式（4.95）给出的耦合常微分方程组。考虑下述时间推进法中的两参数模型 [3]：

$$\widehat{\boldsymbol{Q}}^{n+1}=\frac{\theta\Delta t}{1+\varphi}\frac{\mathrm{d}}{\mathrm{d}t}\widehat{\boldsymbol{Q}}^{n+1}+\frac{(1-\theta)\Delta t}{1+\varphi}\frac{\mathrm{d}}{\mathrm{d}t}\widehat{\boldsymbol{Q}}^{n}+\frac{1+2\varphi}{1+\varphi}\widehat{\boldsymbol{Q}}^{n}-\frac{\varphi}{1+\varphi}\widehat{\boldsymbol{Q}}^{n-1}$$
$$+O\left[\left(\theta-\frac{1}{2}-\varphi\right)\Delta t^{2}+\Delta t^{3}\right] \tag{4.100}$$

其中，$\widehat{\boldsymbol{Q}}^{n}=\widehat{\boldsymbol{Q}}(n\Delta t)$。这类方法属于两步线性多步法，其系数

$$\frac{\mathrm{d}}{\mathrm{d}t}\widehat{\boldsymbol{Q}}^{n-1} \tag{4.101}$$

为零。此类方法中的一种具有三阶精度，但该种方法不是讨论的重点，因为其不是无条件稳定的。我们关注稳态流动中采用的当 $\theta = 1$ 和 $\varphi = 0$ 时的一阶隐式欧拉法，以及要求时间精度瞬态解中采用的 $\theta = 1$ 和 $\varphi = 1/2$ 的二阶后向式方法。

此处的讨论我们会以隐式欧拉法为例，之后的所有推导可以很容易地推广到任意根据式（4.100）得到的二阶格式。将隐式欧拉法用于式（4.95）所示的薄层形式可得下述网格节点上的表达式：

$$\widehat{Q}^{n+1} - \widehat{Q}^{n} = h\left(-\delta_\xi \widehat{E}^{n+1} + D_\xi^{n+1} - \delta_\eta \widehat{F}^{n+1} + D_\eta^{n+1} + Re^{-1}\delta_\eta \widehat{S}^{n+1}\right) \tag{4.102}$$

其中，$h = \Delta t$。

4.5.2 当地时间线性化

给定 $\widehat{Q}^n$ 时，通过式（4.102）可求解得到 $\widehat{Q}^{n+1}$。矢通量 $\widehat{E}$，$\widehat{F}$ 和 $\widehat{S}$ 以及人工耗散项 D_ξ 和 D_η，均为 $\widehat{Q}$ 的非线性函数，因此包含在 $\widehat{Q}^{n+1}$ 中的、式（4.102）的右端项也是非线性的。这样可以对时间 t 采用当地线性化。

矢通量的时间局部线性化可以通过在 $\widehat{Q}^n$ 点进行泰勒展开得到

$$\begin{aligned}
\widehat{E}^{n+1} &= \widehat{E}^{n} + \widehat{A}^{n}\Delta\widehat{Q}^{n} + O(h^2)\\
\widehat{F}^{n+1} &= \widehat{F}^{n} + \widehat{B}^{n}\Delta\widehat{Q}^{n} + O(h^2)\\
Re^{-1}\widehat{S}^{n+1} &= Re^{-1}\left[\widehat{S}^{n} + \widehat{M}^{n}\Delta\widehat{Q}^{n}\right] + O(h^2)
\end{aligned} \tag{4.103}$$

其中，$\widehat{A} = \partial\widehat{E}/\partial\widehat{Q}$，$\widehat{B} = \partial\widehat{F}/\partial\widehat{Q}$ 以及 $\widehat{M} = \partial\widehat{S}/\partial\widehat{Q}$ 为通量雅可比矩阵，并且 $\Delta\widehat{Q}^n$ 为 $O(h)$ 的量级。如 2.6.3小节讨论的，当地时间线性化不会降低二阶以内的时间推进法的精度。

无黏通量雅可比矩阵 $\widehat{A}$ 和 $\widehat{B}$ 由下式给出：

$$\begin{bmatrix}
\kappa_t & \kappa_x & \kappa_y & 0\\
-u\theta + \kappa_x\phi^2 & \kappa_t + \theta - (\gamma-2)\kappa_x u & \kappa_y u - (\gamma-1)\kappa_x v & (\gamma-1)\kappa_x\\
-v\theta + \kappa_y\phi^2 & \kappa_x v - (\gamma-1)\kappa_y u & \kappa_t + \theta - (\gamma-2)\kappa_y v & (\gamma-1)\kappa_y\\
\theta[\phi^2 - a_1] & \kappa_x a_1 - (\gamma-1)u\theta & \kappa_y a_1 - (\gamma-1)v\theta & \gamma\theta + \kappa_t
\end{bmatrix} \tag{4.104}$$

其中，$a_1 = \gamma(e/\rho) - \phi^2$，$\theta = \kappa_x u + \kappa_y v$，$\phi^2 = \dfrac{1}{2}(\gamma-1)(u^2+v^2)$，且对于 $\widehat{A}$ 或 $\widehat{B}$ 分别有 $\kappa = \xi$ 或 η。作为例子，我们推导 $\widehat{A}$ 中第二行的第一个元素，也即

$$\widehat{a}_{21} = \frac{\partial\widehat{e}_2}{\partial\widehat{q}_1} \tag{4.105}$$

有

$$\widehat{Q}=\begin{bmatrix}\widehat{q}_1\\ \widehat{q}_2\\ \widehat{q}_3\\ \widehat{q}_4\end{bmatrix}=J^{-1}\begin{bmatrix}\rho\\ \rho u\\ \rho v\\ e\end{bmatrix},\quad \widehat{E}=\begin{bmatrix}\widehat{e}_1\\ \widehat{e}_2\\ \widehat{e}_3\\ \widehat{e}_4\end{bmatrix}=J^{-1}\begin{bmatrix}\rho U\\ \rho uU+\xi_x p\\ \rho vU+\xi_y p\\ U(e+p)-\xi_t p\end{bmatrix} \tag{4.106}$$

为了确定 $\widehat{a}_{21}$，第一步要写出用 $\widehat{Q}$ 的元素表示的 $\widehat{e}_2$。形式如下：

$$\begin{aligned}\widehat{e}_2=&J^{-1}\rho uU+J^{-1}\xi_x p\\ =&J^{-1}\rho u\xi_t+J^{-1}\rho u^2\xi_x+J^{-1}\rho uv\xi_y\\ &+J^{-1}\xi_x(\gamma-1)e-J^{-1}\xi_x(\gamma-1)\frac{1}{2}\rho u^2-J^{-1}\xi_x(\gamma-1)\frac{1}{2}\rho v^2\\ =&\xi_t\widehat{q}_2+\xi_x\frac{\widehat{q}_2^2}{\widehat{q}_1}+\xi_y\frac{\widehat{q}_2\widehat{q}_3}{\widehat{q}_1}+\xi_x(\gamma-1)\widehat{q}_4-\frac{\xi_x(\gamma-1)}{2}\frac{\widehat{q}_2^2}{\widehat{q}_1}-\frac{\xi_x(\gamma-1)}{2}\frac{\widehat{q}_3^2}{\widehat{q}_1}\end{aligned} \tag{4.107}$$

从中可以发现

$$\begin{aligned}\widehat{a}_{21}=\frac{\partial\widehat{e}_2}{\partial\widehat{q}_1}&=-\xi_x\frac{\widehat{q}_2^2}{\widehat{q}_1^2}-\xi_y\frac{\widehat{q}_2\widehat{q}_3}{\widehat{q}_1^2}+\frac{\xi_x(\gamma-1)}{2}\frac{\widehat{q}_2^2}{\widehat{q}_1^2}+\frac{\xi_x(\gamma-1)}{2}\frac{\widehat{q}_3^2}{\widehat{q}_1^2}\\ &=-\xi_x u^2-\xi_y uv+\frac{\xi_x(\gamma-1)}{2}u^2+\frac{\xi_x(\gamma-1)}{2}v^2\\ &=-u(\xi_x u+\xi_y v)+\frac{\xi_x(\gamma-1)}{2}(u^2+v^2)\end{aligned} \tag{4.108}$$

同式（4.104）是一致的。$\widehat{A}$ 和 $\widehat{B}$ 中的其他项可用类似方法确定。

薄层黏性通量雅可比矩阵为

$$\widehat{M}=J^{-1}\begin{bmatrix}0&0&0&0\\ m_{21}&\alpha_1\partial_\eta(\rho^{-1})&\alpha_2\partial_\eta(\rho^{-1})&0\\ m_{31}&\alpha_2\partial_\eta(\rho^{-1})&\alpha_3\partial_\eta(\rho^{-1})&0\\ m_{41}&m_{42}&m_{43}&m_{44}\end{bmatrix}J \tag{4.109}$$

其中，

$$\begin{aligned}m_{21}=&-\alpha_1\partial_\eta(u/\rho)-\alpha_2\partial_\eta(v/\rho)\\ m_{31}=&-\alpha_2\partial_\eta(u/\rho)-\alpha_3\partial_\eta(v/\rho)\\ m_{41}=&\alpha_4\partial_\eta\left[-(e/\rho^2)+(u^2+v^2)/\rho\right]\\ &-\alpha_1\partial_\eta(u^2/\rho)-2\alpha_2\partial_\eta(uv/\rho)\\ &-\alpha_3\partial_\eta(v^2/\rho)\\ m_{42}=&-\alpha_4\partial_\eta(u/\rho)-m_{21}\end{aligned}$$

$$
\begin{aligned}
m_{43} =& -\alpha_4\partial_\eta(u/\rho) - m_{31} \\
m_{44} =& \alpha_4\partial_\eta(\rho^{-1}) \\
\alpha_1 =& \mu[(4/3)\eta_x^2 + \eta_y^2], \quad \alpha_2 = (\mu/3)\eta_x - \eta_y \\
\alpha_3 =& \mu[\eta_x^2 + (4/3)\eta_y^2], \quad \alpha_4 = \gamma\mu Pr^{-1}(\eta_x^2 + \eta_y^2)
\end{aligned}
$$

由于 $\widehat{S}$ 包含了 $\widehat{Q}$ 的导数，所以它的推导变得更加复杂。式（4.103）中的 $\widehat{M}^n\Delta\widehat{Q}^n$ 项也包含了 $\Delta\widehat{Q}^n$ 的导数，因此与 $\widehat{A}^n\Delta\widehat{Q}^n$ 和 $\widehat{B}^n\Delta\widehat{Q}^n$ 不同，该项并不是简单的矩阵矢量乘积。

为了更清楚地展示这一点，让我们来推导一下 $\widehat{M}$ 中第二行第二个元素。我们将 $\widehat{S}$ 的第二个元素以 $\widehat{Q}$ 的形式表示如下：

$$
\begin{aligned}
\widehat{s}_2 &= \frac{\alpha_1}{J}u_\eta + \frac{\alpha_2}{J}v_\eta \\
&= \frac{\alpha_1}{J}\frac{\partial}{\partial\eta}\left(\frac{\widehat{q}_2}{\widehat{q}_1}\right) + \frac{\alpha_2}{J}\frac{\partial}{\partial\eta}\left(\frac{\widehat{q}_3}{\widehat{q}_1}\right)
\end{aligned}
\tag{4.110}
$$

其中，α_1 和 α_2 在式（4.109）下方有定义。上述推导中我们对原始偏微分方程采用了解析推导，而非有限差分近似，后者在以后将会用到。显然式（4.110）中右边第二项不包含 $\widehat{q}_2$，也不会进入 $\widehat{M}$ 中的 $\widehat{m}_{22}$ 项。因此我们定义算子 $f(\widehat{q}_2)$ 如下：

$$
f(\widehat{q}_2) = \frac{\alpha_1}{J}\frac{\partial}{\partial\eta}\left(\frac{\widehat{q}_2}{\widehat{q}_1}\right) \tag{4.111}
$$

这是式（4.110）中的第一项。我们可以用**弗雷歇导数** (Fréchet derivative) 来确定：

$$
\begin{aligned}
\frac{\partial f}{\partial \widehat{q}_2}\Delta\widehat{q}_2 &= \lim_{\epsilon\to 0}\frac{f(\widehat{q}_2+\epsilon\Delta\widehat{q}_2) - f(\widehat{q}_2)}{\epsilon} \\
&= \lim_{\epsilon\to 0}\left[\frac{\alpha_1}{J}\frac{\partial}{\partial\eta}\left(\frac{\widehat{q}_2+\epsilon\Delta\widehat{q}_2}{\widehat{q}_1}\right) - \frac{\alpha_1}{J}\frac{\partial}{\partial\eta}\left(\frac{\widehat{q}_2}{\widehat{q}_1}\right)\right]\Big/\epsilon \\
&= \lim_{\epsilon\to 0}\left[\frac{\alpha_1}{J}\frac{\partial}{\partial\eta}\left(\frac{\epsilon\Delta\widehat{q}_2}{\widehat{q}_1}\right)\right]\Big/\epsilon \\
&= \frac{\alpha_1}{J}\frac{\partial}{\partial\eta}\left(\frac{\Delta\widehat{q}_2}{\widehat{q}_1}\right)
\end{aligned}
\tag{4.112}
$$

这样，可以得到 $\widehat{m}_{22}$ 和 $\Delta\widehat{q}_2$ 的乘积为

$$
\widehat{m}_{22}\Delta\widehat{q}_2 = J^{-1}\alpha_1\frac{\partial}{\partial\eta}\left(\frac{J}{\rho}\Delta\widehat{q}_2\right) \tag{4.113}
$$

此式同式（4.109）相同，并能解释式（4.109）的精确含义。$\widehat{M}$ 中的求偏导 ∂_n 作用在 $\widehat{M}$ 中的乘积项上，如 $\widehat{m}_{22}$ 中的 ρ^{-1}，还作用在矩阵（4.109）右边的 J 项，以及 $\Delta\widehat{Q}$ 中的某些项的乘积上。

出现在式（4.102）中的非线性人工耗散项 D_ξ 和 D_η 也必须采用当地线性化。鉴于式（4.79）的复杂性，经常采用非精确线性化处理这些项，尤其在近似因式分解算法中。通过人工耗散项的系数进行处理可达到此效果，如将式（4.79）中 $\epsilon^{(4)}\left|\widehat{A}\right|$ 项，在时间步 n 上当作定值可得到线性化。但对右端项通常不做这种近似。

将式（4.103）中非线性矢通量的局部时间线性化代入式（4.102），并同左侧的 $\Delta\widehat{Q}^n$ 项合并，可得算法的 **delta 形式**：

$$
\begin{aligned}
&\left[I + h\delta_\xi\widehat{A}^n - hL_\xi + h\delta_\eta\widehat{B}^n - hL_\eta - Re^{-1}h\delta_\eta\widehat{M}\right]\Delta\widehat{Q}^n \\
&= -h\left(\delta_\xi\widehat{E}^n - D_\xi^n + \delta_\eta\widehat{F}^n - D_\eta^n - Re^{-1}\delta_\eta\widehat{S}^n\right)
\end{aligned}
\tag{4.114}
$$

其中，L_ξ 和 L_η 来自于人工耗散项的线性化。右边是简单的 h 乘以薄层公式（4.94）右端项。这可得到 delta 形式的一个重要特性。如果可得式（4.114）的完全收敛稳态解，那么不论式（4.114）的左端项如何，它都是式（4.94）的正确稳态解。这意味着为了减少到达收敛稳定状态的计算量可以对左边采用近似，例如，令 $\boldsymbol{R}(\widehat{\boldsymbol{Q}})$ 的范数为零，不会对收敛解产生影响。

将式（4.114）左侧的有限差分算子作用在右侧紧邻的方括号内的项同方括号外 $\Delta\widehat{Q}^n$ 的乘积上。例如，由 δ_ξ 项可得

$$
\frac{1}{2}h(\widehat{A}^n_{j+1,k}\Delta\widehat{Q}^n_{j+1,k} - \widehat{A}^n_{j-1,k}\Delta\widehat{Q}^n_{j-1,k}) \tag{4.115}
$$

左端项中的黏性会影响式（4.114）中的 δ_η 项以及黏性通量雅可比矩阵中对 η 求偏导的有限差分近似。这些需同式（4.48）中右边采用的三点紧致算子相一致。$\Delta\widehat{Q}^n$ 显然是未知的，因此式（4.114）表示了在隐式欧拉法中每个迭代中需求解的线性方程组。除了 I 项，式（4.114）左边方括号中的项表示负的离散残差算子的线性化，也即右边的相反数。因此，如果忽略 I 项，就得到了牛顿法，同牛顿法是从线性隐式欧拉法中 h 趋向于无穷时得到的结果是一致的（参见（2.6.3）小节）。

4.5.3 非因式分解算法的矩阵形式

我们把式（4.114）称作非因式分解算法。它产生了一个很大带宽的代数方程组。我们现在来观察一下相关矩阵。令 ξ 方向和 η 方向的网格节点数分别为 J 和 K。暂时忽略黏性项和人工耗散项，带状矩阵为 $(J \cdot K \cdot 4) \times (J \cdot K \cdot 4)$ 的方阵，

如下所示：

$$
\begin{aligned}
&\left[I+h\delta_\xi\widehat{A}^n+h\delta_\eta\widehat{B}^n\right]\\
\Rightarrow&\begin{bmatrix}
I & h\widehat{A}/2 & & & h\widehat{B}/2 & & & & & & & \\
-h\widehat{A}/2 & I & h\widehat{A}/2 & & & h\widehat{B}/2 & & & & & & \\
 & -h\widehat{A}/2 & I & h\widehat{A}/2 & & & h\widehat{B}/2 & & & & & \\
 & & -h\widehat{A}/2 & I & h\widehat{A}/2 & & & h\widehat{B}/2 & & & & \\
-h\widehat{B}/2 & & & -h\widehat{A}/2 & I & h\widehat{A}/2 & & & h\widehat{B}/2 & & & \\
 & \ddots & & & \ddots & \ddots & \ddots & & & \ddots & & \\
 & & & -h\widehat{B}/2 & & & -h\widehat{A}/2 & I & h\widehat{A}/2 & & & h\widehat{B}/2\\
 & & & & -h\widehat{B}/2 & & & -h\widehat{A}/2 & I & h\widehat{A}/2 & & \\
 & & & & & \ddots & & & \ddots & \ddots & \ddots & \\
 & & & & & & -h\widehat{B}/2 & & & -h\widehat{A}/2 & I & h\widehat{A}/2\\
 & & & & & & & -h\widehat{B}/2 & & & -h\widehat{A}/2 & I
\end{bmatrix}
\end{aligned}
\tag{4.116}
$$

其中，变量序号从 j 开始然后是 k。每个元素为 4×4 的块。如果我们对变量从 k 开始排序，然后是 j，在上述矩阵中 $\widehat{A}$ 和 $\widehat{B}$ 的角色要互换，也即 $h\widehat{B}$ 生成一个三对角形式，而 $h\widehat{A}$ 生成更大带宽。薄层黏性项包括 η 方向的三点算子，它们给对角块和 $h\widehat{B}$ 带来的影响如式（4.116）所示，但不会改变矩阵的整体结构。最终，人工耗散项包括每个方向上的五点算子，进一步增加了矩阵带宽。如果采用的是标量人工耗散法，对应的元素形式为 σI，其中 σ 为标量，I 为 4×4 的单位矩阵。

虽然这是个稀疏矩阵，但直接通过 LU 因式分解来求解这个代数系统还是很耗时的。例如，精确计算绕过机翼的三维跨声速流动，一般需要超过 1000 万个网格。对应的线性系统是 $(5\times10^7)\times(5\times10^7)$ 的待求解矩阵，即使可以利用稀疏矩阵的特点，对计算量和内存都要求仍然非常高。因此这也促进了稀疏线性系统迭代法和近似求解方法的发展，如下面要讲述的近似因式分解算法。

4.5.4　近似因式分解

减少求解过程计算量的一个方法是将二维算子因式分解为两个一维算子。现在忽略掉人工耗散，式（4.114）的左侧可以写为

$$
\begin{aligned}
&\left[I+h\delta_\xi\widehat{A}^n+h\delta_\eta\widehat{B}^n-hRe^{-1}\delta_\eta\widehat{M}^n\right]\Delta\widehat{Q}^n\\
&=\left[I+h\delta_\xi\widehat{A}^n\right]\left[I+h\delta_\eta\widehat{B}^n-hRe^{-1}\delta_\eta\widehat{M}^n\right]\Delta\widehat{Q}^n\\
&\quad-h^2\delta_\xi\widehat{A}^n\delta_\eta\widehat{B}^n\Delta\widehat{Q}^n+h^2Re^{-1}\delta_\xi\widehat{A}^n\delta_\eta\widehat{M}^n\Delta\widehat{Q}^n
\end{aligned}
\tag{4.117}
$$

注意 $\Delta\widehat{Q}^n$ 为 $O(h)$ 的量级，因式形式和非因式形式之间的差值为 $O(h^3)$。因此，该差值可以忽略并且不会使时间精度降低到二阶以下。

算法中得到的因式形式如下：

$$\begin{aligned}&\left[I+h\delta_\xi\widehat{A}^n\right]\left[I+h\delta_\eta\widehat{B}^n-hRe^{-1}\delta_\eta\widehat{M}^n\right]\Delta\widehat{Q}^n\\&=-h\left[\delta_\xi\widehat{E}^n+\delta_\eta\widehat{F}^n-Re^{-1}\delta_\eta\widehat{S}^n\right]\end{aligned}\tag{4.118}$$

如果对变量进行合理的排序，可以得到两套三对角矩阵。三对角矩阵的结构如下：

$$\left[I+h\delta_\xi\widehat{A}^n\right]\Rightarrow\begin{bmatrix}I & h\widehat{A}/2 & & & & & \\ -h\widehat{A}/2 & I & h\widehat{A}/2 & & & & \\ & -h\widehat{A}/2 & I & h\widehat{A}/2 & & & \\ & & \ddots & \ddots & \ddots & & \\ & & & -h\widehat{A}/2 & I & h\widehat{A}/2 & \\ & & & & -h\widehat{A}/2 & I & h\widehat{A}/2 \\ & & & & & -h\widehat{A}/2 & I & h\widehat{A}/2 \\ & & & & & & -h\widehat{A}/2 & I\end{bmatrix}$$

薄层黏性项 $\widehat{M}$ 同系数 η 组合在一起。由于它也是基于三点格式的，因此它不会影响三对角阵的结构。

近似因式分解算法原理如下。首先求解下述系统得到 $\Delta\widetilde{Q}$：

$$\left[I+h\delta_\xi\widehat{A}^n\right]\Delta\widetilde{Q}=-h\left[\delta_\xi\widehat{E}^n+\delta_\eta\widehat{F}^n-Re^{-1}\delta_\eta\widehat{S}^n\right]\tag{4.119}$$

$\Delta\widetilde{Q}$ 是中间变量。这需要对 $(J\cdot4)\times(J\cdot4)$ 的矩阵进行 K 次求解。变量编号为 j 的先求解，接下来为 k，这样的三对角矩阵可以通过 LU 分解来求解。这步等同于求解 K 个一维问题，每个问题对应一条 ξ 网格线。

接下来需要改变序列，或重新排序 $\Delta\widetilde{Q}$，即首先求解 k，然后是 j。重新排序只是概念化的。实际上是通过数组序号编辑得到的。然后求解下式：

$$\left[I+h\delta_\eta\widehat{B}^n-hRe^{-1}\delta_\eta\widehat{M}^n\right]\Delta\widehat{Q}^n=\Delta\tilde{Q}\tag{4.120}$$

得到 $\Delta\widehat{Q}^n$。这需要 $(K\cdot4)\times(K\cdot4)$ 矩阵的 J 次求解。编号为 k 的先求解，接下来求解 j，这也是一个块三对角矩阵。这步同求解 J 个一维问题是等价的，每个问题对应一条 η 网格线。得到的矢量 $\Delta\widehat{Q}^n$ 需重新排序回到原来的 j 先求解的数据中，同样也是概念化的，然后加在 $\widehat{Q}^n$ 上得到 $\widehat{Q}^{n+1}$。

求解块三对角系统已有一些有效的方法，因而分解因式可显著减少每隐式时间步所需的计算量。此外，采用了 delta 形式，我们可以保证稳态结果不受因式分解左侧算子的影响。剩下需要了解的就是因式分解对收敛到稳态的迭代步数的影响。接下来我们会讨论这点。

考虑下述简单的标量 ODE 模型：

$$\frac{\mathrm{d}u}{\mathrm{d}t} = [\lambda_x + \lambda_y]\, u + a \tag{4.121}$$

其中，λ_x，λ_y 和 a 为常复数，上式精确解为

$$u(t) = c\mathrm{e}^{(\lambda_x+\lambda_y)t} - \frac{a}{\lambda_x + \lambda_y} \tag{4.122}$$

我们假设 λ_x 和 λ_y 都有负实数部分，因此 ODE 是固有稳定的，其稳态解由下式给出：

$$\lim_{t\to\infty} u(t) = -\frac{a}{\lambda_x + \lambda_y} \tag{4.123}$$

按照 2.6.2 小节描述的方法，应用非因式分解形式的隐式欧拉法可得到 OΔE，其对应解为

$$u_n = c\sigma^n - \frac{a}{\lambda_x + \lambda_y} \tag{4.124}$$

该方法为无条件稳定的，并且当 $h \to \infty$ 时放大因子 $|\sigma| \to 0$，因此取较大时间步 h 时可很快收敛到稳态解。然而，如同之前讨论的，当应用到实际问题时，这种方法计算量可能是巨大的。

相反的，本章提出的近似因式分解法应用到式（4.121）时可得如下的方程：

$$(1 - h\lambda_x)(1 - h\lambda_y)(u_{n+1} - u_n) = h(\lambda_x u_n + \lambda_y u_n + a)$$

此方程可化简为

$$(1 - h\lambda_x)(1 - h\lambda_y)u_{n+1} = (1 + h^2\lambda_x\lambda_y)u_n + ha$$

该方程的解由式（4.124）给出，其中 σ 为

$$\sigma = \frac{1 + h^2\lambda_x\lambda_y}{(1 - h\lambda_x)(1 - h\lambda_y)} \tag{4.125}$$

该方法虽然为无条件稳定并可得到与时间无关的精确稳态解，但取较大的时间步长 h 时，由于 $h \to \infty$ 时放大因子 $|\sigma| \to 1$，因此到稳定状态解的收敛非常慢。分解因式误差在放大因子分子中引入了一个 h^2 项，该项破坏了在较大时间步时的良好收敛特性。同未分解因式方法相比较，分解形式需要更多迭代步达到收敛，但是每步计算量相对较少。

现在我们来详细解释一下。当时间步长趋向于 0 时放大因子趋向于 1，对分解形式，当 h 趋向于无穷大时放大因子也趋向于 1。当时间步长 h 取某个值时，对应放大因子幅值的最小值，因此 h 取某个优化值时可快速收敛到稳定状态。当求解 ODE 时，存在许多特征值，人们不能对每个特征值选择一个最优的 h。相反，人们可以选取一个 h 用来平衡同最小特征值和最大特征值相关的放大因子。选择较小的 h 会增大最小特征值对应的放大因子，而较大的 h 会增大最大特征值对应的放大因子。因此 h 的优化应当使得最大放大因子的值最小。

我们可以将之与稳态问题的显式时间推进法的时间步长的选择做对比。这些方法均为条件稳定的，因此时间步长的选择有明确的上限。当时间步略小于该稳定极限时通常可快速收敛到稳定状态。或者说，必须选择 h 使得最大特征值位于显式方法稳定域内，该 h 值通常相比因式分解隐式方法的最优时间步来得小。因此，最小特征值对应的放大因子通常比隐式分解法的放大因子大，也通常需要更多的迭代步数达到收敛。这必须同显式方法中每时间步所减少的计算量相权衡。随着特征值传播的增加，也即问题变为更加刚性，隐式方法变得更具优势。例如，对包含化学反应或高雷诺数湍流所需的高长宽比的网格来讲，优先选择隐式方法。

现在我们返回来看下式（4.114）左边人工耗散项线性化带来的影响。第一个算子 L_ξ，仅作用在 ξ 方向，第二项 L_η，仅作用在 η 方向。因此将 hL_ξ 加入 $[I + h\delta_\xi \widehat{A}^n]$ 因子中以及将 hL_η 加入 $[I + h\delta_\eta \widehat{B}^n - hRe^{-1}\delta_\eta \widehat{M}^n]$ 因子中后，这些算子容易进行近似因式分解。由于人工耗散算子包含五点格式，矩阵变为块五对角矩阵，而非块三对角矩阵。

4.5.5 隐式算法的对角阵形式

基于求解块五对角因子的近似因式分解算法是行之有效的。即便如此，由于大部分计算量在于求解五对角矩阵系统，因此仍需采用一些策略来降低计算量。减少计算量的一种方法是在隐式算子中引入块对角化，如 Pulliam 和 Chaussee[5] 所提出的。在此过程中需用到通量雅可比矩阵 $\widehat{A}$ 和 $\widehat{B}$ 的特征值系统。目前我们仅限定在欧拉方程上，N-S 方程的应用后续会讨论。

通量雅可比矩阵 $\widehat{A}$ 和 $\widehat{B}$ 均有实数特征值以及对应的特征向量。因此，雅可比矩阵可以按如下方式对角化（参见 Warming 等 [16]）：

$$\Lambda_\xi = T_\xi^{-1} \widehat{A} T_\xi \quad 和 \quad \Lambda_\eta = T_\eta^{-1} \widehat{B} T_\eta \tag{4.126}$$

其中，Λ_ξ 和 Λ_η 为包含特征值 $\widehat{A}$ 和 $\widehat{B}$ 的对角矩阵；T_ξ 是列向量为 $\widehat{A}$ 的特征向量的矩阵，T_η 是列向量为 $\widehat{B}$ 的特征向量的矩阵。这些矩阵在本章附录中给出。采

用式（4.118）delta 形式的因式算法，忽略黏性项，并将 $\widehat{A}$ 和 $\widehat{B}$ 替换为各自的特征分解，可得

$$\begin{aligned}&\left[T_\xi T_\xi^{-1}+h\delta_\xi\left(T_\xi\Lambda_\xi T_\xi^{-1}\right)\right]\left[T_\eta T_\eta^{-1}+h\delta_\eta\left(T_\eta\Lambda_\eta T_\eta^{-1}\right)\right]\Delta\widehat{Q}^n\\&=-h\left[\delta_\xi\widehat{E}^n+\delta_\eta\widehat{F}^n\right]=\widehat{R}^n\end{aligned}\tag{4.127}$$

注意，上式中，各元素中的单位矩阵 I 已分别替换为 $T_\xi T_\xi^{-1}$ 和 $T_\eta T_\eta^{-1}$。

此时，除了黏性项，还没有做任何近似，因此式（4.118）与式（4.127）是等价的。通过将特征向量矩阵 T_ξ 和 T_η 分解到空间导数项 δ_ξ 和 δ_η 的外边，可以得到式（4.127）的修正形式。特征向量矩阵是 ξ 和 η 的函数，因此这一修正在左端项引入了一个近似，得到方程如下：

$$T_\xi\left[I+h\delta_\xi\Lambda_\xi\right]\widehat{N}\left[I+h\delta_\eta\Lambda_\eta\right]T_\eta^{-1}\Delta\widehat{Q}^n=\widehat{R}^n\tag{4.128}$$

其中 $\widehat{N}=T_\xi^{-1}T_\eta$（见本章附录）。

对式（4.127）左端项的近似使得时间精度降低到了最多只有一阶，并且使得时间精确计算具有非守恒性质，进而会引起激波速度和突跃条件的误差。不过，右端没有变化，如果此算法是收敛的，将会收敛到正确的稳态解。对角化的好处在于方程得到了解耦。不同于块三对角系统，现在我们有了四个标量三对角矩阵以及一些 4×4 的矩阵向量积，这样可以显著降低计算量。利用此矩阵系统前两个特征值相同的事实 (见本章附录)，可以进一步降低计算量。这使得我们能够将前两个标量的系数计算和部分求逆工作结合起来。

对角形式可以降低每个时间步的计算量，并得到正确的稳态解。下一步是检验其对收敛到稳态所需的时间步数的影响。人们通常会采用线性稳定性分析来评估一个算法的稳定性和收敛速率。然而，线性分析无法用于分析对角化算法，因此线性分析假设雅可比矩阵为常数。基于这一假设，对角化根本不会引入近似，因此，线性稳定性分析会认为对角化算法与原始的块算法具有同样的无条件稳定性。因此，为了研究对角形式对对角算法收敛特性的影响，必须进行数值实验。Pulliam 和 Chaussee[5] 证明了对角算法的收敛性和稳定性与该算法的块形式相似。本章最后的习题，可为读者提供类似的实验练习。采用近似分解算法对角形式的步骤如下：

（1）从式（4.128）开始，将 T_ξ^{-1} 左乘到 $\widehat{R}^n$ 上得到下式：

$$\left[I+h\delta_\xi\Lambda_\xi\right]\widehat{N}\left[I+h\delta_\eta\Lambda_\eta\right]T_\eta^{-1}\Delta\widehat{Q}^n=T_\xi^{-1}\widehat{R}^n\tag{4.129}$$

（2）按 j 在前，对变量进行排序，求解中间变量 X_1 的标量三对角矩阵

$$\left[I+h\delta_\xi\Lambda_\xi\right]X_1=T_\xi^{-1}\widehat{R}^n\tag{4.130}$$

得到下式：

$$\widehat{N}\left[I+h\delta_{\eta}\Lambda_{\eta}\right]T_{\eta}^{-1}\Delta\widehat{Q}^{n}=X_{1} \tag{4.131}$$

（3）左乘 $\widehat{N}^{-1}$ 可得

$$\left[I+h\delta_{\eta}\Lambda_{\eta}\right]T_{\eta}^{-1}\Delta\widehat{Q}^{n}=\widehat{N}^{-1}X_{1} \tag{4.132}$$

（4）按 k 在前，对变量进行排序，求解变量 X_2 的标量三对角矩阵

$$\left[I+h\delta_{\eta}\Lambda_{\eta}\right]X_{2}=\widehat{N}^{-1}X_{1} \tag{4.133}$$

得到

$$T_{\eta}^{-1}\Delta Q^{n}=X_{2} \tag{4.134}$$

（5）对 X_2 左乘 T_η 可得 $\Delta\widehat{Q}^n$。

上面介绍的对角算法仅对欧拉方程完全正确。这是因为我们忽略了 η 方向隐式算子中的黏性通量 $\widehat{S}^n$ 的隐式线性化。黏性通量的雅可比矩阵 $\widehat{M}^n$ 没有与无黏通量的雅可比矩阵 $\widehat{B}^n$ 同时对角化，因此无法直接地将其包含在对角形式中。对于黏性流动，可以考虑四种处理方式。其中一种是只在 ξ 方向进行对角化，在 η 方向还保持块算法。这样会显著增加计算量。另一种方法是在方程（4.118）的隐式侧引入如下所示的第三方因子：

$$\left[I-hRe^{-1}\delta_{\eta}\widehat{M}^{n}\right] \tag{4.135}$$

由于额外增加了一个块三对角矩阵的求逆，因此又会增加计算量。也可以将其进行对角化，但这样还是会显著增加计算量。第三种选择是完全忽略黏性雅可比，这样可以提高对角化算法的效率，负面作用是对稳定性和收敛性可能有影响。第四种选择是在隐式侧引入对角项，该项为黏性雅可比谱半径的粗略近似。应用成功的例子包括

$$\begin{aligned}\lambda_{v}(\xi)&=\gamma Pr^{-1}\mu Re^{-1}\left(\xi_{x}^{2}+\xi_{y}^{2}\right)\rho^{-1}\\\lambda_{v}(\eta)&=\gamma Pr^{-1}\mu Re^{-1}\left(\eta_{x}^{2}+\eta_{y}^{2}\right)\rho^{-1}\end{aligned} \tag{4.136}$$

将上式加入公式（4.128）的合适算子中，并采用公式（4.48）来进行差分。加入这些项后，对角形式算法由下式给出：

$$T_{\xi}\left[I+h\delta_{\xi}\Lambda_{\xi}-hI\delta_{\xi\xi}\lambda_{v}(\xi)\right]\widehat{N}\left[I+h\delta_{\eta}\Lambda_{\eta}-hI\delta_{\eta\eta}\lambda_{v}(\eta)\right]T_{\eta}^{-1}\Delta\widehat{Q}^{n}=\widehat{R}^{n} \tag{4.137}$$

如果采用薄层假设则 ξ 项不需要加入。虽然该方法不严格，只要黏性雅可比的特征向量与无黏雅可比的不同，可以证明在效率和稳定性方面都是有效的。因此是无黏流动中应用对角形式推荐使用的方法。

现在我们来考虑公式（4.114）中人工耗散项 L_ξ 和 L_η 线性化在对角算法中的影响。回想一下，同四阶差分耗散相关的算子对应一个五对角矩阵而非三对角矩阵，因此完整的块算法也包括块五对角系统的求解。如果采用标量耗散，对左端项的影响以 σI 形式给出，其中 σ 为标量，这同对角形式是相一致的。采用矩阵耗散时，对角化应用较为简单，因为 $\widehat{A}$ 和 $|\widehat{A}|$ 具有同样的特征矢量，$\widehat{B}$ 和 $|\widehat{B}|$ 类似。当左端项包含人工耗散的线性化后，对角形式需要求解标量五对角系统而非块五对角系统，在稳态流动中这可节省相当的计算量。

对角化算法是一种有效且鲁棒性较好的算法。然而，对具有某些特性的算例来讲它不会收敛，此时块五对角算法更为可靠。求解块三对角系统时得到的中间块形式也有了广泛的应用。在这个中间过程中，左端项四阶耗散项的影响可通过系数为右端项四阶耗散项两倍的二阶耗散项来估算。采用线性化理论可证明该近似为无条件稳定。这样的算法通常比全五对角线性化收敛慢很多，但是每步计算量较块五对角算法要小，因此某些情况下鲁棒性要优于标量五对角算法。

4.5.6　定常流动计算的加速收敛

当地时间步长法。如 4.5.4 小节所讲，当时间步长 h 趋向于无穷时，近似因式分解可使放大因子 σ 趋向于 1。因此，对不同空间算子雅可比矩阵相关的特征值而言，存在最优的时间步长可使 σ 幅值最小，并且最快地收敛到稳定状态。对无黏通量项，具体残差向量的雅可比矩阵的特征值正比于特征速度，如一维中的 u，$u+a$，$u-a$，反比于特征网格尺寸如 Δx。放大因子 σ 为特征值和时间步长 h 乘积的函数。因此收敛速度取决于库朗（或 CFL）数，一维问题中库朗数表示如下：

$$C_{\mathrm{n}} = \frac{(|u|+a)h}{\Delta x} \tag{4.138}$$

这里我们采用最大特征速度 $|u|+a$ 来定义库朗数，但是以其他特征速度传播的波会有另外有效的库朗数。

同一套网格中的特征速度和网格间距会在很大的范围内变化。给定时间步长 h，同每个网格节点相关的当地库朗数也会有较大变化，因此可能不是最优的。在稳态流动中，我们可以在空间中自由变化当地时间步长。这虽然会破坏时间精度但对最终的稳态收敛解没有影响。当地时间步长法对因式分解算法的收敛速率有相当的影响。这可用作公式（4.118）或（4.128）定义的迭代方法的迭代矩阵的调节方式，或者可作为在全场采用更统一（接近于最优）库朗数的一种尝试。任何情况下，当地时间步长法对从很小到很大范围内变化的网格间距都是有效的——这在模拟中经常遇到，包括了各种各样的长度尺度。

原则上我们希望使每个网格节点对应的当地时间步长正比于当地网格尺寸、反比于当地特征速度，这样可得到不变的库朗数。在多维流动中，情况变得有些复杂。如大长宽比网格具有两个不同的网格尺寸。二维问题中，可通过当地时间步长的下述公式使库朗数接近为常数：

$$\Delta t = \frac{\Delta t_{\mathrm{ref}}}{|U| + |V| + a\sqrt{\xi_x^2 + \xi_y^2 + \eta_x^2 + \eta_y^2}} \tag{4.139}$$

其中，Δt_{ref} 需根据实验由使用者给出以达到快速收敛。

对高度扭曲的网格，网格尺寸变化可能超过六个数量级。特征速度的变化通常要缓和很多。因此，想要维持合理的、不变的库朗数，网格间距尤为重要，此时随网格变化的 Δt 是非常有效的。当采用近似因式分解算法时 [5]，得以快速收敛的当地时间步长的几何表达式如下所示：

$$\Delta t = \frac{\Delta t_{\mathrm{ref}}}{1 + \sqrt{J}} \tag{4.140}$$

而 J^{-1} 同网格面积紧密相关。因此，该公式得到一个近似正比于网格面积平方根的 Δt。分母中添加的 1 是为了防止 Δt 在大网格中变得过大。

为了阐明利用可变时间步长的优点，图 4.5给出了 NACA 0012 翼型同不变时间步长相比采用可变时间步长后收敛速度的提升，其中攻角为 1.25°, 马赫数为 0.8，控制方程为欧拉方程。不变的时间步长选择为最大的稳定时间步长。对比时其余所有参数均保持为常数。

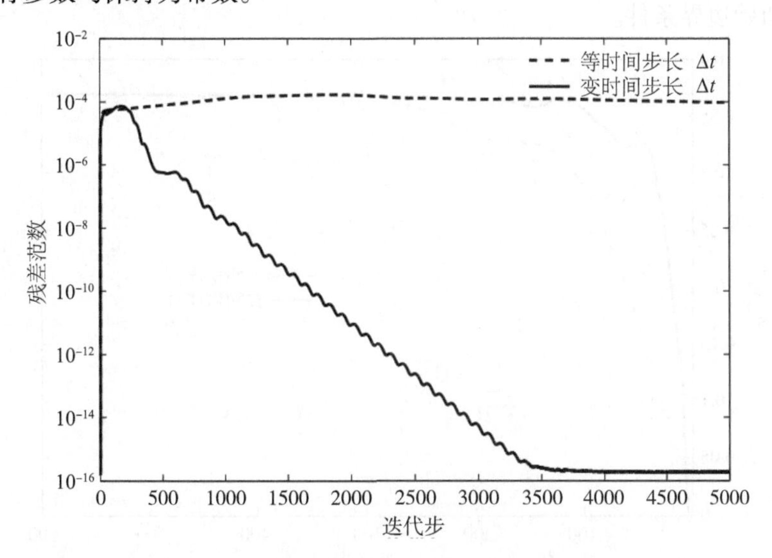

图 4.5　采用当地时间步的加速收敛效果

上述讨论中，我们仅考虑了同无黏通量相关的当地时间步长。在隐式算法中，基于无黏考虑来确定当地时间步长对高雷诺数流动来讲一般是足够的，因为流动是受对流支配的。对低雷诺数流动，还需考虑当地的冯 · 诺依曼数（参见 2.7.4 小节）。在第 5 章中我们会看到，当地时间步长对显式算法更加严格。

网格序列。通常基于精度考虑来确定网格密度。为了使空间离散的数值误差位于希望的阈值之下，必须采用足够细的网格来进行求解。公式（4.118）或（4.128）给出的迭代方法要求在开始之前给出一个初始解。如果初始解距离未知的收敛解不太远，通常只需较少的迭代步数就可达到稳态收敛。通常以均匀流对应的解来开始迭代，均匀流通常符合自由来流条件或入流边界条件。这给出的初始解同最终的稳态解是非常不同的。因此，一个加速收敛的方法为在比精度要求的网格尺度粗得多的网格上开始迭代。在粗网格上，通常可以以较小的工作量来达到收敛，并可以给细网格提供一个改进的初始解。在粗网格上残差范数降低几个数量级后，粗网格上的解可以插值到细网格上并提供细网格开始迭代的初始解。这个过程可以在一个网格序列上重复进行，以粗网格开始，以满足精度要求的细网格结束。网格序列的应用还可以提高算法的鲁棒性，因为当非线性效应显著时，粗网格可以有效衰减初始的瞬态误差。

图 4.6 给出了网格序列提高收敛性的例子。在攻角为 1.25°，马赫数为 0.8 的 NACA 0012 翼型无黏流动中，使用了一系列的 C 网格。第一套网格为 32×17，其次为 63×33，第三套为 125×69，最细网格数为 249×98。所有的算例都采用自由来流初始边界条件。

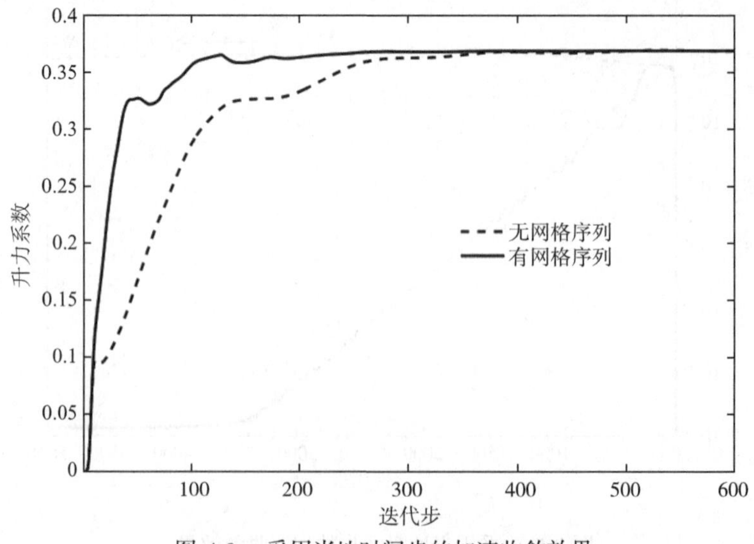

图 4.6　采用当地时间步的加速收敛效果

4.5.7 非定常流动计算的双时间推进法

上述所讲的隐式算法对非稳态流动的时间精确解是合适的，其中的方程是从某个有意义的初始条件开始积分的。此时需要足够细密的网格来保证较小的空间离散误差；此外，时间步长的选取也许能够保证时间离散误差在期望阈值以下。一般来讲，至少需要二阶精度的时间差分格式。当地时间线性化及近似因式分解可保持二阶隐式时间推进法的精度，如二阶后向式及之前讨论的梯形算法。对角形式和当地时间步长法不能用来求解非稳态流动的时间精确解。

二阶后向时间推进法由下式给出：

$$u_{n+1}=\frac{1}{3}[4u_n-u_{n+1}+2hu'_{n+1}] \tag{4.141}$$

将该方法应用到式（4.95）的薄层形式可得

$$\begin{aligned}\widehat{Q}^{n+1}=&\frac{4}{3}\widehat{Q}^n-\frac{1}{3}\widehat{Q}^{n-1}\\&+\frac{2h}{3}\left(-\delta_\xi\widehat{E}^{n+1}+D_\xi^{n+1}-\delta_\eta\widehat{F}^{n+1}+D_\eta^{n+1}+Re^{-1}\delta_\eta\widehat{S}^{n+1}\right)\end{aligned} \tag{4.142}$$

应用当地时间线性化和近似因式分解后，可得类似（4.118）形式的公式：

$$\begin{aligned}&\left[I+\frac{2h}{3}\delta_\xi\widehat{A}^n\right]\left[I+\frac{2h}{3}\delta_\eta\widehat{B}^n-\frac{2h}{3}Re^{-1}\delta_\eta\widehat{M}^n\right]\Delta\widehat{Q}^n\\&=\widehat{Q}^n-\widehat{Q}^{n-1}-\frac{2h}{3}\left[\delta_\xi\widehat{E}^n+\delta_\eta\widehat{F}^n-Re^{-1}\delta_\eta\widehat{S}^n\right]\end{aligned} \tag{4.143}$$

式（4.143）给出的方法是近似的二阶后向时间推进法的隐式分解形式。对稳态流的时间精确解是一种非常有效的二阶隐式方法。然而，虽然线性化和因式分解误差没有降低该方法的精度，却增加了每时间步的误差。这也是发展双时间步长法的原因，因为双时间步长法可以消除线性化和因式分解带来的误差。

为了展示双时间推进法，我们将式（4.142）项重新进行如下排列：

$$\frac{3\widehat{Q}^{n+1}-4\widehat{Q}^n+\widehat{Q}^{n-1}}{2h}+R\left(\widehat{Q}^{n+1}\right)=0 \tag{4.144}$$

其中，

$$R\left(\widehat{Q}^{n+1}\right)=\left[\delta_\xi\widehat{E}^{n+1}-D_\xi^{n+1}+\delta_\eta\widehat{F}^{n+1}-D_\eta^{n+1}-Re^{-1}\delta_\eta\widehat{S}^{n+1}\right] \tag{4.145}$$

这是一个非线性的代数方程，需要在每个时间步求解 $\widehat{Q}^{n+1}$。为了说明这点，我们定义 $R_u(\widehat{Q})$ 如下：

$$R_u\left(\widehat{Q}\right)=\frac{3\widehat{Q}-4\widehat{Q}^n+\widehat{Q}^{n-1}}{2h}+R\left(\widehat{Q}\right) \tag{4.146}$$

因此需求解的非线性方程可简单表示为

$$R_u\left(\widehat{Q}\right)=0 \tag{4.147}$$

可以观察二阶后向时间推进法中每个迭代步需求解的非线性方程 $R_u(\widehat{Q})=0$ 和稳态流动求解方程，$R(\widehat{Q})=0$ 是相似的。因此，任何针对稳态流动的方法，如非精确牛顿法和隐式或显式时间推进法，可以通过时间相关路径达到稳定状态的，都可以用来求解式（4.147）。

在本章中，我们主要关注近似因式分解算法，它遵循按时间路径发展到稳态的求解思路，虽然不一定是时间精确解。为了将该算法应用到式（4.147）的求解上，我们引入了虚拟时间变量 τ（不要和一般曲线坐标系转化中的变量 τ 相混淆）来得到如下所示的一系列 ODE：

$$\frac{\mathrm{d}\widehat{Q}}{\mathrm{d}\tau}+R_u\left(\widehat{Q}\right)=0 \tag{4.148}$$

为了求解上述 ODE 的稳态解，同时也是式（4.147）的解，我们采用近似分解隐式欧拉法。我们引入虚拟时间上标 p, 如 $\widehat{Q}^p=\widehat{Q}(p\Delta\tau)$，其中 $\Delta\tau=\tau_{p+1}-\tau_p$，可得

$$\begin{aligned}&\left[I+\frac{\Delta\tau}{b}\delta_\xi\widehat{A}^p\right]\left[I+\frac{\Delta\tau}{b}\delta_\tau\widehat{B}^p-\frac{\Delta\tau}{b}Re^{-1}\delta_\eta\widehat{M}^p\right]\Delta\widehat{Q}^p\\&=-\frac{\Delta\tau}{b}R_u(\widehat{Q}^p)\end{aligned} \tag{4.149}$$

其中

$$b=1+\frac{3\Delta\tau}{2h}$$

在分解之前已经用 b 去除上式。从迭代过程中得到的收敛解可给出 $\widehat{Q}^{n+1}$ 的值。时间推进法的精度通常与时间步长 h 相关，通过选取虚拟时间步 $\Delta\tau$ 可达到与时间精度无关的快速收敛，因为该参数对式（4.147）的收敛解没有任何影响。类似地，虚拟时间步的迭代中，也可采用对角形式和当地时间步长来加速收敛。

双时间步长是采用迭代来求解非线性方程方法中的一种，非线性方程会在隐式方法的时间步中出现。这种方法消除了线性化和分解误差，并能简化边界条件的实施。通常可采用快速稳态求解器以及所有稳态流动中的加速收敛技术来得到非线性方程的解。人们可能会质疑将非稳态问题当作一系列稳态流动来求解的效率。然而，注意到虚拟时间步上的初始值为 $\widehat{Q}^n$，该值是 $\widehat{Q}^{n+1}$ 非常好的近似，并且在稳态计算中是可以得到的。因此可以预期，得到式（4.147）收敛解所需的虚拟时间步数远小于获得稳态流动收敛解所需的时间步数。

4.6 边界条件

边界条件的实施有多种不同的方法。在描述某种方法之前，我们先来介绍在选取方法中必须考虑的一些与边界条件相关的重要性质，如下：

（1）流动问题的物理定义必须正确地表示。例如，黏性流动在固体壁面上通常需要无滑移条件。

（2）物理条件需用数学形式表示，并且同问题的数学描述相一致。例如，上面提到的无滑移边界条件必须选用某个物理量来进行表述。此外，如果选择无黏控制方程，则不能采用上述的无滑移条件。

（3）数学表示的边界条件必须可以用数值近似。

（4）同算法有关，在内部区域某些数值格式需要的边界信息超过实际物理问题所能提供的。因此需发展可提供附加边界信息的方法。

（5）需对联立后的内部格式和边界格式的稳定性和精确性进行检查。一般地，两者应有一致的精度。

（6）边界条件的建立需考虑它对求解效率和求解器通用性的影响。

当建立了上述原则后，可以从几个不同的方向来考虑边界条件的发展。此外，目前存在多种不同的边界类型，如入流/出流边界、固体边界、对称边界和周期性边界，其中的一种或多种可以在特定流动问题中出现。在本章，我们会涉及同典型的外流流动计算相关的边界类型。这些基本原则可以很容易地延伸到其他边界类型上。

隐式求解器通常对隐式边界条件具有较高的要求。为了更好地利用非精确牛顿法，隐式边界条件是强烈推荐的。对近似因式分解求解，最优的时间步长通常不是太大，一般情况下隐式边界条件是必需的，而显式边界条件的使用通常不会降低收敛速率。

对外流流动，需定义距离物体无限远处的边界条件。虽然坐标转化可以解决该问题，但更常用的方法为引入人工远场边界来限定计算域的尺寸。边界必须位于距离物体足够远的位置处，因此引入的误差不会超出期望的误差阈值。在远场边界，黏性效应通常可以忽略，流动可以当作无黏的来处理。因此，在远场边界处，可以将特征法引入入流和出流边界条件。恰当地使用特征理论对保持适定性很关键。在有尾迹输运或者黏性效应不可忽略的远场边界，需采用其他方法，这将在后面进行介绍。

4.6.1 特征线法

用线性化的一维欧拉方程来展示特性线理论的概念最简便。一维欧拉方程可写为下式:

$$\partial_t Q + \partial_x (AQ) = 0 \tag{4.150}$$

上述为模型方程。由于 A 为常系数矩阵，我们可以将其对角化表示为 $A = X\Lambda_A X^{-1}$，其中 X 为右特征向量，并且有

$$\Lambda_A = \begin{bmatrix} u & 0 & 0 \\ 0 & u+a & 0 \\ 0 & 0 & u-a \end{bmatrix} \tag{4.151}$$

左乘 X^{-1} 并在 A 后插入 XX^{-1}，可以得到

$$\partial_t \left(X^{-1}Q\right) + \Lambda_A \partial_x (X^{-1}Q) = 0 \tag{4.152}$$

定义 $X^{-1}Q = W$，可得一对角系统。方程组可以分解为特征速度分别为 u，$u+a$ 和 $u-a$ 的三个方向的线性对流方程。此常系数线性方程组的相关特征变量或黎曼不变量由 W 来定义。在不假设 A 是常系数矩阵的情况下，也可以得到完全非线性欧拉方程的特征速度和相应的黎曼不变量。

方程组进行对角化后，对边界条件的要求变得很清晰。首先考虑亚声速流动。在图 4.7所示的封闭物理区域左边界，两个特征速度 u，$u+a$ 为正，$u-a$ 为负。因此在入流处，两类信息沿着两个入流特征线进入计算域，一类信息沿着出流特征线流出计算域。在出流边界，一类进入另两类离开。这样我们可通过指定 W 的前两个分量，即入流处的两个入流特征变量来得到该适定问题，而第三个变量则不必限定，该变量可通过内部流动得到。在出流边界，我们指定 W 的第三个分

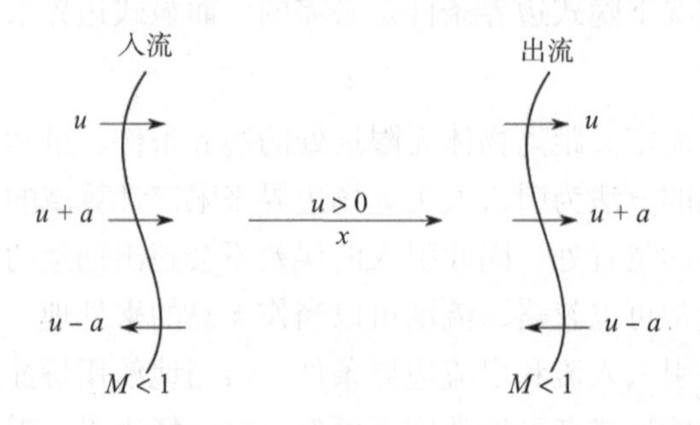

图 4.7　封闭域亚声速流入和流出边界的特征

量，并通过内流获得其余两个分量。如果流动是超声速的，所有的特征速度具有相同的符号，因此必须在入流处指定所有变量而不必在出流处指定任何变量。

边界上不一定要指定所有的特征变量；也可以用其他的流动变量来代替，只要满足适定条件即可。主要的限制是对应入流特征的边界值的适当数目必须要确定，而具体选择哪些变量则不必限定。有些变量的组合也可以导致适定问题，有些则不能。在下一节中，我们将介绍一个测试，可用来鉴定给定变量是否为适定。

4.6.2 适定性测试

边界条件的适定性测试由 Chakravarthy[17] 给出。考虑一个入口和出口均为亚声速的一维流动。在入流处需指定同前两个特征值相关的两个变量，在出流处指定同第三个特征值相关的一个变量。例如，我们测试下述条件：$\rho=\rho_{\text{in}}$，$\rho u=(\rho u)_{\text{in}}$ 和 $p=p_{\text{out}}$。这些可以写作

$$B_{\text{in}}(Q)=\begin{bmatrix}q_1\\q_2\\0\end{bmatrix}=B_{\text{in}}(Q_{\text{in}}) \tag{4.153}$$

和

$$B_{\text{out}}(Q)=\begin{bmatrix}0\\0\\(\gamma-1)\left(q_3-\dfrac{1}{2}q_2^2/q_1\right)\end{bmatrix}=B_{\text{out}}(Q_{\text{out}}) \tag{4.154}$$

其中，$q_1=\rho$，$q_2=\rho u$，$q_3=e$。

建立雅可比行列式：$C_{\text{in}}=\partial B_{\text{in}}/\partial Q$ 和 $C_{\text{out}}=\partial B_{\text{out}}/\partial Q$，可得

$$C_{\text{in}}=\begin{bmatrix}1&0&0\\0&1&0\\0&0&0\end{bmatrix},\quad C_{\text{out}}=\begin{bmatrix}0&0&0\\0&0&0\\((\gamma-1)/2)u^2&-(\gamma-1)u&\gamma-1\end{bmatrix} \tag{4.155}$$

一维欧拉方程左侧的特征矢量矩阵 X^{-1} 如下①：

$$\begin{bmatrix}1-\dfrac{u^2}{2}(\gamma-1)a^{-2} & (\gamma-1)ua^{-2} & -(\gamma-1)a^{-2}\\ \beta\left[(\gamma-1)\dfrac{u^2}{2}-ua\right] & \beta[a-(\gamma-1)u] & \beta(\gamma-1)\\ \beta\left[(\gamma-1)\dfrac{u^2}{2}+ua\right] & -\beta[a+(\gamma-1)u] & \beta(\gamma-1)\end{bmatrix} \tag{4.156}$$

① X^{-1} 的各行是矩阵 A 的左特征向量。

其中，$\beta=1/(\sqrt{2}\rho a)$。

上述例子存在满足适定性的边界条件的 $\bar{C}_{\rm in}^{-1}$ 和 $\bar{C}_{\rm out}^{-1}$，分别为

$$\bar{C}_{\rm in}=\begin{bmatrix} 1 & 0 & 0 \\ 0 & 1 & 0 \\ \beta\left[(\gamma-1)\dfrac{u^2}{2}+ua\right] & -\beta[a+(\gamma-1)u] & \beta(\gamma-1) \end{bmatrix} \tag{4.157}$$

和

$$\bar{C}_{\rm out}=\begin{bmatrix} 1-\dfrac{u^2}{2}(\gamma-1)a^{-2} & (\gamma-1)ua^{-2} & -(\gamma-1)a^{-2} \\ \beta\left[(\gamma-1)\dfrac{u^2}{2}-ua\right] & \beta[a-(\gamma-1)u] & \beta(\gamma-1) \\ (\gamma-1)\dfrac{u^2}{2} & -(\gamma-1)u & \gamma-1 \end{bmatrix} \tag{4.158}$$

这些矩阵是由边界上出流特征值相关的特征向量联立而成的，边界条件同雅可比矩阵有关。如果上述行列式为非零值，那么它们的逆变换也是存在的。对两类边界值，我们有 $\det\bar{C}_{\rm in}=\beta(\gamma-1)\neq0$ 和 $\det\bar{C}_{\rm out}=\beta(\gamma-1)a\neq0$。因此上述边界条件的选择为适定的。其他边界条件的选择也可以类似地检测。

4.6.3　外流问题的边界条件

我们将常用的边界条件罗列如下。这些条件在适体 C 型网格中可以用到，比如，如图 4.2所示，并且很容易将这些条件推广到其他拓扑结构的网格上。求解控制方程时仅在网格内部节点进行求解，所有的边界上的变量必须以数值边界条件形式给出。因为物理边界条件只提供部分变量的边界值，其他的需通过内部流动解外推给出。而且，数值边界条件可以通过显式或隐式外推给出。在显式外推中，在近似的因式分解的一次迭代中边界值保持为定值。然后基于新的 $\widehat{Q}$ 值来进行更新边界条件，并重复该过程。对隐式方法，数值边界条件需进行线性化处理，并以合适的形式出现在隐式算法的左侧算子中。

固体表面。在固体表面，无论是无黏流还是黏性流的无滑移边界条件，都需要满足切向条件。在二维流动中，体表面通常映射到 $\eta=$ 常数的坐标上，如图 4.2 所示。在这种情况下，如 4.2.4 小节所描述，速度的法向分量由坐标变换的度量关系给出：

$$V_n=\frac{\eta_x u+\eta_y v}{\sqrt{\eta_x^2+\eta_y^2}} \tag{4.159}$$

同样，切向分量由下式给出：

$$V_t = \frac{\eta_y u - \eta_x v}{\sqrt{\eta_x^2 + \eta_y^2}} \tag{4.160}$$

对黏性流动，流体相切需满足 $V_n = 0$。切向速度 V_t 可通过沿着紧邻表面的坐标线用内部节点上的 Q 值外推得到。推荐通过外插值得到笛卡尔速度分量，然后基于此再推得切向速度分量。表面上的笛卡尔速度分量 u 和 v 可通过求解式（4.159）和式（4.160）建立的下述关系获得：

$$\begin{bmatrix} u \\ v \end{bmatrix} = \frac{1}{\sqrt{\eta_x^2 + \eta_y^2}} \begin{bmatrix} \eta_y & \eta_x \\ -\eta_x & \eta_y \end{bmatrix} \begin{bmatrix} V_t \\ V_n \end{bmatrix} \tag{4.161}$$

令 $V_n = 0$，V_t 由外插值得到。对黏性流动，满足无滑移条件时，$u = v = 0$。

对无黏流动，流动切向是唯一的物理边界条件。因此只能指定一个变量，即法向速度分量，其余的三个变量必须通过内部流动解确定。切向速度分量也由外插值得到，如上所述。此外，如压力和密度也可以由外插值得到。对稳定的具有均匀来流条件的无黏流动，总焓或滞止焓 $(H = (e + p)/\rho)$ 为常数，至少在精确解中如此，该条件可用来确定一个变量。例如，在表面的 u，v，p 确定后，密度可通过边界上的总焓等于来流总焓来确定。一旦边界上的 u，v，p，ρ 确定了，相应的守恒变量可以通过状态方程很容易地确定。

对黏性流，还存在同热传导相关的额外的边界条件，该边界条件可确定温度或表面法向方向的温度梯度。如果壁面保持为恒温，则需指定该温度值。更普遍的情况是采用绝热边界条件。这时，通过壁面没有导热，有

$$\frac{\partial T}{\partial n} = 0 \tag{4.162}$$

其中，n 为壁面的法向方向，导数需用单侧差分来进行数值近似。该条件提供了壁面上的温度。壁面压力则需通过内部插值来确定；其余的守恒变量可通过 u，v，T 和 p 来求得。

远场边界条件。远场边界必须位于距离固体足够远的位置处，这样边界对计算解的影响可以忽略，这可通过实验来确定。远场边界的基本目标是允许扰动流出计算域不会或者很少产生反射，因为这样的人工反射可能会对内部求解域的解产生一定的误差。对穿越外边界要求精确的波传递的问题，发展了特定的无反射边界条件（参见 Colonius 和 Lele[18] 的相关例子）。对许多流动问题，基于特征方法的无反射边界条件已经足够，这将在下面进行叙述。

按照 4.6.1小节的讨论，其基本思路是指定来流的黎曼不变量并通过内部解外插值的方式确定出流的黎曼不变量。对亚声速流，我们可以在一维黎曼不变量的

基础上扩展到二维。相关的速度分量为垂直外边界的法向速度 V_n。其中 n 指向流动区域外，V_n 为正值表示出流边界，负值表示入流边界。如本章附录所示，二维的无黏流动雅可比有三个不同的特征值，特征值重复对应对流速度。根据一维理论，我们有三个黎曼不变量，因此在二维中需再增加一个与重复特征值相关的变量。可以采用边界上的切向速度来达到此目的。由此可得下述的特征速度及相关变量：

$$\begin{aligned}
&\lambda_1 = V_n - a, \quad R_1 = V_n - 2a/(\gamma - 1) \\
&\lambda_2 = V_n + a, \quad R_2 = V_n + 2a/(\gamma - 1) \\
&\lambda_3 = V_n, \qquad\quad R_3 = S = \ln \frac{p}{\rho^\gamma} \quad \text{(entropy)} \\
&\lambda_4 = V_n, \qquad\quad R_4 = V_t
\end{aligned} \tag{4.163}$$

对亚声速入流边界，$V_n < 0$，特征速度满足下列条件：

$$\lambda_1 < 0, \quad \lambda_2 > 0, \quad \lambda_3 < 0, \quad \lambda_4 < 0$$

负的特征速度对应入流特征值，因此相关变量需基于自由来流指定。同正的特征速度相关的变量需通过内部流动确定。在此处，R_1，R_3 和 R_4 需指定，而 R_2 由内部插值获得。一旦边界上的四个变量确定后，四个守恒型变量便可得到。

对亚声速出流边界，$V_n > 0$，特征值满足：

$$\lambda_1 < 0, \quad \lambda_2 > 0, \quad \lambda_3 > 0, \quad \lambda_4 > 0$$

因此，R_1 需设定为自由来流值，而 R_2，R_3 和 R_4 需通过内部外插得到。

对超声速入流边界，所有的流动变量均需指定；对超声速出流边界，所有的变量均通过外推得到。对有黏性尾迹流过的亚声速边界，所有变量均通过外推得到（详细的讨论参见 Svar 等 [19]）。在多块网格或尾迹切割的块交接面上需要进行特殊的处理，可参见 OSusky 和 Zingg[20] 的例子。

远场环量修正。在计算绕过升力型物体的二维流动中，远场环量修正可减少远场边界条件的影响。这可在不影响求解精度的前提下减少远场边界的距离。在亚声速自由来流条件下，在远离升力型物体的地方，由翼型引起的扰动接近点涡引起的扰动。因此，采用远场边界时，可以利用在自由来流数值中增加与点涡有关的扰动来实现修正。

按照 Salas 等 [21]，可压缩势流涡可作为扰流添加在远场边界的自由来流上。在没有进行无量纲化时，自由来流速度分量为 $u_\infty = M_\infty \cos\alpha$ 和 $v_\infty = M_\infty \sin\alpha$，

其中 M_∞ 为自由来流马赫数，α 为来流相对于 x 轴的攻角。远场边界的绕流速度表示如下：

$$u_f = u_\infty + \frac{\beta\Gamma\sin(\theta)}{2\pi r(1 - M_\infty^2\sin^2(\theta-\alpha))} \tag{4.164}$$

和

$$v_f = v_\infty - \frac{\beta\Gamma\cos(\theta)}{2\pi r(1 - M_\infty^2\sin^2(\theta-\alpha))} \tag{4.165}$$

其中，环量 $\Gamma = \frac{1}{2}M_\infty lC_l$，$l$ 为弦长，C_l 为升力系数；α 为攻角；$\beta = \sqrt{1-M_\infty^2}$；$r, \theta$ 为原点建立在 1/4 弦长处的外边界点的极坐标。通过一个修正声速来强制使边界上自由来流的熵为定值：

$$\alpha_f^2 = (\gamma - 1)\left(H_\infty - \frac{1}{2}(u_f^2 + v_f^2)\right) \tag{4.166}$$

将式（4.164）~ 式（4.166）替代自由来流定义远场特征边界条件上指定的物理量。环量 Γ 需要在求解过程中通过解来确定，在起始时刻并不确定；因此环量需在迭代过程中不断计算并不断更新。计算收敛时，远场环量修正的 Γ 值需同翼型升力系数对应的环量相一致。

图 4.8 表示升力系数与远场边界距离的曲线。该流动设定为无黏流，翼型为 NACA0012，$M_\infty = 0.63$，$\alpha = 2°$。外边界的距离变化范围从 5 倍弦长到 200 倍弦长，其中小的计算网格通过删除大网格的外圈网格线得到。

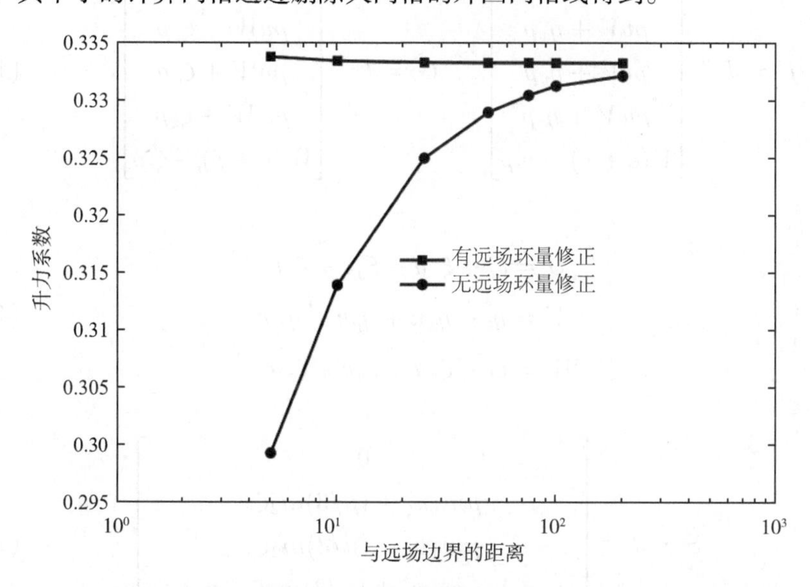

图 4.8　有无远场环量修正对不同外边界距离 (弦长) 下的升力系数的影响

4.7 三 维 算 法

三维流动的隐式算法和二维流动算法发展类似。它们以相同的方式进行曲线坐标系转换。块和对角算法采用相同的格式，边界条件也类似。在本节中，我们简单介绍三维流动的方程与算法。

4.7.1 流动方程

在同二维类似的假设条件和限定条件下，强守恒型的三维 N-S 方程可简化为薄层形式方程。广义曲线坐标系下的方程如下：

$$\partial_\tau \widehat{Q} + \partial_\xi \widehat{E} + \partial_\eta \widehat{F} + \partial_\zeta \widehat{G} = Re^{-1} \partial_\xi \widehat{S} \tag{4.167}$$

其中，

$$\widehat{Q} = J^{-1} \begin{bmatrix} \rho \\ \rho u \\ \rho v \\ \rho w \\ e \end{bmatrix}, \quad \widehat{E} = J^{-1} \begin{bmatrix} \rho U \\ \rho u U + \xi_x p \\ \rho v U + \xi_y p \\ \rho w U + \xi_z p \\ U(e+p) - \xi_t p \end{bmatrix}$$

$$\widehat{F} = J^{-1} \begin{bmatrix} \rho V \\ \rho u V + \eta_x p \\ \rho v V + \eta_y p \\ \rho w V + \eta_z p \\ V(e+p) - \eta_t p \end{bmatrix}, \quad \widehat{G} = J^{-1} \begin{bmatrix} \rho W \\ \rho u W + \zeta_x p \\ \rho v W + \zeta_y p \\ \rho w W + \zeta_z p \\ W(e+p) - \zeta_t p \end{bmatrix} \tag{4.168}$$

且有

$$\begin{aligned} U &= \xi_t + \xi_x u + \xi_y v + \xi_z w \\ V &= \eta_t + \eta_x u + \eta_y v + \eta_z w \\ W &= \zeta_t + \zeta_x u + \zeta_y v + \zeta_z w \end{aligned} \tag{4.169}$$

和

$$\widehat{S} = J^{-1} \begin{bmatrix} 0 \\ \mu m_1 u_\zeta + (\mu/3) m_2 \zeta_x \\ \mu m_1 v_\zeta + (\mu/3) m_2 \zeta_y \\ \mu m_1 w_\zeta + (\mu/3) m_2 \zeta_z \\ \mu m_1 m_3 + (\mu/3) m_2 (\zeta_x u + \zeta_y v + \zeta_z w) \end{bmatrix} \tag{4.170}$$

此处，$m_1 = \zeta_x^2 + \zeta_y^2 + \zeta_z^2$，$m_2 = \zeta_x u_\zeta + \zeta_y v_\zeta + \zeta_z w_\zeta$ 和 $m_3 = (u^2+v^2+w^2)_\zeta/2 + Pr^{-1}(\gamma-1)^{-1}(a^2)_\zeta$。压力 p 再次通过以下的状态方程同守恒变量 Q 建立联系：

$$p = (\gamma - 1)\left(e - \frac{1}{2}\rho(u^2+v^2+w^2)\right) \tag{4.171}$$

度量系数项定义为

$$\begin{aligned}
\xi_x &= J(y_\eta z_\zeta - y_\zeta z_\eta), \quad \eta_x = J(z_\xi y_\zeta - y_\xi z_\zeta) \\
\xi_y &= J(z_\eta x_\zeta - z_\zeta x_\eta), \quad \eta_y = J(x_\xi z_\zeta - z_\xi x_\zeta) \\
\xi_z &= J(x_\eta y_\zeta - y_\eta x_\xi), \quad \eta_z = J(y_\xi x_\zeta - x_\xi y_\zeta) \\
\zeta_x &= J(y_\xi z_\eta - z_\xi y_\eta), \quad \xi_t = -x_\tau \xi_x - y_\tau \xi_y - z_\tau \xi_z \\
\zeta_y &= J(z_\xi x_\eta - x_\xi z_\eta), \quad \eta_t = -x_\tau \eta_x - y_\tau \eta_y - z_\tau \eta_z \\
\zeta_z &= J(x_\xi y_\eta - y_\xi x_\eta), \quad \zeta_t = -x_\tau \zeta_x - y_\tau \zeta_y - z_\tau \zeta_z
\end{aligned} \tag{4.172}$$

且有

$$J^{-1} = x_\xi y_\eta z_\zeta + x_\zeta y_\xi z_\eta + x_\eta y_\zeta z_\xi - x_\xi y_\zeta z_\eta - x_\eta y_\xi z_\zeta - x_\zeta y_\eta z_\xi \tag{4.173}$$

4.7.2 数值方法

将隐式的近似因式分解算法应用于三维方程可得

$$\begin{aligned}
&[I + h\delta_\xi \widehat{A}^n][I + h\delta_\eta \widehat{B}^n]\left[I + h\delta_\zeta \widehat{C}^n - hRe^{-1}\delta_\zeta \widehat{M}^n\right]\Delta\widehat{Q}^n \\
&= -h\left(\delta_\xi \widehat{E}^n + \delta_\eta \widehat{F}^n + \delta_\zeta \widehat{G}^n - Re^{-1}\delta_\zeta \widehat{S}^n\right)
\end{aligned} \tag{4.174}$$

三维无黏通量雅可比 $\widehat{A}$，$\widehat{B}$ 和 $\widehat{C}$ 同黏性通量雅可比 $\widehat{M}$ 的定义参见本章附录。空间差分，包括人工耗散项，可直接扩展到三维。三维中的网格度量系数计算在4.4.1节中有过讨论。三维流动中对角形式算法具有以下形式：

$$T_\xi[I + h\delta_\xi \Lambda_\xi]\widehat{N}[I + h\delta_\eta \Lambda_\eta]\widehat{P}[I + h\delta_\zeta \Lambda_\zeta]T_\zeta^{-1}\Delta\widehat{Q}^n = \widehat{R}^n \tag{4.175}$$

其中，$\widehat{N} = T_\xi^{-1}T_\eta$ 和 $\widehat{P} = T_\eta^{-1}T_\zeta$。

三维波传播模型方程的线性常系数傅里叶分析表明在不考虑数值耗散时，三维因式分解算法为绝对不稳定，这主要由交叉项误差引起。同二维流动中交叉项误差仅影响较大时间步的快速收敛能力不同，在三维流动中它们会导致弱的不稳定性。在空间离散中添加小量的人工耗散后可使该方法变为稳定。

4.8　一维算例

为了展示本章介绍算法的应用，我们提供了欧拉方程支配的准一维定常流和激波管中非定常流动的数值计算结果。本章习题的流动条件与第 3 章的习题相同。因此本节提供的结果可为读者验证相关的代码提供参考。这些一维问题较为简单，同多维问题有较大差别，通常不能用来评价算法的效率。尤其是一维流动中隐式算子呈紧密带状排列，同多维问题有所不同。

在此考虑三个问题，亚声速槽道流动、跨声速槽道流动和激波管流动。流动条件与 3.3 节所述相同。采用本章所述的隐式算法，坐标转换、近似的因式分解以及黏性项在此暂不考虑。边界条件基于预先指定或外推的黎曼不变量进行了显式处理。采用零阶外插值得到出流黎曼不变量，即边界值设定为第一个内部节点值。对前两个定常流动问题而言虽然该方法精度不高但可获得快速收敛，对激波管流动而言这样处理没有任何影响。推荐使用线性插值，这样可获得二阶精度。这可通过对边界值的处理做些微小调整来获得（如选择上次计算值和本次线性差值的平均值作为更新值），或通过边界条件的隐式处理来获得。此外，可通过低库朗数下（如 $C_{\rm n} = 2$) 的线性插值来加速收敛。在外部多维流动中，线性外推通常可获得较好的收敛性。最后，在对角形式的实施中，源项对左侧算子的影响可以忽略。

对亚声速槽道流动，人工耗散系数取为 $\kappa_2 = 0$ 和 $\kappa_4 = 0.02$，对跨声速和激波管流动问题，耗散系数分别取为 $\kappa_2 = 0.5$ 和 $\kappa = 0.02$。对亚声速流动，κ_2 可以但并不一定取为非零值。入流边界的状态参数用作槽道流动的初始条件。对这些稳态问题，当地时间步长可根据输入的库朗数用式（4.138）计算得到。对激波管问题，基于输入的库朗数和代表性的 u 及 a 的值可计算出固定的时间步。此处 u 和 a 的值分别取为 300m/s 和 315m/s。

对亚声速槽道流动，图 4.9 给出了基于 49 个内部节点的网格上计算得到的解，该数值解同精确解十分接近。靠近边界处可以看到有些振荡，这同黎曼不变量的零阶外差值有关。线性插值中该现象不会出现。图 4.10 表示采用 199 个内部节点的网格得到的结果，可以看到振荡减弱。

用密度计算的数值误差定义如下：

$$e_\rho = \sqrt{\sum_{j=1}^{M} \frac{(\rho_j - \rho_j^{\rm exact})^2}{M}} \tag{4.176}$$

其中，M 为网格节点数；$\rho^{\rm exact}$ 为精确解。密度误差同网格尺寸的变化关系如图 4.11 所示。数值解是基于边界采用黎曼不变量的线性外推和 $\kappa_2 = 0$ 得到的。对数曲线表示的斜率非常接近 2，表明该结果为二阶精度。这是对程序的一个很好的验证。

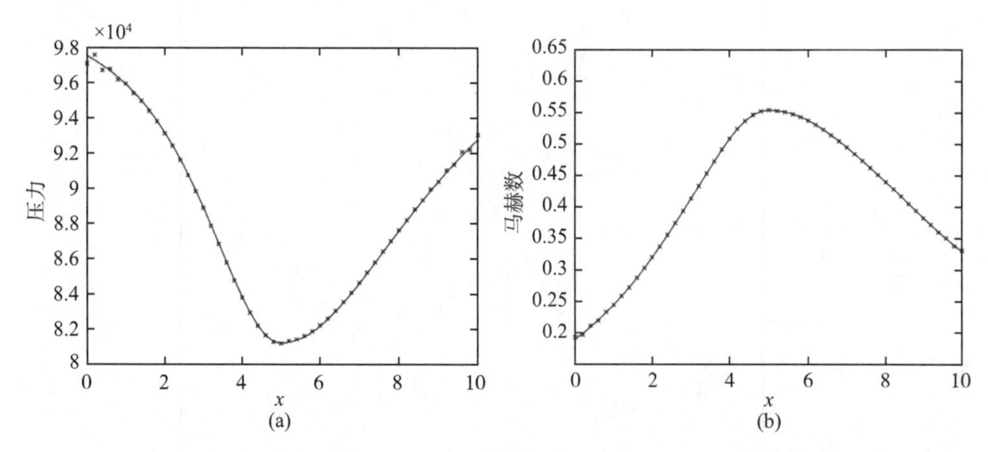

图 4.9 亚声速槽道流问题的精确解 (—) 与数值解 (×) 的对比，数值计算采用 49 个内部节点的网格

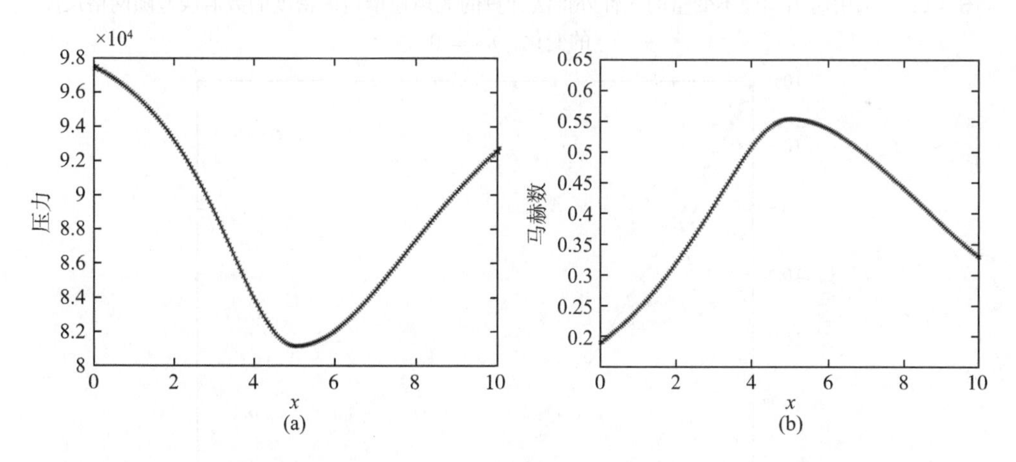

图 4.10 亚声速槽道流问题的精确解 (—) 与数值解 (×) 的对比，数值计算采用 199 个内部节点的网格

图 4.12 和图 4.13 表示亚声速槽道流动采用块形式的隐式算法的计算收敛历史。图中给出了不同网格尺寸和库朗数下残差的 L_2 范数同迭代步数的变化关系。图 4.12 展示了 99 个内部网格节点下库朗数的影响，而图 4.13 展示了 $C_{\rm n} = 40$ 时网格数的影响。

隐式对角形式的收敛历史如图 4.14 所示。对角形式同块形式的收敛历史的比较如图 4.13 所示。可以看出，同块形式的五对角形式相比，求解标量五对角系统的计算量和计算时间均较为节省。

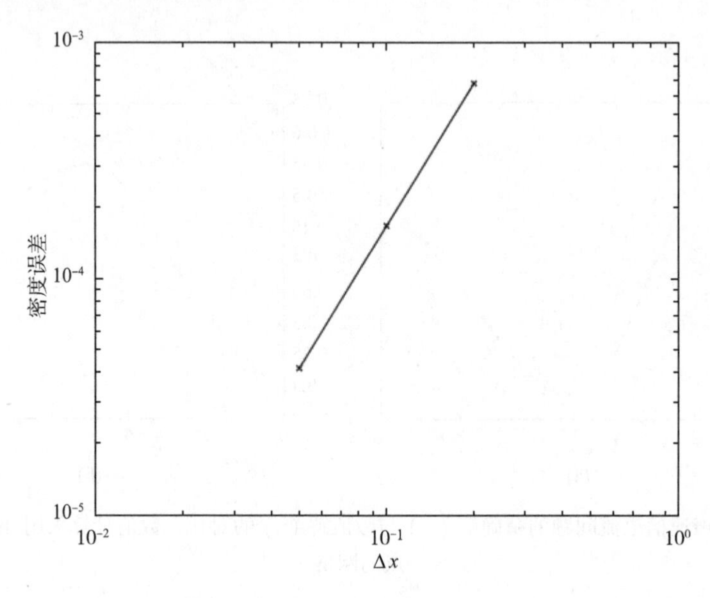

图 4.11　采用输出黎曼不变量的线性外推法计算的亚声速槽道流密度的数值误差随网格尺度的变化，$\kappa_2 = 0$

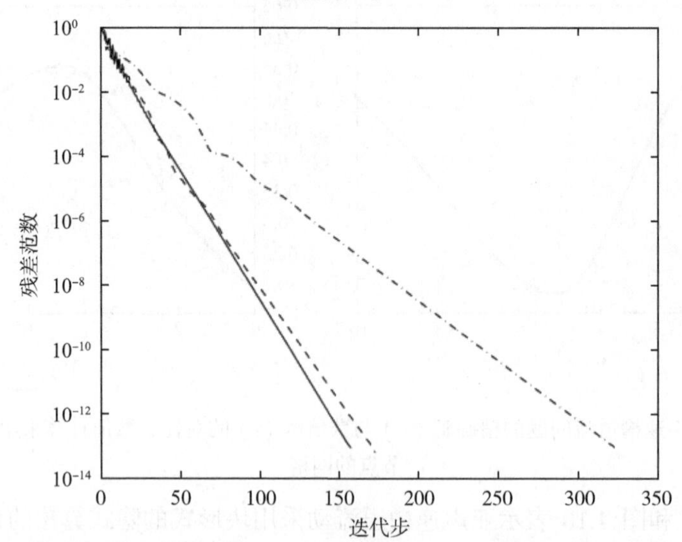

图 4.12　采用块形式的隐式算法求解亚声速槽道问题的残差收敛历史，网格包含 99 个内部节点，$C_{\mathrm{n}} = 40(-)$, $C_{\mathrm{n}} = 20(--)$, $C_{\mathrm{n}} = 10(-\cdot)$

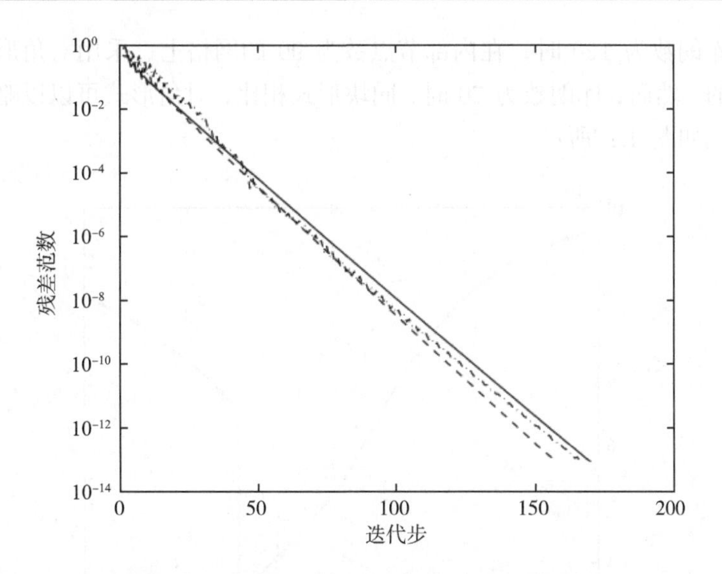

图 4.13　采用块形式的隐式算法求解亚声速槽道问题的残差收敛历史，$C_{\mathrm{n}}=40$, 49 个网格内部节点 (–), 99 个内部节点 (– –), 199 个内部节点 (–·)

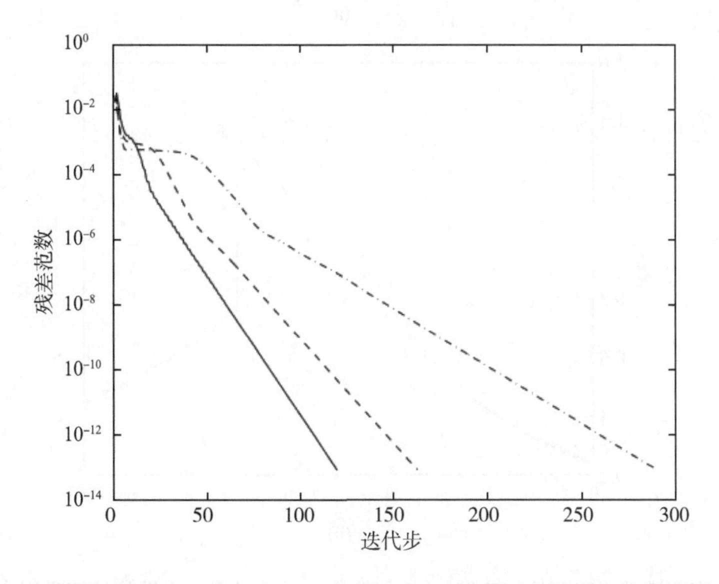

图 4.14　采用对角形式的隐式算法求解亚声速槽道问题的残差收敛历史，网格包含 99 个内部节点，$C_{\mathrm{n}}=40$(–), $C_{\mathrm{n}}=20$(– –), $C_{\mathrm{n}}=10$(–·)

跨声速槽道流动的求解结果如图 4.15 ~ 图 4.17 所示。结果再次表明数值解同精确解吻合良好，如图 4.15所示。特别注意激波捕捉中激波是以其上游和下游中间一个网格节点表示的。图 4.16 表示库朗数为 120 时以块形式求解的残差收敛历史。库朗数为 120 时，在内部节点数为 99 的网格上、采用对角形式来求解为非稳定的。然而，库朗数为 70 时，同块形式相比，对角形式可以以略少的步数达到收敛，如图 4.17所示。

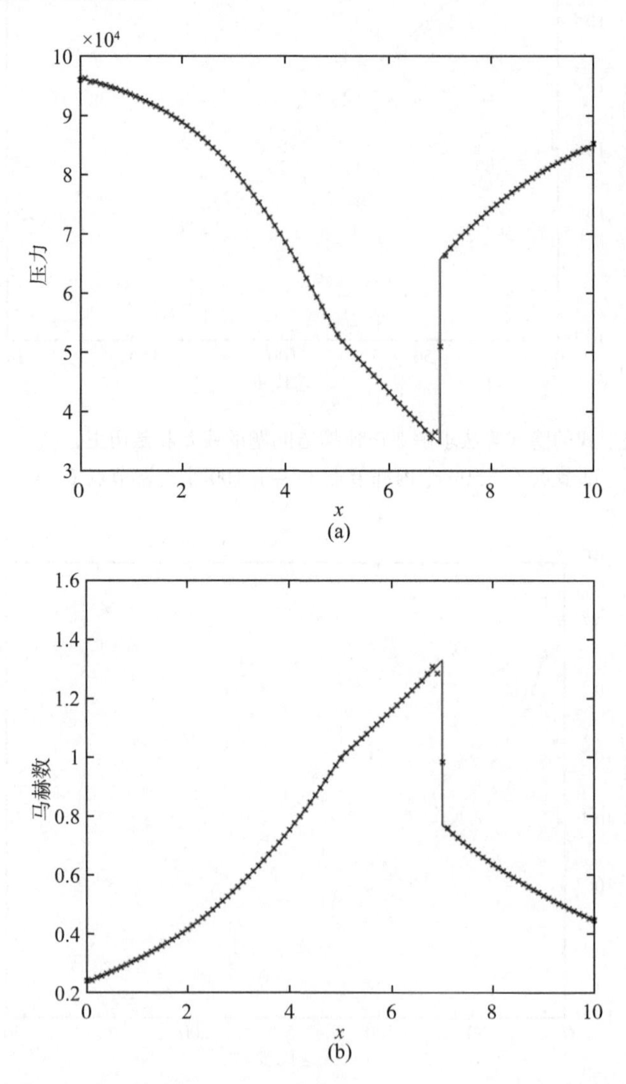

图 4.15 跨声速槽道流问题的精确解 (—) 与数值解 (×) 的对比，数值计算采用 99 个内部节点的网格

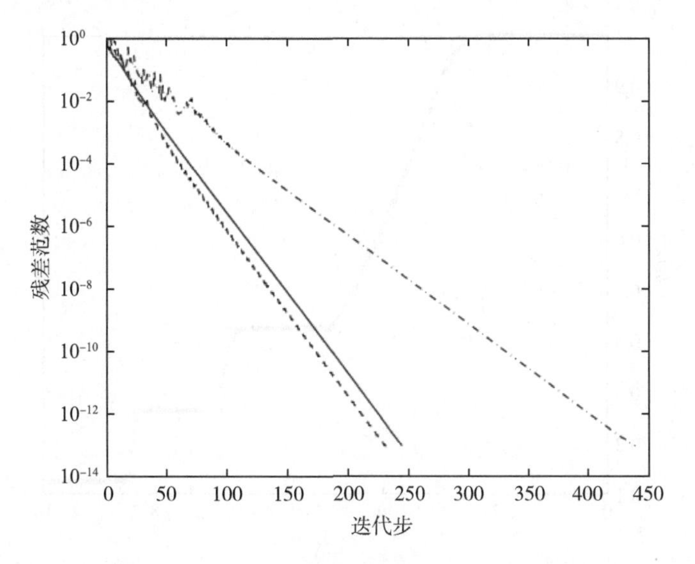

图 4.16 采用块形式的隐式算法求解跨声速槽道问题的残差收敛历史，$C_{\mathrm{n}}=120$, 49 个网格内部节点 (—), 99 个内部节点 (– –), 199 个内部节点 (–·)

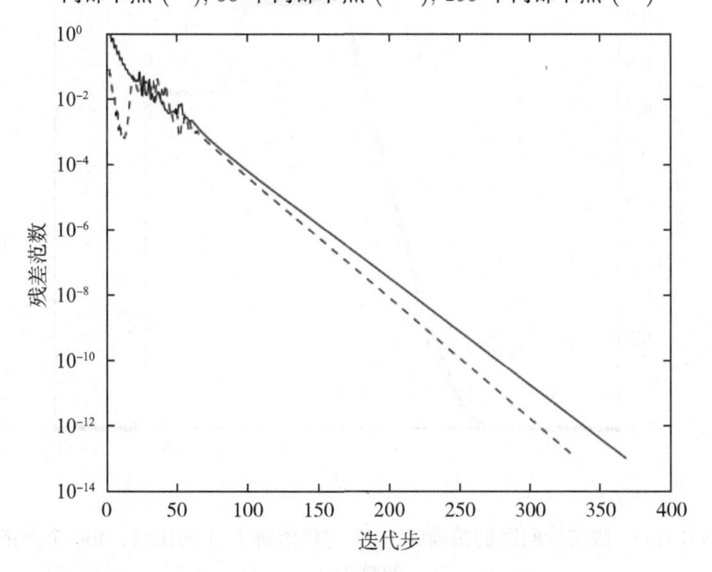

图 4.17 采用块形式 (—) 和对角形式 (– –) 的隐式算法求解跨声速槽道问题的残差收敛历史，$C_{\mathrm{n}}=70$, 99 个网格内部节点

最终，图 4.18比较了 400 个网格、最大库朗数为 1 的激波管的数值解和精确解。如图所示，采用当前的数值耗散模型，激波和交接面可以扩展到几个网格中。这也是要发展第 6 章方法的原因。

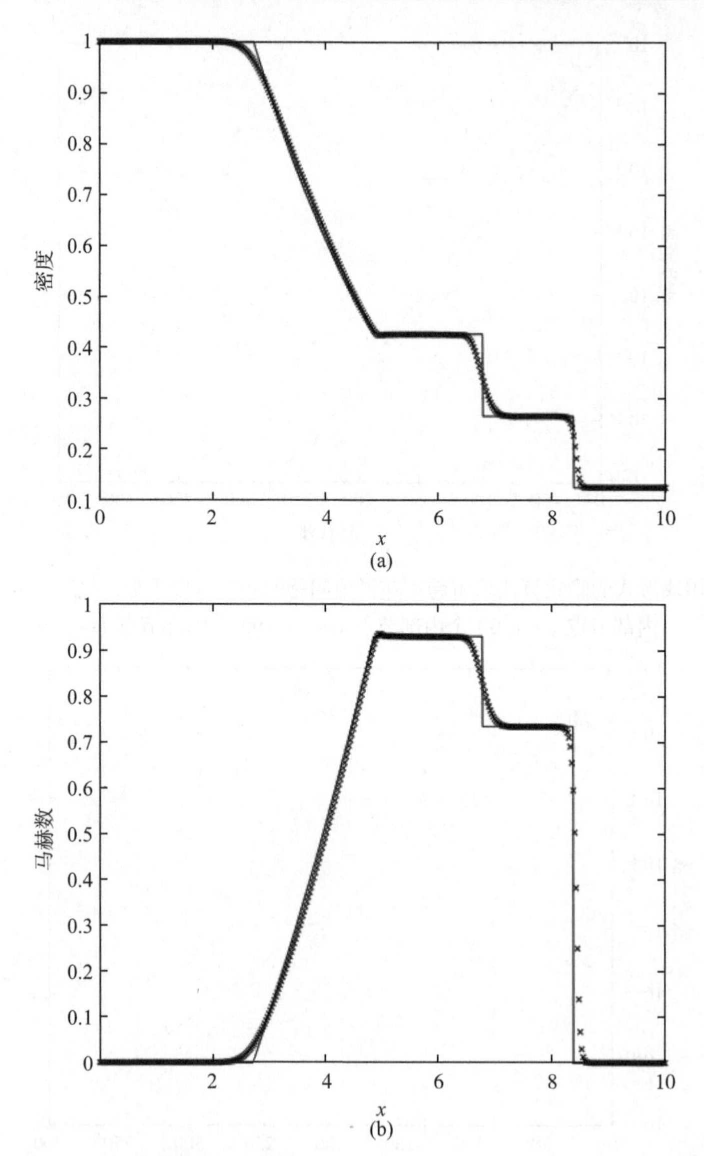

图 4.18 $t = 6.1\text{ms}$，激波管问题的精确解 (—) 与数值解 (×) 的比较，400 个网格点，最大库朗数为 1

4.9 总 结

本章所描述的算法的主要特征如下：

• 在均匀计算网格中通过二阶中心差分算子完成了空间导数的离散。该计算网格是通过曲线坐标系转化得到的，而曲线坐标系是通过结构网格来隐式定义的。

这种方法仅限于结构化或块结构化网格。通过非线性人工耗散格式添加了数值耗散，该格式是由光滑区域上的三阶耗散项和靠近激波附近的一阶项组成的。压力相关项可以作为激波传感器来使用。

• 对空间项离散后，原始的偏微分方程组可以转化为大型的常微分方程组。对定常流动计算，采用隐式欧拉算法沿时间相关路径得到稳态解，而中间解并非严格的时间精确解。为降低每时间步所需计算量，可采用局部时间线性化以及隐式算子的近似因式分解。采用近似因式分解形式，需求解五对角线性系统。近似因式分解在较大时间步时对收敛速度有显著的负面影响，但同直接求解相比大大降低了每个时间步所需的计算量。由于对角形式减少了标量五对角矩阵所需的逆变换，因此采用对角形式可进一步降低每时间步的计算量。通过局部时间步和网格序列可进一步加快收敛。对要求时间精确解的非定常流，可将块形式的近似因式分解应用于二阶后向或梯形隐式时间推进法中。或者，可将双时间推进法应用在隐式时间步求解非线性问题时的稳态形式算法中。

4.10 练　习

相关讨论，参见 4.8 节。

4.1 编写程序，可将本章介绍的隐式有限差分法应用于下述的准一维欧拉方程支配的亚声速流动问题中。$S(x)$ 表达式如下：

$$S(x)=\begin{cases}1+1.5\left(1-\dfrac{x}{5}\right)^2, & 0\leqslant x\leqslant 5\\ 1+0.5\left(1-\dfrac{x}{5}\right)^2, & 5\leqslant x\leqslant 10\end{cases} \tag{4.177}$$

其中，$S(x)$ 和 x 的单位为 m。流体为空气，可当作理想气体处理，气体常数 $R=287\mathrm{N}\cdot\mathrm{m}/(\mathrm{kg}\cdot\mathrm{K})$，绝热指数 $\gamma=1.4$，总温 T_0 =300K，总压为 100kPa。在整个槽道中流动均为亚声速，$S^*=0.8$。分别采用对角形式和非对角形式的隐式欧拉时间推进法进行求解。在上述基础上采用非线性标量人工耗散模型进行求解。将结果同练习 3.1 中的精确解进行比较，给出每种情况的收敛史。试用不同的参数，如库朗数和人工耗散系数，来检测对收敛性和精度的影响。

4.2 将练习 4.1 改为超声速流动，槽道形状不变。进口流动为亚声速，在 $x=7$ 及 $S^*=1$ 处有激波存在。将结果同练习 3.2 结果进行比较。

4.3 编写程序，用本章介绍的隐式有限差分法求解下述激波管问题：$p_\mathrm{L}=10^5$，$\rho_\mathrm{L}=1$，$p_\mathrm{R}=10^4$，$\rho_\mathrm{R}=0.125$，其中压力单位为 Pa，密度单位为 $\mathrm{kg/m^3}$。流体为理想流体，绝热指数为 $\gamma=1.4$。采用隐式欧拉法和二阶后向时间推进法的对角及非对角形式。将 $t = 6.1\text{ms}$ 的结果同练习 3.3 进行比较。检查时间步长和人工耗散参数对求解精度的影响。

附录：二维和三维的通量雅可比特征系统

方程（4.104）的通量雅可比矩阵有实特征值和一套完备的特征向量。相似变换为

$$\widehat{A} = T_\xi \Lambda_\xi T_\xi^{-1} \quad \text{和} \quad \widehat{B} = T_\eta \Lambda_\eta T_\eta^{-1} \tag{4.178}$$

其中有

$$\Lambda_\xi = \begin{bmatrix} U & & & \\ & U & & \\ & & U + a\sqrt{\xi_x^2 + \xi_y^2} & \\ & & & U - a\sqrt{\xi_x^2 + \xi_y^2} \end{bmatrix} \tag{4.179}$$

$$\Lambda_\eta = \begin{bmatrix} V & & & \\ & V & & \\ & & V + a\sqrt{\eta_x^2 + \eta_y^2} & \\ & & & V - a\sqrt{\eta_x^2 + \eta_y^2} \end{bmatrix} \tag{4.180}$$

且有

$$T_\kappa = \begin{bmatrix} 1 & 0 & \alpha & \alpha \\ u & \tilde{\kappa}_y \rho & \alpha(u + \tilde{\kappa}_x a) & \alpha(u - \tilde{\kappa}_x a) \\ v & -\tilde{\kappa}_x \rho & \alpha(v + \tilde{\kappa}_y a) & \alpha(v - \tilde{\kappa}_y a) \\ \dfrac{\phi^2}{\gamma - 1} & \rho(\tilde{\kappa}_y u - \tilde{\kappa}_x v) & \alpha\left[\dfrac{\phi^2 + a^2}{\gamma - 1} + a\tilde{\theta}\right] & \alpha\left[\dfrac{\phi^2 + a^2}{\gamma - 1} - a\tilde{\theta}\right] \end{bmatrix} \tag{4.181}$$

$$T_\kappa^{-1} = \begin{bmatrix} (1 - \phi^2/a^2) & (\gamma - 1)u/a^2 & (\gamma - 1)v/a^2 & -(\gamma - 1)/a^2 \\ -(\tilde{\kappa}_y u - \tilde{\kappa}_x v)/\rho & \tilde{\kappa}_y/\rho & -\tilde{\kappa}_x/\rho & 0 \\ \beta(\phi^2 - a\tilde{\theta}) & \beta[\tilde{\kappa}_x a - (\gamma - 1)u] & \beta[\tilde{\kappa}_y a - (\gamma - 1)v] & \beta(\gamma - 1) \\ \beta(\phi^2 + a\tilde{\theta}) & -\beta[\tilde{\kappa}_x a + (\gamma - 1)u] & -\beta[\tilde{\kappa}_y a + (\gamma - 1)v] & \beta(\gamma - 1) \end{bmatrix} \tag{4.182}$$

式中，$\alpha = \rho/(\sqrt{2}a)$，$\beta = 1/(\sqrt{2}\rho a)$，$\tilde{\theta} = \tilde{\kappa}_x u + \tilde{\kappa}_y v$，$\phi = \dfrac{1}{2}(\gamma - 1)(u^2 + v^2)$，并且 $\tilde{\kappa}_x = \kappa_x/\sqrt{\kappa_x^2 + \kappa_y^2}$。

T_ξ 和 T_η 存在如下关系：

$$\widehat{N} = T_\xi^{-1} T_\eta, \quad \widehat{N}^{-1} = T_\eta^{-1} T_\xi \tag{4.183}$$

其中

$$\widehat{N}=\begin{bmatrix}1 & 0 & 0 & 0\\ 0 & m_1 & -\mu m_2 & \mu m_2\\ 0 & \mu m_2 & \mu^2(1+m_1) & \mu^2(1-m_1)\\ 0 & -\mu m_2 & \mu^2(1-m_1) & \mu^2(1+m_1)\end{bmatrix} \tag{4.184}$$

和

$$\widehat{N}^{-1}=\begin{bmatrix}1 & 0 & 0 & 0\\ 0 & m_1 & \mu m_2 & -\mu m_2\\ 0 & -\mu m_2 & \mu^2(1+m_1) & \mu^2(1-m_1)\\ 0 & \mu m_2 & \mu^2(1-m_1) & \mu^2(1+m_1)\end{bmatrix} \tag{4.185}$$

式中，$m_1=\left(\tilde{\xi}_x\tilde{\eta}_x+\tilde{\xi}_y\tilde{\eta}_y\right)$,$m_2=\left(\tilde{\xi}_x\tilde{\eta}_y-\tilde{\xi}_y\tilde{\eta}_x\right)$, $\mu=1/\sqrt{2}$。需注意矩阵 $\widehat{N}$ 仅为度量系数的函数，同流动变量无关。

在三维流动中，雅可比矩阵 $\widehat{A}$，$\widehat{B}$，$\widehat{C}$ 为

$$\begin{bmatrix}\kappa_t & \kappa_x & \kappa_y & \kappa_z & 0\\ \kappa_x\phi^2-u\theta & \kappa_t+\theta-\kappa_x(\gamma-2)u & \kappa_y u-\kappa_x(\gamma-1)v & \kappa_z u-\kappa_x(\gamma-1)w & \kappa_x(\gamma-1)\\ \kappa_y\phi^2-v\theta & \kappa_x v-\kappa_y(\gamma-1)u & \kappa_t+\theta-\kappa_y(\gamma-2)v & \kappa_z u-\kappa_y(\gamma-1)w & \kappa_y(\gamma-1)\\ \kappa_z\phi^2-w\theta & \kappa_x w-\kappa_z(\gamma-1)u & \kappa_y w-\kappa_z(\gamma-1)v & \kappa_t+\theta-\kappa_z(\gamma-2)w & \kappa_z(\gamma-1)\\ -\theta(\gamma e/\rho-2\phi^2) & \kappa_x(\gamma e/\rho-\phi^2)-(\gamma-1)u\theta & \kappa_y(\gamma e/\rho-\phi^2)-(\gamma-1)v\theta & \kappa_z(\gamma e/\rho-\phi^2)-(\gamma-1)w\theta & \kappa_t+\gamma\theta\end{bmatrix} \tag{4.186}$$

其中

$$\theta=\kappa_x u+\kappa_y v+\kappa_z w$$
$$\phi^2=(\gamma-1)\left(\frac{u^2+v^2+w^2}{2}\right) \tag{4.187}$$

对 $\widehat{A},\widehat{B},\widehat{C}$ 分别取值为 $\kappa=\xi,\eta$ 或 ζ。黏性通量雅可比矩阵为

$$\widehat{M}=J^{-1}\begin{bmatrix}0&0&0&0&0\\ m_{21}&\alpha_1\partial_\zeta(\rho^{-1})&\alpha_2\partial_\zeta(\rho^{-1})&\alpha_3\partial_\zeta(\rho^{-1})&0\\ m_{31}&\alpha_2\partial_\zeta(\rho^{-1})&\alpha_4\partial_\zeta(\rho^{-1})&\alpha_5\partial_\zeta(\rho^{-1})&0\\ m_{41}&\alpha_3\partial_\zeta(\rho^{-1})&\alpha_5\partial_\zeta(\rho^{-1})&\alpha_6\partial_\zeta(\rho^{-1})&0\\ m_{51}&m_{52}&m_{53}&m_{54}&\alpha_0\partial_\zeta(\rho^{-1})\end{bmatrix}J \tag{4.188}$$

其中

$$\begin{aligned}
m_{21}=&-\alpha_1\partial_\zeta(u/\rho)-\alpha_2\partial_\zeta(v/\rho)-\alpha_3\partial_\zeta(w/\rho)\\
m_{31}=&-\alpha_2\partial_\zeta(u/\rho)-\alpha_4\partial_\zeta(v/\rho)-\alpha_5\partial_\zeta(w/\rho)\\
m_{41}=&-\alpha_3\partial_\zeta(u/\rho)-\alpha_5\partial_\zeta(v/\rho)-\alpha_6\partial_\zeta(w/\rho)\\
m_{51}=&\alpha_0\partial_\zeta\left[-(e/\rho^2)+(u^2+v^2+w^2)/\rho\right]\\
&-\alpha_1\partial_\zeta(u^2/\rho)-\alpha_4\partial_\zeta(v^2/\rho)-\alpha_6\partial_\zeta(w^2/\rho)\\
&-2\alpha_2\partial_\zeta(uv/\rho)-2\alpha_3\partial_\zeta(uw/\rho)-2\alpha_5\partial_\zeta(vw/\rho)\\
m_{52}=&-\alpha_0\partial_\zeta(u/\rho)-m_{21},\quad m_{53}=-\alpha_0\partial_\zeta(v/\rho)-m_{31}\\
m_{54}=&-\alpha_0\partial_\zeta(w/\rho)-m_{41},\quad m_{44}=-\alpha_4\partial_\zeta(\rho^{-1})\\
\alpha_0=&\gamma\mu Pr^{-1}(\zeta_x^2+\zeta_y^2+\zeta_z^2),\quad \alpha_1=\mu\left(\frac{4}{3}\zeta_x^2+\zeta_y^2+\zeta_z^2\right)\\
\alpha_2=&(\mu/3)\zeta_x\zeta_y,\quad \alpha_3=(\mu/3)\zeta_x\zeta_z,\quad \alpha_4=\mu\left(\zeta_x^2+\frac{4}{3}\zeta_y^2+\zeta_z^2\right)\\
\alpha_5=&(\mu/3)\zeta_y\zeta_z,\quad \alpha_6=\mu\left(\zeta_x^2+\zeta_y^2+\frac{4}{3}\zeta_z^2\right)
\end{aligned} \tag{4.189}$$

三维雅可比矩阵的特征值分解具有如下形式 $\widehat{A}=T_\xi\varLambda_\xi T_\xi^{-1}$，$\widehat{B}=T_\eta\varLambda_\eta T_\eta^{-1}$ 和 $\widehat{C}=T_\zeta\varLambda_\zeta T_\zeta^{-1}$。特征值为

$$\begin{aligned}
\lambda_1=&\lambda_2=\lambda_3=\kappa_t+\kappa_x u+\kappa_y v+\kappa_z w\\
\lambda_4=&\lambda_1+\kappa a,\quad \lambda_5=\lambda_1-\kappa a\\
\kappa=&\sqrt{\kappa_x^2+\kappa_y^2+\kappa_z^2}
\end{aligned} \tag{4.190}$$

表示左特征向量的矩阵 T_κ 如下：

$$T_\kappa=\begin{bmatrix} \tilde{\kappa}_x & \tilde{\kappa}_y & \tilde{\kappa}_z & \alpha & \alpha \\ \tilde{\kappa}_x u & \tilde{\kappa}_y u-\tilde{\kappa}_z\rho & \tilde{\kappa}_z u+\tilde{\kappa}_y\rho & \alpha(u+\tilde{\kappa}_x a) & \alpha(u-\tilde{\kappa} a) \\ \tilde{\kappa}_x v+\tilde{\kappa}_z\rho & \tilde{\kappa}_y u & \tilde{\kappa}_z v-\tilde{\kappa}_x\rho & \alpha(v+\tilde{\kappa}_y a) & \alpha(v-\tilde{\kappa}_y a) \\ \tilde{\kappa}_x w+\tilde{\kappa}_y\rho & \tilde{\kappa}_y w+\tilde{\kappa}_x\rho & \tilde{\kappa}_z w & \alpha(w+\tilde{\kappa}_z a) & \alpha(w-\tilde{\kappa}_z a) \\ [\tilde{\kappa}_x\phi^2/(\gamma-1)+\rho(\tilde{\kappa}_z v-\tilde{\kappa}_y w)] & [\tilde{\kappa}_y\phi^2/(\gamma-1)+\rho(\tilde{\kappa}_x w-\tilde{\kappa}_z u)] & [\tilde{\kappa}_z\phi^2/(\gamma-1)+\rho(\tilde{\kappa}_y u-\tilde{\kappa}_x v)] & \alpha\left[(\phi^2+a^2)/(\gamma-1)+\tilde{\theta}a\right] & \alpha\left[(\phi^2+a^2)/(\gamma-1)+\tilde{\theta}a\right] \end{bmatrix} \tag{4.191}$$

其中，

$$\alpha=\frac{\rho}{\sqrt{2}a},\quad \tilde{\kappa}_x=\frac{\kappa_x}{\kappa},\quad \tilde{\kappa}_z=\frac{\kappa_z}{\kappa},\quad \tilde{\theta}=\frac{\theta}{\kappa} \tag{4.192}$$

对应的 T_κ^{-1} 为

$$T_\kappa^{-1}=\begin{bmatrix} \tilde{\kappa}_x(1-\phi^2/a^2)-(\tilde{\kappa}_z v-\tilde{\kappa}_y w)/\rho & \tilde{\kappa}_x(\gamma-1)u/a^2 & \tilde{\kappa}_x(\gamma-1)v/a^2+\tilde{\kappa}_z/\rho & \tilde{\kappa}_x(\gamma-1)w/a^2-\tilde{\kappa}_y/\rho & -\tilde{\kappa}_x(\gamma-1)/a^2 \\ \tilde{\kappa}_y(1-\phi^2/a^2)-(\tilde{\kappa}_x w-\tilde{\kappa}_z u)/\rho & \tilde{\kappa}_y(\gamma-1)u/a^2-\tilde{\kappa}_z/\rho & \tilde{\kappa}_y(\gamma-1)v/a^2 & \tilde{\kappa}_y(\gamma-1)w/a^2+\tilde{\kappa}_x/\rho & -\tilde{\kappa}_y(\gamma-1)/a^2 \\ \tilde{\kappa}_z(1-\phi^2/a^2)-(\tilde{\kappa}_y u-\tilde{\kappa}_x v)/\rho & \tilde{\kappa}_z(\gamma-1)u/a^2+\tilde{\kappa}_y/\rho & \tilde{\kappa}_z(\gamma-1)v/a^2-\tilde{\kappa}_x/\rho & \tilde{\kappa}_z(\gamma-1)w/a^2 & -\tilde{\kappa}_z(\gamma-1)/a^2 \\ \beta(\phi^2-\tilde{\theta}a) & -\beta[(\gamma-1)u-\tilde{\kappa}_x a] & -\beta[(\gamma-1)v-\tilde{\kappa}_y a] & -\beta[(\gamma-1)w-\tilde{\kappa}_z a] & \beta(\gamma-1) \\ \beta(\phi^2+\tilde{\theta}a) & -\beta[(\gamma-1)u+\tilde{\kappa}_x a] & -\beta[(\gamma-1)v+\tilde{\kappa}_y a] & -\beta[(\gamma-1)w+\tilde{\kappa}_z a] & \beta(\gamma-1) \end{bmatrix} \tag{4.193}$$

其中，

$$\beta=\frac{1}{\sqrt{2}\rho a} \tag{4.194}$$

参考文献

[1] Beam, R.M., Warming, R.F.: An implicit finite-difference algorithm for hyperbolic systems in conservation law form. J. Comput. Phys. **22**, 87-110 (1976)

[2] Steger, J.L.: Implicit finite difference simulation of flow about arbitrary geometries with application to airfoils. AIAA Paper 77-665 (1977)

[3] Warming, R.F., Beam, R.M.: On the construction and application of implicit factored schemes for conservation laws. In: SIAM-AMS Proceedings, vol. 11 (1978)

[4] Pulliam, T.H., Steger, J.L.: Implicit finite-difference simulations of three dimensional compressible flow. AIAA J. **18**, 159-167 (1980)

[5] Pulliam, T.H., Chaussee, D.S.: A diagonal form of an implicit approximate factorization algorithm. J. Comput. Phys. **39**, 347-363 (1981)

[6] Pulliam, T.H.: Efficient solution methods for the Navier-Stokes equations. In: Von Karman Institute for Fluid Dynamics Numerical Techniques for Viscous Flow Calculations in Turbomachinery Bladings (1986)

[7] Viviand, H.: Formes conservatives des équations de la dynamique des gaz. Recherche Aérospatiale **1**, 65-66 (1974)

[8] Vinokur, M.: Conservation equations of gasdynamics in curvilinear coordinate systems. J. Comput. Phys. **14**, 105-125 (1974)

[9] Baldwin, B.S., Lomax, H.: Thin-layer approximation and algebraic model for separated turbulent flows. AIAA Paper 78-257 (1978)

[10] Gustafsson, B.: The convergence rate for difference approximations to mixed initial boundary value problems. Math. Comput. **29**, 396-406 (1975)

[11] Thomas, P.D., Lombard, C.K.: Geometric conservation law and its application to flow computations on moving grids. AIAA J. **17**, 1030-1037 (1979)

[12] Jameson, A., Schmidt, W., Turkel, E.: Numerical solutions of the Euler equations by finite volume methods using Runge-Kutta time-stepping schemes. AIAA Paper 81-1259 (1981)

[13] Lomax, H., Pulliam, T.H., Zingg, D.W.: Fundamentals of Computational Fluid Dynamics. Springer, Berlin (2001)

[14] Pulliam, T.H.: Artificial dissipation models for the Euler equations. AIAA J. **24**, 1931-1940(1986)

[15] Saad, Y., Schultz, M.H.: A generalized minimal residual algorithm for solving nonsymmetric linear systems. SIAM J. Sci. Stat. Comput. **7**, 856-869 (1986)

[16] Warming, R.F., Beam, R.M., Hyett, B.J.: Diagonalization and simultaneous symmetrization of the gas-dynamic matrices. Math. Comput. **29**, 1037-1045 (1975)

[17] Chakravarty, S.: Euler equations-implicit schemes and implicit boundary conditions. AIAA Paper 82-0228 (1982)

[18] Colonius, T., Lele, S.K.: Computational aeroacoustics: progress on nonlinear problems of sound generation. Prog. Aerosp. Sci. **40**, 345-416 (2004)

[19] Svard, M., Carpenter, M.H., Nordström, J.: A stable high-order finite difference scheme for the compressible Navier-Stokes equations, far-field boundary conditions. J. Comput. Phys. **225**, 1020-1038 (2007)

[20] Osusky, M., Zingg, D.W.: Parallel Newton-Krylov-Schur Flow Solver for the Navier-Stokes Equations. AIAA J. **51**, 2833-2851 (2013)

[21] Salas, M., Jameson, A., Melnik, R.A.: Comparative study of the nonuniqueness problem of the potential equation. AIAA Paper 83-1888 (1983)

第 5 章　基于多重网格的显式有限体积法

5.1　简　　介

本章介绍的算法有以下显著特点（建议读者将这些内容与第 4 章提出的算法的关键特点进行对比，具体见 4.1节）:

- 网格单元中心数据存储；状态参数的数值解与网格单元相关。
- 带数值耗散的二阶有限体积空间离散；一个简单的激波捕捉器。
- 可应用于结构化网格（参考 4.2节）。
- 带隐式残差光顺的显式多阶时间推进与多重网格。

Jameson 等 [1]、Baker 等 [2]、Jameson 和 Baker[3]、Jameson[4,5]、Swanson 和 Turkel[6,7] 对此算法的发展做出了关键贡献。关于此算法的更深入分析和介绍，读者可以参考文献 [7]。

本章结尾的练习还是应用本章讲授的算法求解几个一维问题。

5.2　空间离散：单元中心有限体积法

第 4 章已给出了单元中心方法与节点中心方法的对比。目前为止所用到的网格均称为**主网格**。可以通过连接主网格单元的中心来构造**对偶网格**。对于二维结构化网格，对偶网格也由四边形构成，其性质与主网格类似。非结构化的情况有所不同。例如，对于由规则三角形构成的主网格，对偶网格由六边形构成。主网格上的单元中心格式可以看作是对偶网格上的节点中心格式。因此，对于四边形结构化网格，单元中心的性质对于内部空间离散化的影响很小，单元中心和节点中心的有限体积格式在结构化和非结构化网格中都是常用的。二者的主要区别在于边界和多重网格中粗网格的构造上。接下来会更深入地进行讨论。

有限体积法求解的是积分形式的控制方程，该方程已在 3.1.2小节中讲述过。守恒方程最一般的坐标无关形式可以写为下式：

$$\frac{\mathrm{d}}{\mathrm{d}t}\int_{V(t)} Q\mathrm{d}V + \oint_{S(t)} \widehat{\boldsymbol{n}}\cdot\boldsymbol{\mathcal{F}}\mathrm{d}S = \int_{V(t)} P\mathrm{d}V \tag{5.1}$$

其中，P 为源项，其他变量已经在第 3 章中定义。如果将问题限定于二维无源问题，且网格不随时间变化，则方程可写为

$$\frac{\mathrm{d}}{\mathrm{d}t}\int_{A} Q\mathrm{d}A + \oint_{C} \widehat{\boldsymbol{n}}\cdot\boldsymbol{\mathcal{F}}\mathrm{d}l = 0 \tag{5.2}$$

其中，A 表示边界廓线为 C 的控制体。将通量张量 $\boldsymbol{\mathcal{F}}$ 在笛卡尔坐标中分解为无黏通量和有黏通量，则上式变为

$$\frac{\mathrm{d}}{\mathrm{d}t}\int_{A} Q\mathrm{d}A + \oint_{C} \widehat{\boldsymbol{n}}\cdot(E\widehat{\boldsymbol{i}}+F\widehat{\boldsymbol{j}})\mathrm{d}l = \oint_{C} \widehat{\boldsymbol{n}}\cdot(E_{\mathrm{v}}\widehat{\boldsymbol{i}}+F_{\mathrm{v}}\widehat{\boldsymbol{j}})\mathrm{d}l \tag{5.3}$$

最后，将外法线方向与网格单元边线的乘积在笛卡尔坐标系中写为

$$\widehat{\boldsymbol{n}}\mathrm{d}l = \mathrm{d}y\widehat{\boldsymbol{i}} - \mathrm{d}x\widehat{\boldsymbol{j}} \tag{5.4}$$

可给出用于有限体积离散的最终形式

$$\frac{\mathrm{d}}{\mathrm{d}t}\int_{A} Q\mathrm{d}A + \oint_{C}(E\mathrm{d}y - F\mathrm{d}x) = \oint_{C}(E_{\mathrm{v}}\mathrm{d}y - F_{\mathrm{v}}\mathrm{d}x) \tag{5.5}$$

公式（5.5）的半离散格式可以写为

$$A_{j,k}\frac{\mathrm{d}}{\mathrm{d}t}Q_{j,k} + \mathcal{L}_{\mathrm{i}}Q_{j,k} + \mathcal{L}_{\mathrm{ad}}Q_{j,k} = \mathcal{L}_{\mathrm{v}}Q_{j,k} \tag{5.6}$$

其中，$A_{j,k}$ 为网格单元的面积；$\mathcal{L}_{\mathrm{i}}$ 是无黏通量积分的离散算子；$\mathcal{L}_{\mathrm{ad}}$ 是人工耗散算子；$\mathcal{L}_{\mathrm{v}}$ 是黏性通量积分的离散算子；$Q_{j,k}$ 表示在网格单元 j，k 上的平均守恒变量，定义如下：

$$Q_{j,k} = \frac{1}{A_{j,k}}\int_{A_{j,k}} Q\mathrm{d}A \tag{5.7}$$

算子 $\mathcal{L}_{\mathrm{i}}Q$、$\mathcal{L}_{\mathrm{v}}Q$ 和 $\mathcal{L}_{\mathrm{ad}}Q$ 在下面的各小节依次定义。

5.2.1 无黏和黏性通量

无黏通量的积分通过网格单元的四个边求和来近似

$$\mathcal{L}_{\mathrm{i}}Q = \sum_{l=1}^{4}(\mathcal{F}_{\mathrm{i}})_l\cdot\boldsymbol{s}_l \tag{5.8}$$

此处，

$$\boldsymbol{s}_l = (\Delta y)_l \widehat{\boldsymbol{i}} - (\Delta x)_l \widehat{\boldsymbol{j}} \tag{5.9}$$

为式（5.4）在网格单元直边上的离散近似；$(\mathcal{F}_{\mathrm{i}})_l$ 是无黏通量张量在网格单元边上的近似。$\boldsymbol{s}_l$ 用黑体字表示，代表其为矢量。$(\Delta x)_l$ 和 $(\Delta y)_l$ 的定义必须保证法线方向从单元内部指向外部。因为单元的边是直的，在每条边上，外法线方向是不变的。唯一的例外可能出现在固体壁面。在壁面上，近似为直边对于二阶离散已足够精确；如果需要更高阶精度，则必须要考虑固壁边界的曲率。

在 2.4.2小节，我们已经看到，结合分段常数重构和简单平均来解决单元交接面上通量不连续的问题，可以得到一个二阶中心有限体积格式，该格式类似于均匀网格上的二阶中心有限差分格式，这里也采用这种方法。定义上角标的负号表示单元交接面一侧的量，正号表示另一侧的量，则通过单元交接面的平均通量为

$$(\mathcal{F}_{\mathrm{i}})_l = \frac{1}{2}(\boldsymbol{\mathcal{F}}_{\mathrm{i}}^- + \boldsymbol{\mathcal{F}}_{\mathrm{i}}^+) = \frac{1}{2}(Q^-\boldsymbol{v}^- + Q^+\boldsymbol{v}^+)_l + \bar{\boldsymbol{\mathcal{P}}}_l \tag{5.10}$$

这里，$\boldsymbol{v} = u\widehat{\boldsymbol{i}} + v\widehat{\boldsymbol{j}}$，且有

$$\bar{\boldsymbol{\mathcal{P}}}_l = \left[0 \quad \frac{1}{2}(p^- + p^+)_l\widehat{\boldsymbol{i}} \quad \frac{1}{2}(p^- + p^+)_l\widehat{\boldsymbol{j}} \quad \frac{1}{2}(p^-\boldsymbol{v}^- + p^+\boldsymbol{v}^+)_l\right]^{\mathrm{T}} \tag{5.11}$$

这个格式是二阶精度且无耗散。如 5.2.2 小节所述，为了保持格式稳定，必须加上数值耗散。

对于黏性项，我们再回顾一下 2.4.2 小节。在那一节，用两种不同的方法推导了扩散方程的二阶有限体积格式。第一种方式是基于式（2.58）的一维形式，可写为

$$\int_A \nabla Q \mathrm{d}A = \oint_C \widehat{\boldsymbol{n}} Q \mathrm{d}l \tag{5.12}$$

这种方法很容易扩展到多维，但只有二阶精度。考虑到我们找的就是二阶近似，因此我们将采用这种方法来离散黏性通量项。

黏性通量项离散的难点在于此项包含速度梯度，而这些速度梯度不能直接从解矢量中获得。为了获得网格单元边界上合适的速度梯度的近似值，将式（5.12）应用于围绕当前网格单元且与其各边相连的辅助单元。在笛卡尔坐标系下进行速度分解，通过式（5.12）可以给出速度 u 在各方向的速度梯度分量：

$$\begin{aligned} \int_{A'} \frac{\partial u}{\partial x} \mathrm{d}A &= \oint_{C'} u \mathrm{d}y \\ \int_{A'} \frac{\partial u}{\partial y} \mathrm{d}A &= -\oint_{C'} u \mathrm{d}x \end{aligned} \tag{5.13}$$

其中，上角标加撇是为了提醒读者此公式是应用于围绕有限体积各条边的辅助单元上的。速度分量 v 的梯度近似也用相同的公式。用这些公式右侧的积分除以网格单元面积可以给出该单元平均梯度的近似值。这也为辅助单元边上的速度梯度提供了一个二阶精度的近似值。

图 5.1[7] 给出了一个辅助单元的示例。当前的单元为（j,k）单元，该单元根据节点 $ABCD$ 定义。辅助单元 $A'B'C'D'$ 给出了边 BC 上的速度梯度的近似。为了积分得到式（5.13）的积分值，$A'B'C'D'$ 的各条边均采用中点法则。将边 $A'B'$ 中点的速度作为围绕这条边四个单元的平均速度。对于边 $C'D'$ 的处理也一样。而边 $B'C'$ 和边 $D'A'$ 中点的速度分别直接与单元（$j,k+1$）和单元（j,k）关联。一旦得到速度梯度的近似值，计算通过单元 (j,k) 各边黏性通量所需要的其他参数，包括黏度，都可以通过与此边关联的单元上的参数平均来获得。

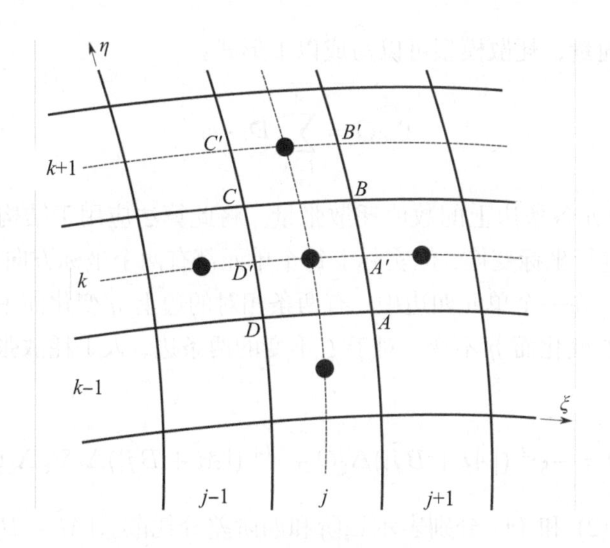

图 5.1 计算黏性通量的辅助网格 $A'B'C'D'$

另一种辅助单元的生成方法是将边的端点作为单元顶点，单元的形心位于边的任何一侧，有时也称为菱形路径，如图 5.2所示。在这种情况下，计算速度梯度的积分采用梯形规则。

一旦得到了单元各边上的黏性通量张量 $(\mathcal{F}_{\mathrm{v}})_l$ 的近似值，单元的黏性净通量可以通过下式确定：

$$\mathcal{L}_{\mathrm{v}}Q = \sum_{l=1}^{4}(\mathcal{F}_{\mathrm{v}})_l \cdot \boldsymbol{s}_l \tag{5.14}$$

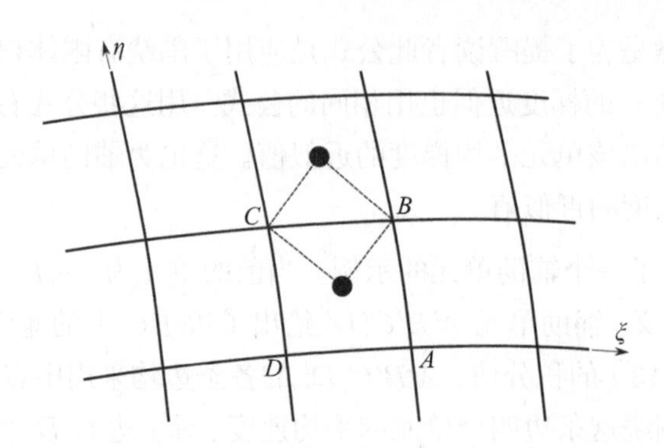

图 5.2 基于菱形路径的辅助网格

5.2.2 人工耗散

类比无黏通量，耗散模型可以写成以下形式：

$$\mathcal{L}_{\text{ad}}Q = \sum_{l=1}^{4} \boldsymbol{\mathcal{D}}_l \cdot \boldsymbol{s}_l \tag{5.15}$$

此处，$\boldsymbol{\mathcal{D}}_l$ 是单元各条边上的数值耗散张量。将此算法应用于结构化网格这一事实，尽管没有进行坐标变换，但实际上每个单元都有两个坐标方向，ξ 和 η，如图5.1所示。这样，在一个单元四边中，有两条相对的边上 η 变化而 ξ 不变；另外两条相对的边上 ξ 变化而 η 不变。对于 ξ 不变的两条边，人工耗散张量可以通过下面的公式给出：

$$\boldsymbol{\mathcal{D}} = -\epsilon^{(2)}(|A\widehat{\boldsymbol{i}} + B\widehat{\boldsymbol{j}}|)\Delta_\xi Q + \epsilon^{(4)}(|A\widehat{\boldsymbol{i}} + B\widehat{\boldsymbol{j}}|)\Delta_\xi \nabla_\xi \Delta_\xi Q \tag{5.16}$$

式中的上角标 (2) 和 (4) 分别表示二阶和四阶差分耗散。$|A\widehat{\boldsymbol{i}} + B\widehat{\boldsymbol{j}}|$ 的含义与式（2.103）一致。A 和 B 分别是无黏矢通量 E 和 F 的雅可比矩阵。Δ_ξ 和 ∇_ξ 表示沿 ξ 方向的差分。例如，$\Delta_\xi Q$ 是某条边两侧单元的 Q 值的差值。与第 4 章描述的人工黏性耗散类似，系数 $\epsilon^{(2)}$ 和 $\epsilon^{(4)}$ 控制着二阶耗散和四阶耗散的相对比重。

读者应观察式（5.16）和式（4.85）之间的相似性。本节描述的人工耗散是（4.4.3）小节中所描述格式的一种有限体积的类比。因此，二者有相同的本质。比如，二阶差分项是一阶精度，用在激波附近；而四阶差分项是三阶精度，用于流动光顺区。

对于 ξ 不变的两条边，将式（5.9）定义的 $\boldsymbol{s}_l$ 代入上式，可得

$$\boldsymbol{\mathcal{D}}_l \cdot \boldsymbol{s}_l = -\epsilon_l^{(2)}(|A_l\Delta y_l - B_l\Delta x_l|)\Delta_\xi Q + \epsilon^{(4)}(|A_l\Delta y_l - B_l\Delta x_l|)\Delta_\xi \nabla_\xi \Delta_\xi Q \tag{5.17}$$

对该边两侧的值进行平均可得到通量雅可比矩阵。这里可以采用 Roe 平均（见 6.3 小节），得到上式的标量形式：

$$\boldsymbol{\mathcal{D}}_l \cdot \boldsymbol{s}_l = -\epsilon_l^{(2)}(\lambda_\xi)_l \Delta_\xi Q + \epsilon_l^{(4)}(\lambda_\xi)_l \Delta_\xi \nabla_\xi \Delta_\xi Q \tag{5.18}$$

其中，

$$\lambda_\xi = |u\Delta y - v\Delta x| + a\sqrt{\Delta y^2 + \Delta x^2} \tag{5.19}$$

是等 ξ 边对应的谱半径（见 Warming 等 [8]）。沿 η 方向的谱半径形式也一样，但其中 Δx 和 Δy 的值与等 η 边对应。

压力开关量的处理与式（4.83）一样。对于边 $j+\dfrac{1}{2}, k$，可以按下式计算：

$$\begin{aligned}
\epsilon_l^{(2)} &= \kappa_2 \max(\Upsilon_{j+2,k}, \Upsilon_{j+1,k}, \Upsilon_{j,k}, \Upsilon_{j-1,k}) \\
\Upsilon_{j,k} &= \left| \frac{p_{j+1,k} - 2p_{j,k} + p_{j-1,k}}{p_{j+1,k} + 2p_{j,k} + p_{j-1,k}} \right| \\
\epsilon_l^{(4)} &= \max(0, \kappa_4 - \epsilon_l^{(2)})
\end{aligned} \tag{5.20}$$

其中，常数 κ_2 和 κ_4 通常分别取 1/2 和 1/32。

等 η 边的人工耗散项的处理方法也是一样，只需把式（5.16）和式（5.17）中的 ξ 换成 η 即可。

如前所述，此人工耗散模型与第 4 章所述的与隐式算法配合使用的人工耗散模型相似。当与显式多重网格算法配合使用时，人工耗散项有时可以按下述方式改写 [7]，即式（5.19）给出的与 ξ 方向相关的谱半径乘以 $\phi(r)$，这里的 ϕ 用下式计算：

$$\phi(r_{\eta\xi}) = 1 + r_{\eta\xi}^{\zeta} \tag{5.21}$$

其中，

$$r_{\eta\xi} = \frac{\lambda_\eta}{\lambda_\xi} \tag{5.22}$$

而 ζ 通常取 2/3。沿 η 方向的谱半径 λ_η 乘以的是 $\phi(r^{-1})$。这样做增加了数值耗散，从而改善了该格式的高频阻尼特性，并使多重网格法具有更好的收敛速度。尤其当网格的长宽比较大时，这样做尤为重要。例如，高雷诺数下的边界层，其网格长宽比可以用比值 λ_η/λ_ξ 来近似。当一个网格单元的长宽比为 1000 时，ϕ 的量级为 100，则沿流向的数值耗散大大增加。

5.3　稳态计算迭代

5.3.1　多阶时间推进法

半离散形式（5.6）可以写为

$$\frac{\mathrm{d}}{\mathrm{d}t}Q_{j,k} = -\frac{1}{A_{j,k}}\mathcal{L}Q_{j,k} \tag{5.23}$$

其中，$\mathcal{L} = \mathcal{L}_{\mathrm{i}} + \mathcal{L}_{\mathrm{ad}} - \mathcal{L}_{\mathrm{v}}$。我们将专注于显式多阶时间推进法，此方法可用于求解定常流动，或用于非定常流动中时间推进的每一个时间步引出的非线性问题 (见 4.5.7 小节)。在这两种情况中，时间的高阶精度没有多大帮助。因此，与多重网格法结合时，我们将考虑专门为快速收敛到稳态解而设计的方法。

时间推进法收敛到稳态的有效性可以用放大因子（基于第 2 章术语中的 σ 特征值）来评估。放大因子由具体的空间离散获得的 λh 特征值生成，这将在后面进一步讨论，我们先从更为定性的讨论开始。当从任意初始条件迭代到稳态解时，我们可以把初值和稳态解之差作为必须要消除的**误差**。时间推进迭代其实代表了一个物理过程，因此可以对迭代到稳态给予物理解释。该误差通过与控制（偏微分）方程有关的两种机制消除：① 可以从计算域边界对流出去；② 也可以通过物理和数值耗散在计算域内消散。如果用模态法对误差进行分解，则可以解释为，对流通常会消除低频模态误差，耗散通常会消除高频模态误差。

收敛性好的时间推进法需要利用这两种机制。为了使误差从边界对流出去，该方法至少应具有二阶精度，以便能准确表征对流的物理性质；当与具体的空间离散化相结合时，最大的稳定库朗数 (Courant number) 应尽可能大。与空间离散结合时，该方法还应具有对高频模态的阻尼。对于多重网格法，后者尤为重要，这一点将在 5.3.3 小节讨论。最后，每个时间步的计算花销也是一个重要的考虑因素。

我们先考虑将时间推进法用于空间离散后的欧拉方程，即用于常微分方程系统：

$$\frac{\mathrm{d}}{\mathrm{d}t}Q_{j,k} = -\frac{1}{A_{j,k}}(\mathcal{L}_{\mathrm{i}} + \mathcal{L}_{\mathrm{ad}})Q_{j,k} = -R(Q_{j,k}) \tag{5.24}$$

考虑以下形式的多阶时间推进法：

$$\begin{aligned} Q_{j,k}^{(0)} &= Q_{j,k}^{(n)} \\ Q_{j,k}^{(m)} &= Q_{j,k}^{(0)} - \alpha_m h R(Q_{j,k}^{(m-1)}), \quad m = 1, \cdots, q \\ Q_{j,k}^{(n+1)} &= Q_{j,k}^{(q)} \end{aligned} \tag{5.25}$$

其中，n 是时间序号；$h = \Delta t$；q 是多阶方法的阶数；$\alpha_m(m = 1, \cdots, q)$ 是系数。读者要注意这并不是显式龙格–库塔法的一般形式。例如，在 2.6 节给出的经典的四步方法就不能写成这种形式。不过，这种形式相当于齐次常微分方程的更一般形式，因此能够设计具有定制收敛特性的算法。

为了便于讨论，下述分析将专注于五阶方法，即 $q = 5$。考虑如下的齐次标量常微分方程：

$$\frac{\mathrm{d}u}{\mathrm{d}t} = \lambda u \tag{5.26}$$

其中，λ 代表线性化的半离散方程的特征值。应用式（5.25）给出的五阶方法，可得上述方程的解为

$$u_n = u_0 \sigma^n \tag{5.27}$$

其中，u_0 为初值；σ 由下式给出：

$$\sigma = 1 + \beta_1 \lambda h + \beta_2 (\lambda h)^2 + \beta_3 (\lambda h)^3 + \beta_4 (\lambda h)^4 + \beta_5 (\lambda h)^5 \tag{5.28}$$

上式中各系数取

$$\begin{aligned}
\beta_1 &= \alpha_5 \\
\beta_2 &= \alpha_5 \alpha_4 \\
\beta_3 &= \alpha_5 \alpha_4 \alpha_3 \\
\beta_4 &= \alpha_5 \alpha_4 \alpha_3 \alpha_2 \\
\beta_5 &= \alpha_5 \alpha_4 \alpha_3 \alpha_2 \alpha_1
\end{aligned} \tag{5.29}$$

若取 $\alpha_5 = 1$ 和 $\alpha_4 = 1/2$，可得二阶精度，则有 $\beta_1 = 1$ 和 $\beta_2 = 1/2$。还有三个自由参数可以从优化收敛的角度选取。

若取 $\beta_3 = 1/6, \beta_4 = 1/24, \beta_5 = 1/120$，使得 σ 逼近于 $\mathrm{e}^{\lambda h}$，这时，至少对于式（5.26）所示的齐次常微分方程，该方法达到了最高阶精度。这需要取 $\alpha_1 = 1/5$，$\alpha_2 = 1/4$，$\alpha_3 = 1/3$。图 5.3 展示了该方法在 λh 复平面的 $|\sigma|$ 等值线图。可见，该方法有很大的稳定域，其中一部分在虚轴上。

此方法的收敛速率取决于具体的空间离散和时间步长。为了进行验证，考虑如下的线性对流方程：

$$\frac{\partial u}{\partial t} + a \frac{\partial u}{\partial x} = 0 \tag{5.30}$$

其中，$a > 0$，采用周期性边界条件。采用带四阶人工耗散的二阶中心差分来离散空间导数项：

$$-a \delta_x u = -\frac{a}{\Delta x} \left[\frac{u_{j+1} - u_{j-1}}{2} + \kappa_4 (u_{j-2} - 4u_{j-1} + 6u_j - 4u_{j+1} + u_{j+2}) \right] \tag{5.31}$$

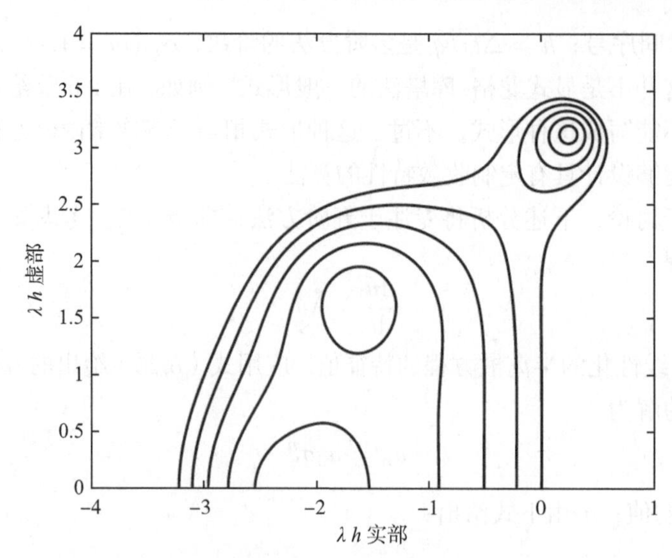

图 5.3 五阶时间推进法的 $|\sigma|$ 等值线图，$\beta_3=1/6,\beta_4=1/24,\beta_5=1/120$。$|\sigma|$ 值分别为 1, 0.8, 0.6, 0.4 和 0.2

由于采用了周期性边界条件，可以用傅里叶分析（Fourier analysis）得到上述半离散格式的特征值 λ，计算方法如下：

$$\lambda_m=-\frac{a}{\Delta x}\left\{\mathrm{i}\sin\left(\frac{2\pi m}{M}\right)+4\kappa_4\left[1-\cos\left(\frac{2\pi m}{M}\right)\right]^2\right\},\quad m=0,\cdots,M-1 \tag{5.32}$$

其中，M 对应网格的节点数。乘以时间步长可得

$$\lambda_m h=-C_{\mathrm{n}}\left\{\mathrm{i}\sin\left(\frac{2\pi m}{M}\right)+4\kappa_4\left[1-\cos\left(\frac{2\pi m}{M}\right)\right]^2\right\},\quad m=0,\cdots,M-1 \tag{5.33}$$

其中，$C_{\mathrm{n}}=ah/\Delta x$ 为库朗数。

图 5.4显示了式（5.33）给出的 λh 值，对应 $M=40$，$\kappa_4=1/32$，$C_{\mathrm{n}}=2.5$，以及五阶算法的 $|\sigma|$ 等值线图，对应 $\alpha_1=1/5$，$\alpha_2=1/4$，$\alpha_3=1/3$。图 5.5给出了 $|\sigma(\lambda_m h)|$ 随 $\kappa\Delta x$ 变化的曲线，其中 $\kappa\Delta x$ 定义为 $\kappa\Delta x=2\pi m/M$，在该图中的变化范围为 $0\leqslant\kappa\Delta x\leqslant\pi$。可以看出，在低波数下，阻尼效果较差；在高波数下，阻尼效果较好。之后我们还会看到，以上方法提供了适用于多重网格法的光顺特性。值得注意的是，在这个模型问题中，只包含了计算域内的阻尼。在周期性边界条件下，误差不可能从计算域对流出去，因此上述的对流阻尼机制无法体现出来。库朗数也是一个需要注意的重要参数。虽然在当前的分析中没有看到库朗数的影响，但稳定库朗数越高，可以采用的时间步长越大，这使得误差能够在

更少的时间步内从计算域外边界对流出去。

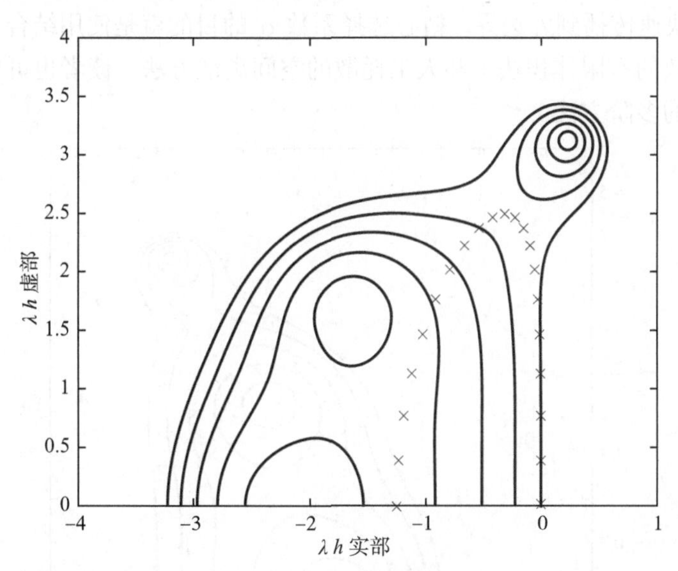

图 5.4 式(5.33)给出的 λh 曲线，$M = 40, \kappa_4 = 1/32, C_{\rm n} = 2.5$，$\alpha_1 = 1/5, \alpha_2 = 1/4, \alpha_3 = 1/3$，以及五阶时间推进法的 $|\sigma|$ 等值线图，$|\sigma|$ 等值线的值分别为 1, 0.8, 0.6, 0.4 和 0.2

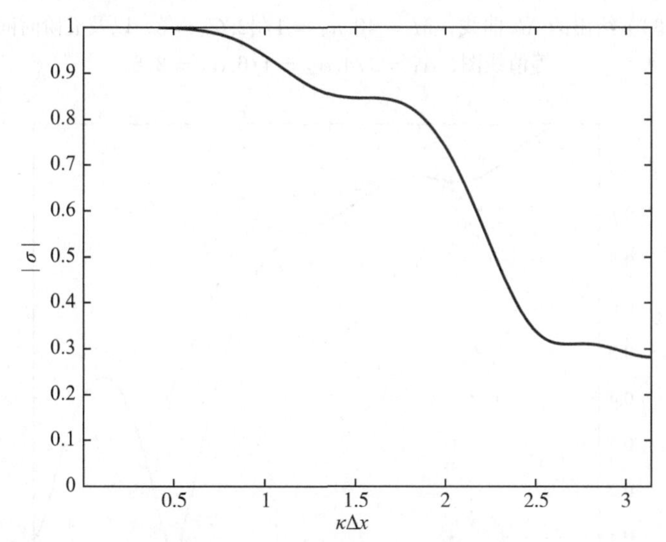

图 5.5 空间离散算子(5.31)对应的 $|\sigma|$ 随 $\kappa\Delta x$ 的变化曲线，$C_{\rm n} = 2.5, \kappa_4 = 1/32$，五阶时间推进法，$\alpha_1 = 1/5, \alpha_2 = 1/4, \alpha_3 = 1/3$

精心选择自由参数 α_1, α_2 和 α_3，可以使多阶方法与具体的空间离散配合使用，达到快速收敛的效果。例如，取 $\alpha_1 = 1/4$，$\alpha_2 = 1/6$，$\alpha_3 = 3/8$，可以使虚轴上的稳定域达到最大（见 Van der Houwen[9]）。图 5.6 和图 5.7 给出了库朗数

为 3 时的 λh 和 $|\sigma|$ 曲线。虽然对阻尼特性的改善不明显，但库朗数可以取的较大，使误差快速传播到外边界。精心选择系数 α 的目的就是使用结合了中心差分算法（或等效的有限体积法）和人工耗散的空间离散方法。读者也可以为迎风格式设计专门的多阶方法。

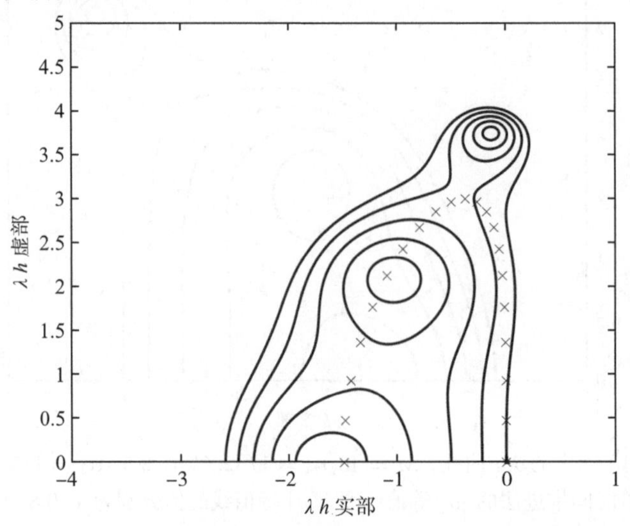

图 5.6　式（5.33）给出的 λh 曲线，$M=40,\kappa_4=1/32,C_{\rm n}=3$，以及五阶时间推进法的 $|\sigma|$ 等值线图，$\alpha_1=1/4,\alpha_2=1/6,\alpha_3=3/8$

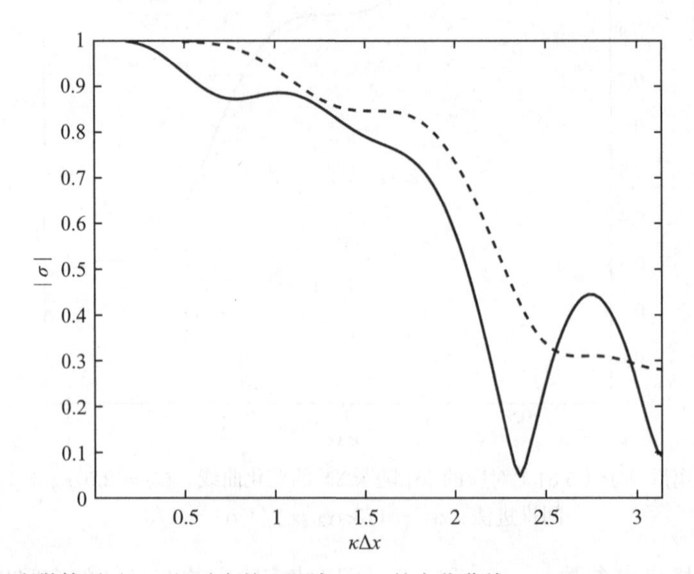

图 5.7　空间离散算子（5.31）对应的 $|\sigma|$ 随 $\kappa\Delta x$ 的变化曲线，$C_{\rm n}=3,\kappa_4=1/32$，五阶时间推进法，$\alpha_1=1/4,\alpha_2=1/6,\alpha_3=3/8$。虚线显示了图 5.5中的曲线，$C_{\rm n}=2.5,\alpha_1=1/5,\alpha_2=1/4,\alpha_3=1/3$

在当前的分析中，必须要注意这种标量傅里叶分析的局限性。虽然，它为多阶方法的设计提供了有效的指导，但它并没有考虑偏微分方程组、多维和边界的影响，因此当其应用于欧拉方程时，这些算法的性能必须通过更精细的理论或数值实验来评估。

如果采用多阶方法分别处理 $R(Q)$ 的不同部分，如 $\mathcal{L}_{\mathrm{i}}Q$ 和 $\mathcal{L}_{\mathrm{ad}}Q$，则可以进一步扩展式（5.25）。考虑一个 m 阶算法，将式（5.25）中的残差项 $R(Q_{m,k}^{(m-1)})$ 替换为

$$R^{(m-1)} = \frac{1}{A}\left(\mathcal{L}_{\mathrm{i}}Q^{(m-1)} + \sum_{p=0}^{m-1}\gamma_{mp}\mathcal{L}_{\mathrm{ad}}Q^{(p)}\right) \tag{5.34}$$

选择合适的系数 γ_{mp}，以便仅在多阶方法的某些阶进行人工耗散运算，从而减少每个时间步的计算量。例如，只在第一、三、五阶评估人工耗散，可以取值如下：

$$\begin{aligned}
&\gamma_{10} = 1\\
&\gamma_{20} = 1, \quad \gamma_{21} = 0\\
&\gamma_{30} = 1 - \mathit{\Gamma}_3, \quad \gamma_{31} = 0, \quad \gamma_{32} = \mathit{\Gamma}_3\\
&\gamma_{40} = 1 - \mathit{\Gamma}_3, \quad \gamma_{41} = 0, \quad \gamma_{42} = \mathit{\Gamma}_3, \quad \gamma_{43} = 0\\
&\gamma_{50} = (1 - \mathit{\Gamma}_3)(1 - \mathit{\Gamma}_5), \quad \gamma_{51} = 0, \quad \gamma_{52} = \mathit{\Gamma}_3(1 - \mathit{\Gamma}_5), \quad \gamma_{53} = 0, \quad \gamma_{54} = \mathit{\Gamma}_5
\end{aligned} \tag{5.35}$$

每一阶的各系数之和等于 1。图 5.8 和图 5.9 给出了当 $\mathit{\Gamma}_3 = 0.56$，$\mathit{\Gamma}_5 = 0.44$ 时线性对流方程的结果。此方法保留了前一种方法的良好阻尼特性，同时降低了每个时间步的计算开销，从而降低了达到计算收敛时总的计算开销。

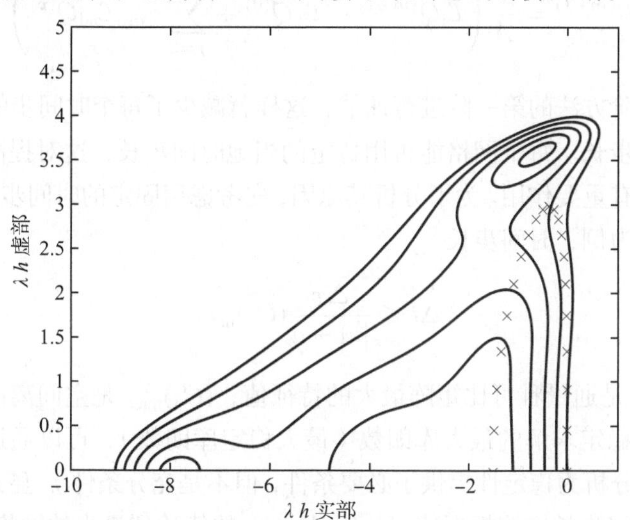

图 5.8 式（5.33）给出的 λh 曲线，$M = 40, \kappa_4 = 1/32, C_{\mathrm{n}} = 3$，以及带人工耗散的五阶时间推进法的 $|\sigma|$ 等值线图，$\alpha_1 = 1/4, \alpha_2 = 1/6, \alpha_3 = 3/8$。人工耗散只在第一、三、五阶计算

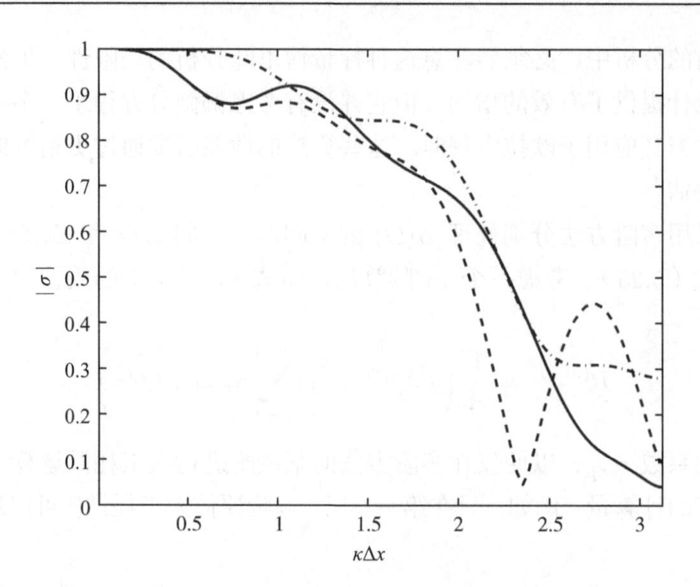

图 5.9 空间离散算子（5.31）对应的 $|\sigma|$ 随 $\kappa\Delta x$ 的变化曲线，$C_{\mathrm{n}}=3, \kappa_4=1/32$，带人工耗散的五阶时间推进法，$\alpha_1=1/4, \alpha_2=1/6, \alpha_3=3/8$。人工耗散只在第一、三、五阶计算。虚线显示了图 5.7中的曲线，每一阶都计算人工耗散，点划线显示了图 5.5中的曲线，$C_{\mathrm{n}}=2.5$, $\alpha_1=1/5, \alpha_2=1/4, \alpha_3=1/3$

上述的多阶方法也适用于 N-S 方程。这时，残差还包括黏性项和热传导项的贡献 $\mathcal{L}_{\mathrm{v}}$。每一阶的残差可以计算如下：

$$R^{(m-1)}=\frac{1}{A}\left(\mathcal{L}_{\mathrm{i}}Q^{(m-1)}-\mathcal{L}_{\mathrm{v}}Q^{(0)}+\sum_{p=0}^{m-1}\gamma_{mp}\mathcal{L}_{\mathrm{ad}}Q^{(p)}\right) \tag{5.36}$$

黏性项只在多阶方法的第一阶进行评估，这样就减少了每个时间步的计算时间。

当地时间步长。每个网格能否用特定的当地时间步长，这对提高稳态显式方法的收敛速率有重要作用。为了分析其原因，先考虑用固定的时间步长的情况。以一维欧拉方程为例，时间步长

$$\Delta t \leqslant \frac{\Delta x}{|u|+a}(C_{\mathrm{n}})_{\max} \tag{5.37}$$

其中，$|u|+a$ 是通量雅可比矩阵最大的特征值；$(C_{\mathrm{n}})_{\max}$ 是空间离散和时间推进法特定组合能稳定求解的最大库朗数（最大稳定库朗数），可以通过傅里叶分析确定（傅里叶分析为稳定性提供了必要条件，但不是充分条件）。显式方法是有条件稳定的。时间步长应该根据使 $\Delta x/(|u|+a)$ 的值达到最小的网格单元来确定。通常，网格间距的变化远远超过最大波速的变化，因此，实际上时间步长主要受

网格中最小单元的尺度限制。如果最小单元尺度比最大单元尺度小几个量级，则此固定的时间步长将比尺度较大的单元可以用的最优的时间步长要小很多。

我们可以分析一下库朗数的物理意义。它是最大波速在一个时间步内传播的距离与网格间距之比。比如说，库朗数为 3，最大波速在一个时间步内传播的距离为 $3\Delta x$。如果时间步长是根据一个很小的单元决定的，则大的单元的有效库朗数会很小，导致扰动需要很多个时间步才能从大的网格单元中传播出去。

对于网格间距变化较大的网格，可以根据设定的库朗数，在每个时间步给各个单元不同的时间步长，称为当地时间步长，这样可以使求解更快地收敛到稳态。例如，在我们一直用的一维算例中，当地时间步长可以用下式计算：

$$(\Delta t)_j = \frac{(\Delta x)_j}{(|u| + a)_j} C_{\mathrm{n}} \tag{5.38}$$

其中，C_{n} 为期望的（最优）库朗数。使用当地时间步长虽然降低了瞬态求解的精确性，但对于收敛到稳态的解没有影响。

对于一维欧拉方程，当地时间步长（5.38）的定义相对简单。扩展到多维稳态和 N-S 方程就不是那么直观了，通常需要做一些近似。为了能展示出这些问题，我们用对流-扩散方程作为模型来考虑：

$$\frac{\partial u}{\partial t} + a\frac{\partial u}{\partial x} = \nu \frac{\partial^2 u}{\partial x^2} \tag{5.39}$$

在一个有 M 个节点的网格上，采用周期性边界，并对一阶和二阶空间导数项都使用二阶中心差分逼近，由傅里叶分析可得特征值为

$$\lambda_m = -\frac{a}{\Delta x}\mathrm{i}\sin\left(\frac{2\pi m}{M}\right) - \frac{4\nu}{\Delta x^2}\sin^2\left(\frac{\pi m}{M}\right), \quad m = 0, \cdots, M-1 \tag{5.40}$$

其中，$\Delta x = 2\pi/M$。特征值的虚部与对流项相关，实部与扩散项相关。

采用之前描述的五阶时间推进法来求解这个半离散方程组，系数取 $\alpha_1 = 1/4$，$\alpha_2 = 1/6$，$\alpha_3 = 3/8$。从图 5.6可以看出，在虚特征值最大到 4，负的实特征值最大到 -2.59 的范围内，此方法是稳定的。我们将仅根据这一信息来定义此时间推进法的当地时间步长。上述的特征值乘以 h 可得

$$\lambda_m h = -C_{\mathrm{n}}\mathrm{i}\sin\left(\frac{2\pi m}{M}\right) - 4V_{\mathrm{n}}\sin^2\left(\frac{\pi m}{M}\right), \quad m = 0, \cdots, M-1 \tag{5.41}$$

其中，$V_{\mathrm{n}} = \nu h/\Delta x^2$ 有时被称为冯 · 诺依曼数。根据前述的此时间推进法的性质，

其稳定性条件为

$$C_{\rm n}=\frac{ah}{\Delta x}\leqslant 4 \tag{5.42}$$

$$V_{\rm n}=\frac{\nu h}{\Delta x^2}\leqslant\frac{2.59}{4}$$

从第一个条件可以定义出对流项的时间步长上限为

$$h_{\rm c}\leqslant\frac{4\Delta x}{a} \tag{5.43}$$

而第二个条件给出了扩散项的时间步长上限

$$h_{\rm d}\leqslant\frac{2.59\Delta x^2}{4\nu} \tag{5.44}$$

这样，根据上两式可以很容易选择时间步长 $h_{\rm c}$ 和 $h_{\rm d}$ 的最小值，可以保证所有特征值的虚部小于 4，而负的实部小于 2.5。然而，这个时间步长的定义还不足以保证稳定性。考虑这样一个例子，$a=1$，$\nu=0.01$ 且 $M=40$。图 5.10给出了该时间推进法的谱和 $|\sigma|$ 等值线。可以看到有一些特征值位于稳定域之外。

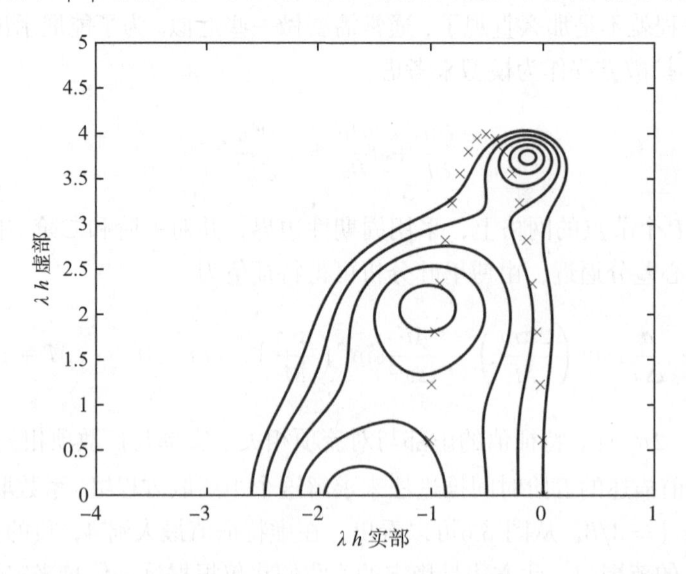

图 5.10　式（5.33）给出的 λh 曲线，$M=40,\kappa_4=1/32,C_{\rm n}=3$，以及五阶时间推进法的 $|\sigma|$ 等值线图，$\alpha_1=1/4,\alpha_2=1/6,\alpha_3=3/8$。时间步长基于 $h_{\rm c}$ 和 $h_{\rm d}$ 之间的最小值

一个更为保守的时间步长的定义方法如下：

$$\frac{1}{h}=\frac{1}{h_{\rm c}}+\frac{1}{h_{\rm d}} \tag{5.45}$$

这样做可以使时间步长小于 h_c 和 h_d 二者之间最小值。图 5.11给出了上面例子的 λh 值。可以看到，所有的特征值都位于稳定域之内。

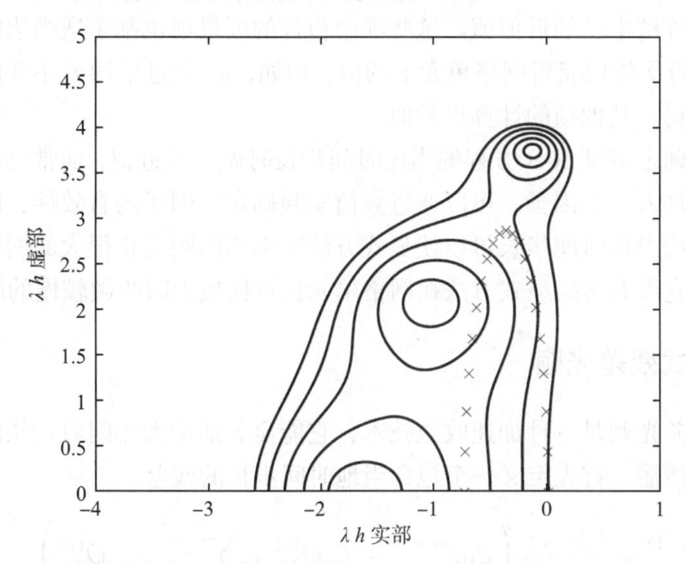

图 5.11 式（5.33）给出的 λh 曲线，$M = 40, \kappa_4 = 1/32, C_\mathrm{n} = 3$，以及五阶时间推进法的 $|\sigma|$ 等值线图，$\alpha_1 = 1/4, \alpha_2 = 1/6, \alpha_3 = 3/8$。时间步长基于式（5.45）

为了提高显式多阶时间推进法的鲁棒性和快速收敛性，在这种近似方法的基础上，发展了多种当地时间步长方法。例如，Swanson 和 Turkel[7] 基于式（5.45）提出了一种方法

$$h = \frac{N_\mathrm{i} A}{\lambda_C + \lambda_D} \tag{5.46}$$

其中，

$$\begin{aligned} \lambda_C &= \lambda_\xi + \lambda_\eta \\ \lambda_D &= (\lambda_D)_\xi + (\lambda_D)_\eta + (\lambda_D)_{\xi\eta} \end{aligned} \tag{5.47}$$

这里，

$$\begin{aligned} (\lambda_D)_\xi &= \frac{\gamma\mu}{Re\rho Pr} A^{-1}(x_\eta^2 + y_\eta^2) \\ (\lambda_D)_\eta &= \frac{\gamma\mu}{Re\rho Pr} A^{-1}(x_\xi^2 + y_\xi^2) \\ (\lambda_D)_{\xi\eta} &= \frac{\mu}{Re\rho} A^{-1}\left[-\frac{7}{3}(y_\eta y_\xi + x_\xi x_\eta) + \frac{1}{3}\sqrt{(x_\eta^2 + y_\eta^2)(x_\xi^2 + y_\xi^2)}\right] \end{aligned} \tag{5.48}$$

式（5.45）中的 N_i 是所用时间推进法的纯虚的特征值的稳定边界。假设最大的负的实特征值的量级与之相近。网格单元的面积为 A，λ_ξ 和 λ_η 与式（5.19）中定

义一致。对于当前网格单元，λ_ξ 为沿 ξ 不变的两条边上的平均值，而 λ_η 为沿 η 不变的两条边上的平均值。扩散项 $(\lambda_D)_\xi$，$(\lambda_D)_\eta$ 和 $(\lambda_D)_{\xi\eta}$ 分别是相应的黏性通量雅可比矩阵谱半径的近似值。这些项中包含的度量项也基于适当边的差分来计算，然后进行平均以获得网格单元上的值。例如，y_η 通过平均 ξ 不变的两条对边上的 Δy 获得。其他项的计算也类似。

考虑在确定多维 N-S 方程的当地时间步长时做一些近似，通常会在时间步长的定义中再加入一个因子。可以通过数值实验确定该因子的有效性，即可靠性和高效性。使用当地时间步长可以使显式方法在网格间距变化很大的网格上快速收敛。但是，它没有解决显式方法在网格单元长宽比较大时收敛较慢的问题。

5.3.2　隐式残差光顺

隐式残差光顺是一种加速收敛技术，它能显著地增大库朗数，从而加速扰动向外边界的传播。首先定义一个包含当地时间步长的残差：

$$\tilde{R}_{j,k}^{(m-1)} = \frac{(\Delta t)_{j,k}}{A_{j,k}}\left(\mathcal{L}_{\mathrm{i}}Q_{j,k}^{(m-1)} - \mathcal{L}_{\mathrm{v}}Q_{j,k}^{(0)} + \sum_{p=0}^{m-1}\gamma_{mp}\mathcal{L}_{\mathrm{ad}}Q_{j,k}^{(p)}\right) \tag{5.49}$$

通过下式对残差进行光顺：

$$(1-\beta_\xi\nabla_\xi\Delta_\xi)(1-\beta_\eta\nabla_\eta\Delta_\eta)\bar{R}_{j,k}^{(m-1)} = \tilde{R}_{j,k}^{(m-1)} \tag{5.50}$$

$\bar{R}_{j,k}^{(m-1)}$ 为光顺后的残差。用光顺后的残差替换式（5.25）中的残差 $hR(Q_{j,k}^{(m-1)})$。在 5.2.2小节已经定义过 ∇_ξ 和 Δ_ξ 为 ξ 方向的差分算子，∇_η 和 Δ_η 为 η 方向相应的差分算子。β_ξ 和 β_η 为光顺系数。沿 ξ 方向的光顺运算可以写为

$$(1-\beta_\xi\nabla_\xi\Delta_\xi)\bar{R}_{j,k}^{(m-1)} = [-\beta_\xi\bar{R}_{j-1,k}^{(m-1)} + (1+2\beta_\xi)\bar{R}_{j,k}^{(m-1)} - \beta_\xi\bar{R}_{j+1,k}^{(m-1)}] \tag{5.51}$$

质量方程、x 和 y 方向的动量方程，以及能量方程各自的残差光顺要分别进行。因此，在多阶时间推进法中，二维的隐式残差光顺需要在每个时间步求解两个标量三对角矩阵。这会显著增加每个时间步的计算量。

为了理解和分析隐式残差光顺，我们再回到式（5.31）给出的采用周期性边界条件的线性对流方程的离散形式。对于一维标量问题，隐式残差光顺算子可以通过下式给定：

$$B_{\mathrm{p}}(M:-\beta, 1+2\beta, -\beta)\bar{R} = R \tag{5.52}$$

或者

$$\bar{R} = [B_{\mathrm{p}}(M:-\beta, 1+2\beta, -\beta)]^{-1}R \tag{5.53}$$

这里，我们用式（2.33）给出的符号来表示带状周期矩阵 $B_{\mathrm{p}}(M: a, b, c)$。用式（5.33）除以特征值 $B_{\mathrm{p}}(M: -\beta, 1+2\beta, -\beta)$[①]，可以得到含隐式残差光顺的矩阵的特征值

$$\lambda_m h = -C_{\mathrm{n}} \frac{\mathrm{i}\sin\left(\dfrac{2\pi m}{M}\right) + 4\kappa_4\left[1-\cos\left(\dfrac{2\pi m}{M}\right)\right]^2}{1+4\beta\sin^2\left(\dfrac{\pi m}{M}\right)}, \quad m = 0, \cdots, M-1 \quad (5.54)$$

对于之前研究过的问题，取 $M = 40$，$C_{\mathrm{n}} = 3$，$\kappa = 1/32$，且光顺系数取 $\beta = 0.6$，图 5.12 给出了相应的特征值 λh。从图上可以观察到两个主要特征。第一，总体上隐式残差光顺导致特征值的幅值下降。这意味着在给定的时间推进法的稳定域内，可以使用更大的库朗数。第二，m 值较小的特征值，即在原点上下的特征值，受残差光顺的影响最小。这些特征值对应那些完好解析的模态，即低频模态，也就是那些流出边界的模态。因此，残差光顺对这些模态的传播方式几乎没有影响。

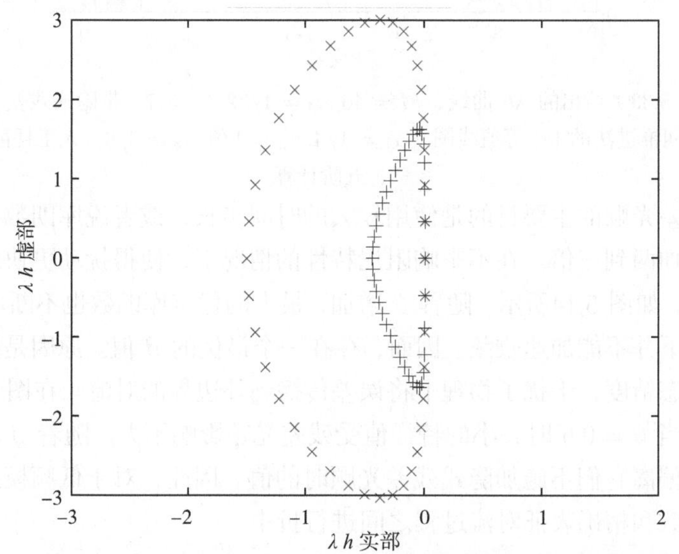

图 5.12　式（5.33）给出的 λh 曲线，$M = 40, \kappa_4 = 1/32, C_{\mathrm{n}} = 3$。$(\times)$ 表示无隐式残差光顺结果，$(+)$ 表示 $\beta = 0.6$ 的隐式残差光顺结果

图 5.13 显示了这些特征值，同时显示了带耗散的五阶方法的 $|\sigma|$ 等值线图，其中耗散计算在第一、三、五阶进行。在隐式残差光顺的作用下，库朗数取到 7 时，该算法仍是稳定的。这时，扰动会比没有用残差光顺（库朗数为 3）时的扰动在更少的时间步内传播出外边界。图 5.14显示出有残差光顺时的阻尼特性，与

① 这是循环矩阵的性质。

没有残差光顺时的阻尼特性很相似。所以，残差光顺最大的好处只是可以用更高的库朗数。值得注意的是，隐式残差光顺使每个时间步的计算量明显增加，因此必须要在减少时间步数和增加每个时间步的计算量之间进行权衡。

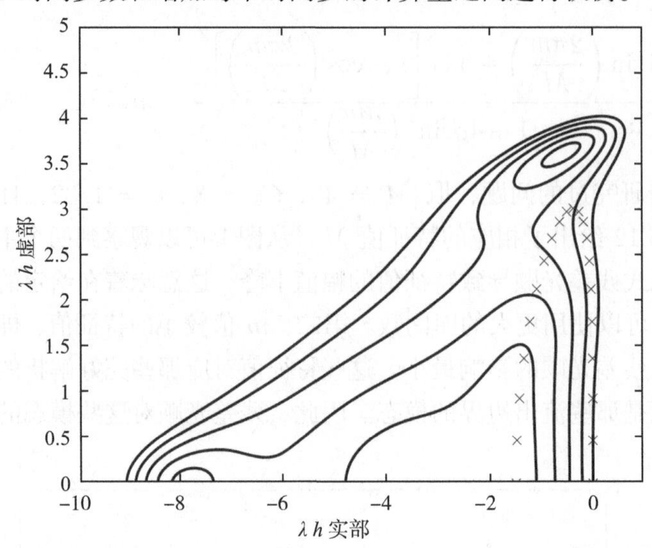

图 5.13　式（5.33）给出的 λh 曲线，$M=40, \kappa_4=1/32, C_{\mathrm{n}}=7$，带隐式残差光顺 $\beta=0.6$，以及五阶时间推进法的 $|\sigma|$ 等值线图，$\alpha_1=1/4, \alpha_2=1/6, \alpha_3=3/8$。人工耗散只在第一、三、五阶计算

隐式残差光顺的主要目的是使用较大的时间步长，或者说库朗数。通常，库朗数可以增加两到三倍。在不影响阻尼特性的情况下，使得扰动更快地传播到计算域的边界，如图 5.14所示。随着 β 增加，最大的稳定库朗数也不断增加。但是，在某些情况下并不能加速收敛。因而，存在一个最优的 β 值。原因是隐式残差光顺移除了瞬态精度，干扰了物理上将误差传播到外边界的对流。在图 5.12中，我们已经看到当 $\beta=0.6$ 时，小的特征值受残差光顺影响不大。随着 β 增加，这些特征值开始偏离它们不施加隐式残差光顺时的值。因此，对于低频模态，需要在取大的库朗数和精确表征对流过程之间进行折中。

基于一、二维的稳定性分析和数值实验，Swanson 和 Turkel[7] 发展了下列公式来计算 β_ξ 和 β_η：

$$\begin{aligned}\beta_\xi &= \max\left\{\frac{1}{4}\left[\left(\frac{N}{N^*}\frac{1}{1+\psi r_{\eta\xi}}\right)^2-1\right],0\right\}\\ \beta_\eta &= \max\left\{\frac{1}{4}\left[\left(\frac{N}{N^*}\frac{1}{1+\psi r_{\eta\xi}^{-1}}\right)^2-1\right],0\right\}\end{aligned}\tag{5.55}$$

其中，N^* 表示无光顺方法的库朗数；N 表示有光顺方法的库朗数。N/N^* 通常介于 2 和 3。无黏的谱半径之比已经在式（5.22）中定义。ψ 是一个用户自定义的参数，通常在 $0.125 \sim 0.25$。

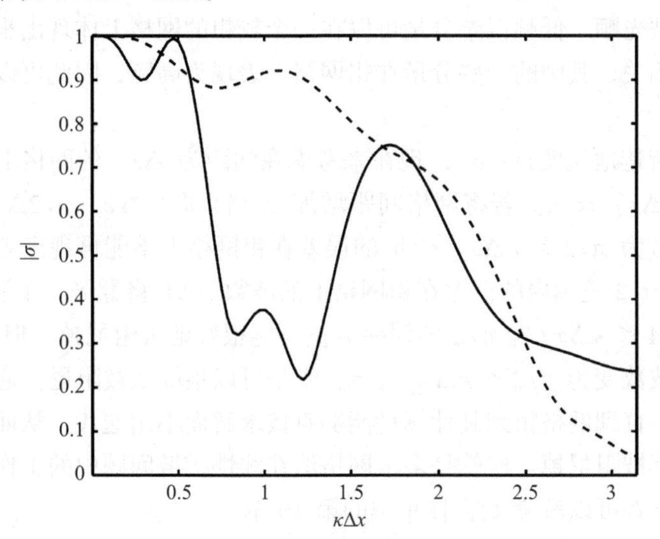

图 5.14 空间离散算子（5.31）对应的 $|\sigma|$ 随 $\kappa\Delta x$ 的变化曲线，带隐式残差光顺，$C_n = 7$, $\beta = 0.6, \kappa_4 = 1/32$，阶步时间推进法，$\alpha_1 = 1/4, \alpha_2 = 1/6, \alpha_3 = 3/8$。人工耗散只在第一、三、五阶计算。虚线显示了 $C_n = 3$ 且无隐式残差光顺的结果

5.3.3 多重网格法

多重网格法系统地使用几套较粗的网格来加速迭代方法的收敛。它可以应用于任何显示出光顺特性的迭代方法，即优先抑制高频模态误差。对于显式迭代方法，多重网格对于刚性问题快速收敛到稳态至关重要。

对于椭圆型问题，如稳态扩散问题，多重网格的理论已经发展得很完善了。对于这样的问题，特征值与对应的特征向量的空间频率之间存在相关性。比如扩散方程，二阶中心差分得到的半离散算子矩阵的特征值都是负的实数（见 2.3.4 小节）。幅值小的特征值对应的特征向量的空间频率低，幅值大的特征值对应的特征向量的空间频率高。这意味着对于半离散的 ODE 组（见 2.3.3 小节）的精确解，其瞬态解的高频部分会很快被抑制，而低频部分的阻尼作用很慢。这是扩散方程在空间离散后保留的一个基本性质。

考虑到幅值大的特征值与高的空间频率相关，几种迭代方法（如高斯-赛德尔松弛迭代）有一个自然特性，即与低空间频率相比，这些方法能更有效地减小高空间频率对应的误差分量。而且，迭代方法可以经过专门设计获得这种性质，例

如 Lomax[10] 等介绍的理查德森（Richardson）方法。多重网格法利用了这一特性，系统地使用较粗的网格来消除特定的误差分量。例如，高频误差分量在初始（细）网格上很快被抑制，初始网格的密度根据计算精度来设定。这样，误差在这个网格上被**光顺**。低频误差分量可以在一个较粗的网格上体现出来。由于频率与网格间距相关，其中的一些分量在粗网格上表现为高频，因此可以更快地被阻尼掉。

为了更清楚地说明这一点，现在来考虑在间距为 Δx_f 的网格上的波数，范围为 $0 \leqslant \kappa\Delta x_f \leqslant \pi$。若将网格间距增加 2 倍，即（$\Delta x_c = 2\Delta x_f$），在初始细网格上波数为 $\pi/2 \leqslant \kappa\Delta x_f \leqslant \pi$ 的误差在粗网格上不能再现出来。但是，在 $0 \leqslant \kappa\Delta x_f \leqslant \pi/2$ 范围内的误差在粗网格上的波数 $\kappa\Delta x$ 将翻倍。在细网格上，波数范围在 $\pi/4 \leqslant \kappa\Delta x_f \leqslant \pi/2$ 的误差分量不能很好地被阻尼掉，但在粗网格上，这些误差的波数变为 $\pi/2 \leqslant \kappa\Delta x_f \leqslant \pi$，于是可以很好地被阻尼。通过重复不断地粗化网格，直到网格粗到其计算量能够直接求解而不用迭代，从而在该网格上所有的误差都被阻尼掉。这就是多重网格法在线性扩散问题中的工作原理。更详细的讨论，读者可以参考文献 [10] 中的第 10 章。

现在我们将兴趣转到多重网格法在离散的欧拉方程和 N-S 方程的应用上，这与扩散方程有两个重要的不同。第一，欧拉方程和 N-S 方程是非线性的，这意味着必须采用**全近似存储**（full approximation storage）方法，即残差和解必须从细网格传递到粗网格上。第二，在边界为狄利克雷条件的扩散方程中，误差消除的唯一机制是在计算域内的扩散。欧拉方程和 N-S 方程求解完成的同时，误差也传播出了计算域的外边界。这一机制主要与低频误差相关，其空间离散相对准确。这一机制对消除低频误差是很重要的，因为低频误差的阻尼效果通常很差。例如，从图 5.9 和图 5.14 可以看出，带人工耗散的线性对流方程的离散，在使用特定的时间推进法时，显示出了优先阻尼高频误差的特性，即光顺特性。

图 5.9 和图 5.14 中的分析并没有包括误差对流出边界的机制。在 5.3.1 小节和 5.3.2 小节中，我们是通过格式设计，使用尽可能大的库朗数来解释这一机制的。多重网格法也利用了这个减小误差的机制。粗网格可以很好地展现低频误差，而通过边界传递对这些低频误差很重要。由于粗网格上的网格间距较上一层细网格间距增加了一倍，若保持库朗数不变，则时间步长也增加一倍，从而可以使扰动在大约一半的时间步即传播到外边界。

现在，我们结合本章描述的单元中心的有限体积法和多阶时间推进法，介绍多重网格方法的应用。空间离散后得到的 ODE 组为

$$\frac{\mathrm{d}}{\mathrm{d}t}Q_{j,k} = -\frac{1}{A_{j,k}}\mathcal{L}Q_{j,k} = -R_{j,k} \tag{5.56}$$

从最细的网格开始, 每隔一条网格线删掉一条网格线，可以得到一套粗网格。依次重复这一步骤，可以构建一个网格序列。粗网格单元是由共享一个公共网格节点的四个细网格单元集聚而成的。如果细网格在各个方向上的网格节点为偶数，则所有的网格单元都可以合并。通常用的多重网格包括三到五重网格。对于一个五重网格，最细的网格在各方向上的节点数应该为 16 的倍数，这样可以保证次粗的网格在各个方向上的单元数为偶数。

现在来学习一个二重网格生成过程，由于此过程是一个递归过程，因而很容易扩展到任意重数网格。我们采用前述的带隐式残差光顺的五阶时间推进法，先完成一次或多次迭代，以获得 Q_h。接着根据更新的解进行一次额外的残差计算，包括对流项、黏性项和人工耗散的贡献。

下一步是把残差和解从细网格传递到粗网格，此过程称为**限制**（restriction)。先来考虑残差。$\mathcal{L}Q_{j,k}$ 表示流出单元（j,k）的净通量。为了在残差传递到粗网格的过程中能保持通量守恒，流出粗网格的质量净通量必须等于形成粗网格的四个细网格的净通量。由于这四个细网格之间的通量传递相互抵消，因此简单地对四个细网格的通量进行求和就得到了粗网格的净通量，即

$$I_h^{2h}R_h = \frac{1}{A_{2h}}\sum_{p=1}^{4} A_h R_h \tag{5.57}$$

其中，角标 h 和 $2h$ 分别代表细网格和粗网格；I_h^{2h} 为限制算子。

将解 Q 限制到粗网格的守恒方法与上面的方法相似。粗网格单元上的守恒量，如质量、动量和能量，应等于组成粗网格的细网格的守恒量之和。由于 Q 代表给定的网格单元上单位体积的守恒量，因此每个网格单元上总的守恒量计算还需要乘以单元的面积（注：对于二维问题，Q 代表单位长度的守恒量）。因此，限制解到粗网格上的公式为

$$Q_{2h}^{(0)} = I_h^{2h}Q_h = \frac{1}{A_{2h}}\sum_{p=1}^{4} A_h R_h \tag{5.58}$$

其中，$Q_{2h}^{(0)}$ 是在粗网格上开始多阶方法的初始解（见式（5.25））。

这时，我们可以在粗网格上求解问题。必须注意的是，我们的最终目标不是在粗网格上得到控制方程的解。在粗网格上求解的目的是对细网格上的解进行修正，以降低细网格上的残差。为此，在粗网格上求解的 ODE 中引入一个强制算

子 $P_{2h}^{[7]}$：

$$\frac{\mathrm{d}}{\mathrm{d}t}Q_{2h} = -[R_{2h}(Q_{2h}) + P_{2h}] \tag{5.59}$$

其中，R_{2h} 是在粗网格上进行空间离散后计算得到的残差。强制项 P_{2h} 为

$$P_{2h} = I_h^{2h} R_h - R_{2h}(Q_{2h}^{(0)}) \tag{5.60}$$

等于直接限制到粗网格的残差与基于限制到粗网格的解计算得到的残差之间的差值。如果要使粗网格上的求解趋于收敛，则应使下式趋于零：

$$R_{2h}(Q_{2h}) + P_{2h} = R_{2h}(Q_{2h}) - R_{2h}(Q_{2h}^{(0)}) + I_h^{2h} R_h \tag{5.61}$$

这样可以获得粗网格上解的修正量 $Q_{2h} - Q_{2h}^{(0)}$，进一步可以得到粗网格上残差的修正量 $R_{2h}(Q_{2h}) - R_{2h}(Q_{2h}^{(0)})$，可以根据这一修正量来修正细网格上限制的残差 $(I_h^{2h} R_h)$，这就是用粗网格进行修正的作用。

进一步详细分析强制项。在粗网格上，多阶方法中的第一阶的残差为

$$-[R_{2h}(Q_{2h}^{(0)}) + P_{2h}] = -[R_{2h}(Q_{2h}^{(0)}) + I_h^{2h} R_h - R_{2h}(Q_{2h}^{(0)})] = -I_h^{2h} R_h \tag{5.62}$$

这是从细网格上直接通过限制得到的残差。这意味着一旦细网格上的解达到收敛，粗网格的计算不会产生修正作用。这为调试多阶方法提供了一个有用的测试方法。可以用无多重网格的基本方法计算出细网格上的收敛解，将此作为多重网格方法的初始条件。如果粗网格上的修正不为零，则会出现相当多的误差。例如，在计算强制算子 P_{2h} 中的残差 $R_{2h}(Q_{2h}^{(0)})$ 之前必须将边界条件强加于粗网格上。否则，在多阶方法的第一阶强加边界条件时，P_{2h} 上的残差 $R_{2h}(Q_{2h}^{(0)})$ 不会消除，导致非零的修正。

当多阶方法应用于式 (5.59) 时，第 m 步变为

$$Q_{2h}^{(m)} = Q_{2h}^{(0)} - \alpha_m h[R(Q_{2h}^{(m-1)}) + P_{2h}] \tag{5.63}$$

其中，$R(Q_{2h}^{(m-1)})$ 的计算如式 (5.36) 所示。注意，P_{2h} 并不依赖于 m，在各阶保持不变。如果当前的粗网格不是网格序列中最粗的网格，则继续进行一次或多次多阶方法的迭代，在当前网格再进行一次残差计算后，将问题传递到下一层粗网格上。残差和解分别通过式 (5.57) 和式 (5.58) 限制到粗网格上。当将残差限制到更粗的网格上时，必须要包括强制项，即 $R_{2h}(Q_{2h}) + P_{2h}$。

当达到最粗的网格后，必须将解的修正回传到上一层细网格，即**延拓** (prolonge)过程。为了使多重网格的收敛达到与网格尺度无关，延拓算子必须满足一

个重要条件，此条件可以写为 [11]

$$p_{\mathrm{R}}+p_{\mathrm{P}}+2>p_{\mathrm{PDE}} \tag{5.64}$$

其中，p_{R} 和 p_{P} 分别是限制和延拓算子精确插值的多项式的最高阶数；p_{PDE} 是 PDE 的阶数。对于式（5.57）给出的限制算子，有 $p_{\mathrm{R}}=0$。因此，基于分段常数插值 $(p_{\mathrm{P}}=0)$ 的延拓对于欧拉方程 $(p_{\mathrm{PDE}}=1)$ 是足够的，但对于 N-S 方程，$p_{\mathrm{PDE}}=2$，需要用分段线性插值 $(p_{\mathrm{P}}=1)$。

图 5.15给出了二维网格中心算法的延拓操作。基于双线性插值，各细网格单元的修正值 ΔQ 由四个粗网格单元的 ΔQ 值计算得到，获得的延拓算子为

$$I_{2h}^{h}\Delta Q=\frac{1}{16}(9\Delta Q_1+3\Delta Q_2+3\Delta Q_3+\Delta Q_4) \tag{5.65}$$

其中，ΔQ_1 是包含细网格单元的粗网格单元上的值；ΔQ_2 和 ΔQ_3 是与包含细网格单元的粗网格单元共享一条边的粗网格上的值；ΔQ_4 是与细网格共享一个角的粗网格的值。

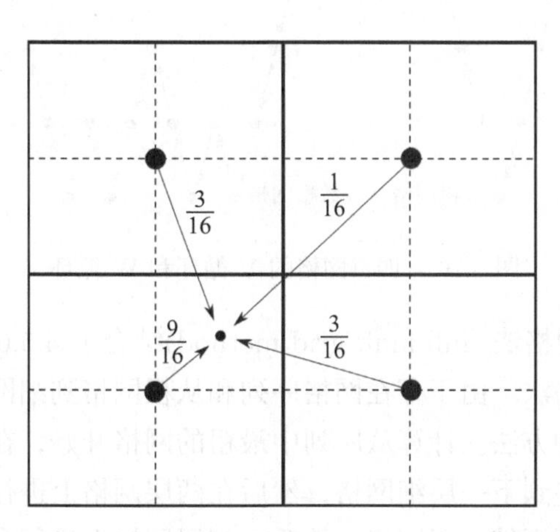

图 5.15　二维网格中心算法的双线性延拓算子

要延拓到细网格上的 ΔQ 是迭代完成后或在粗网格上迭代的 Q_{2h} 与式（5.58）所示的限制到粗网格上的初始 $Q_{2h}^{(0)}$ 之差。这样我们可以获得细网格上修正的 Q_h，

$$Q_h^{(\text{corrected})}=Q_h+I_{2h}^{h}(Q_{2h}-Q_{2h}^{(0)}) \tag{5.66}$$

其中，Q_h 是初始时从细网格上计算得到的值；I_{2h}^{h} 是式（5.65）给出的延拓算子。

这一基本的二重网格之间的迭代框架构成了多种变化的基础，称为多重网格循环，这些变化依赖于网格序列的重数和各重网格之间的扫描方式。图 5.16展示

了两种基于四重网格流行的循环方式，**V 循环**和 **W 循环**。下方向箭头表示限制到粗一层的网格，而上方向箭头表示延拓到细一层网格。可以在两种循环之间进行折中，但对给定的一类问题一般需要通过实验确定哪种循环更高效且更稳定。在 W 循环中，在粗网格上进行相对更多的计算；由于在粗网格上的计算相对低廉，W 循环通常比 V 循环的效率高。与线性问题的经典多重网格方法不同，该方法在最粗的网格上精确求解问题，在当前的情况下，只需在最粗的网格上进行一次或多次多阶方法的迭代。实验证明在最粗的网格上进一步收敛并没有好处。类似地，网格重数超过四、五重，在总的计算花销上也没有好处。在一个给定的循环中，可以有几个可能的变化。例如，当从粗网格传递回细网格时，可以在每个网格应用多阶算法，或者只需添加校正并将结果延拓到下一层细网格上。一些作者在校正时进行了隐式光顺。在粗网格上进行各种简化也很常见，如低阶空间离散化。这样可以在不影响收敛的情况下减少计算开销。

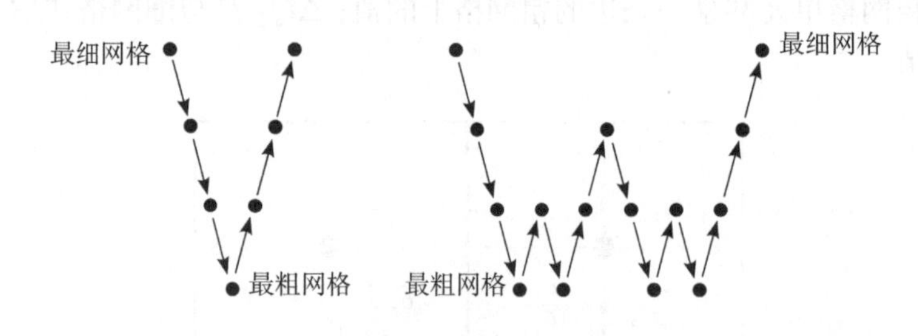

图 5.16　四重网格的 V 循环和 W 循环

最后，**全多重网格法** (full multigrid method)结合了 4.5.6 小节介绍的网格序列的概念和多重网格法。由于存在网格序列和从粗网格到细网格的传递操作，自然而然就构成了一种方法。计算从序列中最粗的网格开始，在此网格上进行多阶迭代。获得的解传递到下一层细网格，然后在两层网格上进行一定数量的多重网格迭代。将解传递到再细一层网格，然后在三层网格上进行多重网格迭代。继续这个过程直到完成整个循环，如图 5.17 所示。

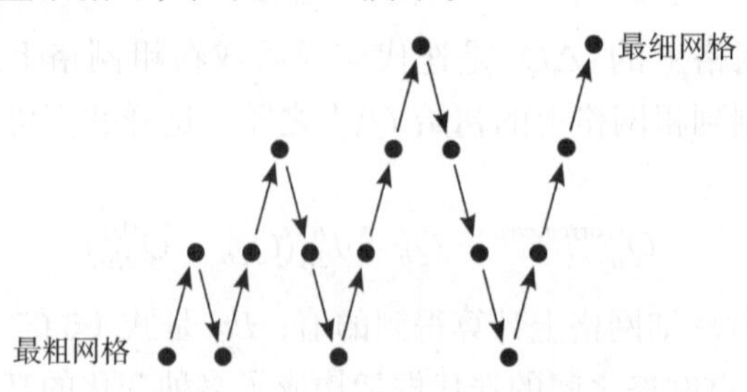

图 5.17　四重网格的全多重网格循环

5.4 一维算例

与第 4 章一样，我们给出了本章描述的算法在准一维欧拉方程中的应用实例。这些实例与本章末的练习一致，给读者提供一个计算结果的基准。在一维均匀网格情况下，本章描述的二阶有限体积法的实现非常类似于前一章的二阶有限差分法。因此，我们采用与 4.8 节相同的空间离散格式，但与本章展示的显式多阶多重网格法结合。我们将专注于定常流动。

用以展示多阶多重网格法的空间离散采用了节点中心格式。因此，本章前几节描述的网格传递算子不能再用。我们引入适合一维节点中心格式的算子。在细网格中，隔一个网格点移除一个网格点，生成粗网格。网格节点必须为奇数，以保证边界的节点在粗网格中得以保留。对有 p 阶的多重网格，最细的网格的内部网格节点数应为 2^{p-1} 的倍数减 1。

最简单的限制算子就是简单投影，即将细网格节点上的值直接赋予对应的粗网格节点。或者，采用线性加权限制法，即粗网格节点的值等于对应细网格节点值的一半与该细网格节点两侧节点（没有对应的粗网格节点）值的各 1/4 之和。建议读者进行实验检测一下这两种方法对多重网格法收敛性的影响。将解限制到粗网格后，边界上的值应该重置以满足粗网格上的边界条件。

对于延拓，线性插值可以给出下列的传递算子。对于每个有粗网格节点与之对应的细网格节点，直接将粗网格节点的值赋给细网格节点。对于那些没有粗网格节点与之对应的细网格节点，则可以取该节点两侧的粗网格各自值的一半之和。在对细网格进行延拓修正后，需要重置边界的值以满足细网格上的边界条件。

对于本章和前一章描述的方法，收敛的稳态解并不依赖于迭代方法的细节，比如时间步。既然我们采用了与 4.8 节的结果相同的空间离散，只要残差下降充分，即便是 κ_4 值不同，得到的解也应该与前面的解非常接近。这样的话，我们只专注于收敛历史。

此处展示的算例基于五阶时间推进法，取 $\alpha_1 = 1/4$，$\alpha_2 = 1/6$，$\alpha_3 = 3/8$，人工耗散只在一、三和五阶上进行。无残差光顺时，取 $C_\mathrm{n} = 3$。有残差光顺时，取 $\beta = 0.6$，$C_\mathrm{n} = 7$。多重网格法基于带隐式残差光顺的多阶方法，参数的取值与上相同。解的限制算子采用简单投影，残差的限制采用了线性加权法。对于 W 循环和 V 循环，中间过程的延拓后不进行时间推进，只在循环到最细的网格时在延拓后进行时间推进。在所有的例子中，人工耗散系数均取 $\kappa_4 = 1/32$ 和 $\kappa_2 = 0.5$。

图 5.18 通过一个内部网格为 103 个节点的亚声速槽道算例比较了几种方法的收敛历史，包括单网格无隐式残差光顺、单网格有隐式残差光顺和四层 W 多重

网格循环。图上显示了质量守恒方程的残差收敛准则。得益于多重网格算法，在 93 个多重网格循环内，残差下降到 10^{-12} 以下。图 5.19 展示了采用不同网格节点的 W 循环多重网格的加速收敛性能。其中，四层网格用了 103 个内部节点，五层网格用了 207 个内部节点，六层网格用了 415[①]个内部节点。这样，以上多重网格中最粗的网格内部节点数都一样，均为 12 个。采用这种方法，收敛所需的多重网格循环数几乎与网格大小无关，如图所示。图 5.20 显示了在这种情况下，V 循环并没有那么快地收敛，并且在网格加密后需要更多的循环。

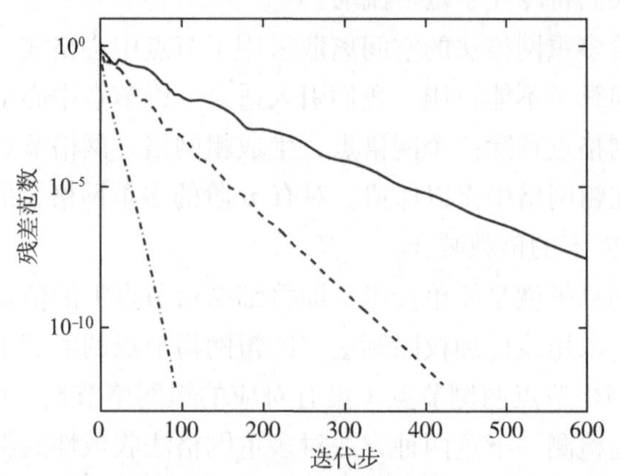

图 5.18　采用显式方法的亚声速槽道流问题残差收敛历史，网格包含 103 个内部节点。$C_n = 3$ (—);$C_n = 7$，带隐式残差光顺 $\beta = 0.6$(-·)；四重 W 多重网格循环，$C_n = 7$，带隐式残差光顺 $\beta = 0.6$(-·-)

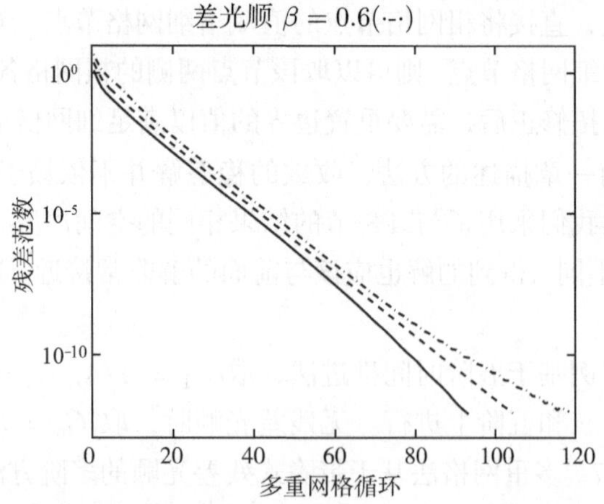

图 5.19　采用显式方法的亚声速槽道流问题残差收敛历史。网格分别包含 103 个内部节点 (—)，207 个内部节点 (--) 和 415 个内部节点 (-·)。采用 W 多重网格循环，$C_n = 7$，带隐式残差光顺 $\beta = 0.6$。最粗的网格采用四重网格，中等密度网格采用五重网格，最密的网格采用六重网格

① 译者注：原著为 413，应为误。

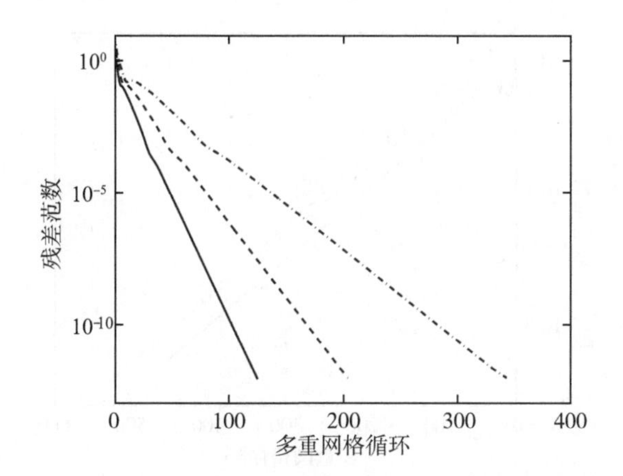

图 5.20 采用显式方法的亚声速槽道流问题残差收敛历史。网格分别包含 103 个内部节点 (—)，207 个内部节点 (--) 和 415 个内部节点 (-·)。采用 V 多重网格循环，$C_{\mathrm{n}} = 7$，带隐式残差光顺 $\beta = 0.6$。最粗的网格采用四重网格，中等密度网格采用五重网格，最密的网格采用六重网格

图 5.21 ~ 图 5.23 以跨声速槽道流为例展示了相同的比较。尽管在这个例子中，收敛所需的迭代数或者多重网格循环数大大增加，但趋势非常类似。隐式残差光顺使收敛速度提高了将近 2 倍。多重网格法可以非常有效地减少所需的迭代数，W 循环达到收敛所需的循环数少于 V 循环。

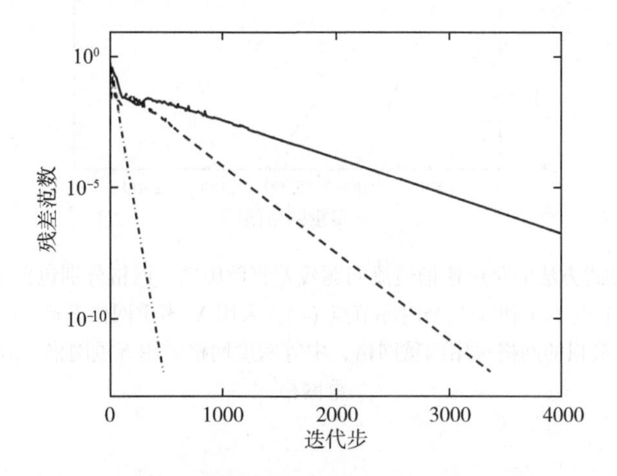

图 5.21 采用显式方法的跨声速槽道流问题残差收敛历史，网格包含 103 个内部节点。$C_{\mathrm{n}} = 3$ (—);$C_{\mathrm{n}} = 7$，带隐式残差光顺 $\beta = 0.6$ (--); 四重 W 多重网格循环，$C_{\mathrm{n}} = 7$，带隐式残差光顺 $\beta = 0.6$(-·)

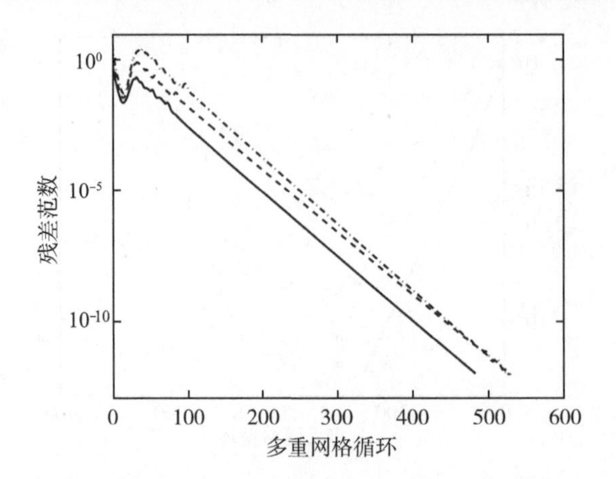

图 5.22　采用显式方法的跨声速槽道流问题残差收敛历史。网格分别包含 103 个内部节点 (—)，207 个内部节点 (--) 和 415 个内部节点 (-·)。采用 W 多重网格循环，$C_{\rm n}=7$，带隐式残差光顺 $\beta=0.6$。最粗的网格采用四重网格，中等密度网格采用五重网格，最密的网格采用六重网格

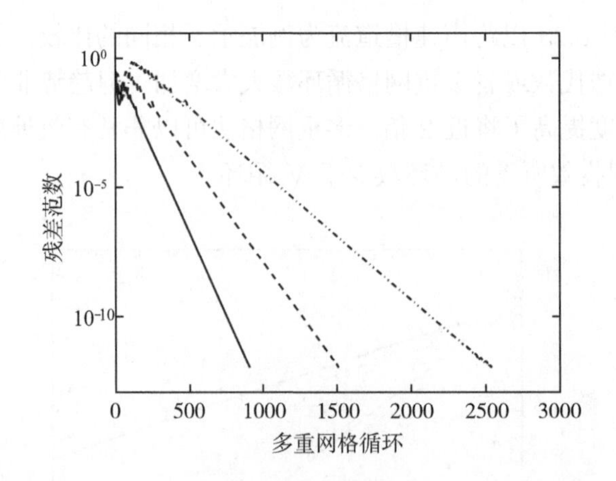

图 5.23　采用显式方法的跨声速槽道流问题残差收敛历史。网格分别包含 103 个内部节点 (—)，207 个内部节点 (--) 和 415 个内部节点 (-·)。采用 V 多重网格循环，$C_{\rm n}=7$，带隐式残差光顺 $\beta=0.6$。最粗的网格采用四重网格，中等密度网格采用五重网格，最密的网格采用六重网格

5.5　总　结

本章所描述的算法有以下性质：

- 空间导数的离散化在结构化网格上采用了二阶单元中心的有限体积法。此

方法可以扩展到非结构化网格。数值耗散采用了一种非线性人工耗散算法，结合了流动光顺区的三阶耗散项和激波附近的一阶耗散项。采用了基于压力的激波传感器。

• 经过空间离散，原始的偏微分方程组变成了一个大的常微分方程组。稳态流动的计算采用了五阶显式方法，人工耗散只在第一、三、五阶进行计算，黏性通量操作只在第一阶进行。每一阶计算中，在各个坐标方向通过一个标量三对角隐式算子对残差进行光顺。为了加速收敛到稳态，采用了多重网格法。对非定常流动计算，该算法可以在隐式双时间推进法情况下使用。

5.6 练 习

相关讨论请参考 5.4 节。

5.1 采用本章介绍的显式多重网格法，针对下列的亚声速问题，编程求解准一维欧拉方程。$S(x)$ 的定义如下：

$$S(x)=\begin{cases}1+1.5\left(1-\dfrac{x}{5}\right)^2, & 0\leqslant x\leqslant 5\\[2ex] 1+0.5\left(1-\dfrac{x}{5}\right)^2, & 5\leqslant x\leqslant 10\end{cases}\tag{5.67}$$

其中，$S(x)$ 和 x 单位为 m。流体为空气，可以认为是完全气体，$R=287\text{N}\cdot\text{m}/(\text{kg}\cdot\text{K})$，$\gamma=1.4$，总温为 $T_0=300\text{K}$，进口总压 $p_{01}=100\text{kPa}$。槽道亚声速流动，$S^*=0.8$。将第 4 章中描述的空间离散方法与非线性标量人工耗散模型结合使用，因为在一维均匀网格上，它基本上与本章所描述的方法相同。与练习 3.1 中计算的精确解进行比较。显示每种情况的收敛历史。对多重网格循环（如 W 循环和 V 循环）、网格重数、库朗数和隐式残差光顺系数等参数进行实验，以检验它们对收敛性的影响。求出最优的隐式残差光顺系数和库朗数，实现快速可靠的收敛。

5.2 重复练习 5.1，流动变为相同槽道的跨声速流动。进口处的气流为亚声速，在 $x=7$ 处产生激波，且 $S^*=1$。与练习 3.2 的计算结果进行比较。

参 考 文 献

[1] Jameson, A., Schmidt, W., Turkel, E.: Numerical solutions of the Euler equations by finite volume methods using Runge-Kutta time-stepping schemes. AIAA Paper 81-1259, 1981

[2] Baker, T.J., Jameson, A., Schmidt, W.: A family of fast and robust Euler codes. Princeton University Report MAE 1652, 1984

[3] Jameson, A., Baker, T.J.: Multigrid solution of the Euler equations for aircraft configurations. AIAA Paper 84-0093, 1984

[4] Jameson, A.: Solution of the Euler equations for two-dimensional transonic flow by a multigrid method. Appl. Math. Comput. **13**(3-4), 327-355 (1983)

[5] Jameson, A.: Multigrid algorithms for compressible flow calculations. In: Proceedings of the 2nd European Conference on Multigrid Methods, Lecture Notes in Mathematics 1228, Springer-Verlag, 1986

[6] Swanson, R.C., Turkel, E.: On central-difference and upwind schemes. J. Comput. Phys. **101**(2), 292-306 (1992)

[7] Swanson, R.C., Turkel, E.: Multistage schemes with multigrid for Euler and Navier-Stokes equations. NASA TP 3631, 1997

[8] Warming, R.F., Beam, R.M., Hyett, B.J.: Diagonalization and simultaneous symmetrization of the gas-dynamic matrices. Math. Comput. **29**(132), 1037-1045 (1975)

[9] Van der Houwen, P.J: Construction of Integration Formlas for Initial Value Problems. North Holland, Amsterdam (1977)

[10] Lomax, H., Pulliam, T.H., Zingg, D.W.: Fundamentals of Computational Fluid Dynamics. Springer, Berlin (2001)

[11] Hemker, P.W.: On the order of prolongations and resrictions in multigrid procedures. J. Comput. Appl. Math. **32**(3), 4423-429 (1990)

第 6 章　高分辨率迎风格式

6.1 简　介

前两章描述的算法已经成功用于许多流场的计算。然而，在某些情况下，还需要进一步增加其鲁棒性。有许多流动问题，特别是那些涉及复杂物理过程的流动问题，保持正性和单调性是至关重要的。例如，在超声速流动中，若马赫数大于 1，会产生强激波。解的一个小振荡就可能导致负的压力、密度和温度，这些都是非物理的。在计算理想气体的声速时，需要这些量的平方根。如果这些量为负，计算就会出错。同理，在解不连续或者近似不连续区域时，解的振荡也会触发非物理现象。目前为止所描述的算法并不是专门为保持单调和正性而设计的。例如，式（4.83）给出的激波传感器仅基于压力，当压力连续时，其不能感知到流场的不连续性，如交接面。而且，这样的传感器不是为了保持物理量的正性而设计的，例如，湍流模型中的湍动能。为了保持特定物理量的正性和单调性的需求，发展了高分辨率迎风格式。本章将简要介绍这些概念。同时鼓励读者完成本章末尾的练习，并实验不同的策略。我们首先介绍 Godunov 方法（Godunov's method），该方法的观点与前述方法不同，此方法是发展高分辨率迎风格式的一个重要组成部分。

6.2 Godunov 方法

之前在 2.5.2 小节对迎风格式的讨论中，我们就介绍了矢通量 [1,2] 和通量差分分裂 [3]。早在 1959 年，Godunov 方法 [4] 就提供了一种基于局部黎曼问题的迎风差分方法。

考虑一维守恒偏微分方程：

$$\frac{\partial u}{\partial t}+\frac{\partial f}{\partial x}=0 \tag{6.1}$$

其中，$u(x,t)$ 是守恒型变量；$f(u)$ 是通量。在空间 $a \leqslant x \leqslant b$ 上的积分形式为

$$\frac{\mathrm{d}}{\mathrm{d}t}\int_a^b u(x,t)\mathrm{d}x = -\{f[u(b,t)] - f[u(a,t)]\} \tag{6.2}$$

时间积分从 t_n 到 t_{n+1} 可得

$$\int_a^b u(x,t_{n+1})\mathrm{d}x - \int_a^b u(x,t_n)\mathrm{d}x = -\Delta t\{\bar{f}[u(b,t)] - \bar{f}[u(a,t)]\} \tag{6.3}$$

其中，$\bar{f}[u(a,t)]$ 是时间段 Δt 内在 $x=a$ 上的平均通量。引入如 2.4.1 小节中的单元平均守恒变量，对介于 $x_{j-1/2} \leqslant x \leqslant x_{j+1/2}$ 的单元（图 2.4），可得

$$\overline{u_j^n} = \frac{1}{\Delta x}\int_{x_{j-1/2}}^{x_{j+1/2}} u(x,t_n)\mathrm{d}x \tag{6.4}$$

将式（6.3）中的物理量替换为单元平均量，在区间 $a = x_{j-1/2}$ 至 $b = x_{j+1/2}$ 上，可得

$$\overline{u_j^{n+1}} - \overline{u_j^n} = -\frac{\Delta t}{\Delta x}\{\bar{f}[u(x_{j+1/2},t)] - \bar{f}[u(x_{j-1/2},t)]\} \tag{6.5}$$

这是守恒律的精确表述，表明在时间间隔 Δt 内，单元内守恒量平均值的变化取决于在时间间隔内单元边界的平均通量。

Godunov 方法的第一步是基于单元平均解来重构每个单元的解。与 2.4.2 小节一样，采用如下的分段常数重构：

$$u(x,t_n) = \overline{u_j^n}, \quad x_{j-1/2} \leqslant x \leqslant x_{j+1/2} \tag{6.6}$$

单元边界位于 $x_{j-1/2}$ 和 $x_{j+1/2}$。与 2.4.2 小节一样，每个单元的重构会在每个边界产生两个值，一个左边界值，一个右边界值。例如，在 $x_{j+1/2}$，有

$$u_{j+1/2}^{\mathrm{L}} = \bar{u}_j \quad \text{和} \quad u_{j+1/2}^{\mathrm{R}} = \bar{u}_{j+1} \tag{6.7}$$

在 2.4.2 小节中，我们通过求解边界两边通量的平均值来解决这一不连续性，得到了类似于中心差分格式的非耗散有限体积算法。而在 Godunov 方法中，通过局部黎曼问题的精确解来解决这里的不连续性问题。定义

$$u^*\left(\frac{x}{t}, u^{\mathrm{L}}, u^{\mathrm{R}}\right) \tag{6.8}$$

为黎曼问题的精确解，其初值为

$$\begin{aligned} u &= u^{\mathrm{L}}, \quad x < 0 \\ u &= u^{\mathrm{R}}, \quad x \geqslant 0 \end{aligned} \tag{6.9}$$

对于欧拉方程，这代表了分隔两种不同状态流体的隔板在 $t=0$ 时被移除所产生一维流动问题的解，即 3.3.2 小节中讨论的激波管问题的推广。其特点是在从 x-t 平面的原点出发的射线，解为常数，因此该问题的解依赖于 x/t，而非分别依赖于 x 和 t。

采用分段常数重构后，源于时间层 n 和空间节点 $x_{j+1/2}$，即单元的右边界的黎曼问题的左状态为 $\overline{u_j^n}$，右状态为 $\overline{u_{j+1}^n}$。这样，黎曼问题可以写为

$$u(x,t)=u^*\left(\frac{x-x_{j+1/2}}{t-t_n},\overline{u_j^n},\overline{u_{j+1}^n}\right) \tag{6.10}$$

类似地，源于左边界的黎曼问题写为

$$u(x,t)=u^*\left(\frac{x-x_{j-1/2}}{t-t_n},\overline{u_{j-1}^n},\overline{u_j^n}\right) \tag{6.11}$$

通常每个黎曼问题都包括左右两个行波。单元 j 的解由起源于 $x_{j+1/2}$ 的黎曼问题的左行波和起源于 $x_{j-1/2}$ 的黎曼问题的右行波决定。一旦黎曼问题相互干涉，这些解就失效了。当源于 $x_{j+1/2}$ 的黎曼问题最快的左行波与源于 $x_{j-1/2}$ 的黎曼问题最快的右行波相交时，就会出现这种情况。为了确保黎曼问题不相交，需要对时间步长进行限定

$$|a_{\max}|\Delta t<\frac{\Delta x}{2} \tag{6.12}$$

其中，$a_{\max}$ 是方程组中最快的波速。

对 Δt 加了限定后，t_{n+1} 时间步上的区间 $x_{j-1/2}\leqslant x\leqslant x_j$ 的解由源于 $x_{j-1/2}$ 的黎曼问题决定。同理，区间 $x_j\leqslant x\leqslant x_{j+1/2}$ 的解由源于 $x_{j+1/2}$ 的黎曼问题决定。这样，t_{n+1} 时间步上单元 j 的单元平均状态量可由下式确定：

$$\begin{aligned}\overline{u_j^{n+1}}=&\frac{1}{\Delta x}\int_{x_{j-1/2}}^{x_{j+1/2}}u(x,t_{n+1})\mathrm{d}x=\frac{1}{\Delta x}\left[\int_{x_{j-1/2}}^{x_j}u^*\left(\frac{x-x_{j-1/2}}{\Delta t},\overline{u_{j-1}^n},\overline{u_j^n}\right)\mathrm{d}x\right.\\&\left.+\int_{x_j}^{x_{j+1/2}}u^*\left(\frac{x-x_{j+1/2}}{\Delta t},\overline{u_j^n},\overline{u_{j+1}^n}\right)\mathrm{d}x\right]\end{aligned} \tag{6.13}$$

其中，右端第一项与单元左边界的黎曼问题相关，第二项与单元右边界的黎曼问题相关。

用一个简单的例子来阐明这些概念，考虑线性对流方程：

$$\frac{\partial u}{\partial t}+a\frac{\partial u}{\partial x}=0 \tag{6.14}$$

此处 $a>0$。给定 $t=t_n$ 时刻的已知解 $u_n(x)$，在无界的情况下，精确解为

$$u(x,t)=u_n[x-a(t-t_n)] \tag{6.15}$$

其含义为 t_n 时刻的波形以速度 a 向右传播。这个精确解提供了黎曼问题的解。在这种情况下没有左行波，为了避免黎曼问题干涉，时间步长需要满足

$$a\Delta t \leqslant \Delta x \tag{6.16}$$

采用分段常数重构，在 t_n 时间步，单元 $j-1$ 和 j 的解分别为

$$u(x,t_n) = \overline{u_{j-1}^n} \tag{6.17}$$

和

$$u(x,t_n) = \overline{u_j^n} \tag{6.18}$$

经过一个时间步 Δt 后，单元 $j-1$ 的解向前传播 $a\Delta t$ 的距离，对流到单元 j，因此在 t_{n+1} 时刻，单元 j 上从 $x_{j-1/2}$ 到 $x_{j-1/2}+a\Delta t$ 的部分，u 的值为 $\overline{u_{j-1}^n}$；剩余部分，即从 $x_{j-1/2}+a\Delta t$ 到 $x_{j+1/2}$，这部分上 u 的值为 $\overline{u_j^n}$。类比式 (6.13)，单元 j 上的平均值可以根据下式更新：

$$\begin{aligned}\overline{u_j^{n+1}} &= \frac{1}{\Delta x}\int_{x_{j-1/2}}^{x_{j+1/2}} u(x,t_{n+1})\mathrm{d}x \\ &= \frac{1}{\Delta x}\left[a\Delta t\overline{u_{j-1}^n} + (\Delta x - a\Delta t)\overline{u_j^n}\right] \\ &= \overline{u_j^n} - \frac{a\Delta t}{\Delta x}(\overline{u_j^n} - \overline{u_{j-1}^n})\end{aligned} \tag{6.19}$$

我们应该立刻认出上式实际是空间的一阶向后差分结合了显式欧拉时间推进法，此方法的稳定界限与式 (6.16) 给出的时间步长限制一致。

这个例子给出了 Godunov 方法的一些启发。尽管使用了一个精确解，导出的数值算法在时间和空间上都只有一阶精度。从 t_n 时刻的解显式地求得 t_{n+1} 时刻的解，自然就给出了一阶显式欧拉法。而空间的一阶精度来源于分段常数重构。关键一点是 Godunov 方法构造了一个迎风格式。如果在 $a<0$ 的情况下重复上述过程，则会得到向前差分格式。因此，使用精确黎曼解的 Godunov 方法自然会产生迎风格式，这个结果也适用于方程组。

利用黎曼问题的解在 x-t 平面上沿从黎曼问题的起点出发的射线保持不变的性质可以简化 Godunov 方法。源于 $x=x_{j-1/2}$，$t=t_n$ 的黎曼问题在 $x=x_{j-1/2}$ 上不随时间变化。同样，源于 $x=x_{j+1/2}$，$t=t_n$ 的黎曼问题在 $x=x_{j+1/2}$ 上不随时间变化。根据式 (6.5)，在时间间隔 Δt 内，守恒量的单元平均值由在此时间间隔内单元边界处的平均通量决定。由此可得

$$\overline{u_j^{n+1}} = \overline{u_j^n} - \frac{\Delta t}{\Delta x}[f(u^*(0,\overline{u_j^n},\overline{u_{j+1}^n})) - f(u^*(0,\overline{u_{j-1}^n},\overline{u_j^n}))] \tag{6.20}$$

其中，通量函数值根据黎曼问题起点 x 处的黎曼解所确定的状态来计算。进行平均所花费的时间很少，因为在各单元的边界 $(x_{j-1/2}, x_{j+1/2})$ 上，状态量在时间间隔内为常数。

根据以上推导，我们可以定义 Godunov 方法的数值通量函数 $\widehat{f}$ 为

$$\widehat{f}_{j+1/2} = f(u^*(0, \overline{u_j^n}, \overline{u_{j+1}^n})) \tag{6.21}$$

$\widehat{f}_{j-1/2}$ 的定义只需将空间序号减 1①，即

$$\widehat{f}_{j-1/2} = f(u^*(0, \overline{u_{j-1}^n}, \overline{u_j^n})) \tag{6.22}$$

有了 Godunov 数值通量函数的定义，我们可以写出 Godunov 方法的通用有限体积形式

$$\overline{u_j^{n+1}} = \overline{u_j^n} - \frac{\Delta t}{\Delta x}(\widehat{f}_{j+1/2} - \widehat{f}_{j-1/2}) \tag{6.23}$$

而且，回到式（6.2），我们可以写出通用的半离散格式：

$$\frac{\mathrm{d}\overline{u}_j}{\mathrm{d}t} = -\frac{1}{\Delta x}(\widehat{f}_{j+1/2} - \widehat{f}_{j-1/2}) \tag{6.24}$$

对于线性对流方程，无论 a 的符号为正或负，Godunov 数值通量函数均为

$$\widehat{f}_{j+1/2} = \frac{1}{2}(a+|a|)\overline{u_j^n} + \frac{1}{2}(a-|a|)\overline{u_{j+1}^n} \tag{6.25}$$

这里留给读者一个练习，去证明上式与式（2.89）和（2.90）完全等价。对于非线性算例，考虑 Burgers 方程：

$$\frac{\partial u}{\partial t} + \frac{1}{2}\frac{\partial u^2}{\partial x} = 0 \tag{6.26}$$

这种情况下，可以证明 Godunov 通量函数由下式给出 [5]②：

$$\widehat{f}_{j+1/2} = \begin{cases} \frac{1}{2}u_{j+1}^2, & u_j, u_{j+1} \leqslant 0 \\ \frac{1}{2}u_j^2, & u_j, u_{j+1} \geqslant 0 \\ 0, & u_j \leqslant 0 \leqslant u_{j+1} \\ \frac{1}{2}u_j^2, & u_j > 0 \geqslant u_{j+1} \text{且} |u_j| \geqslant |u_{j+1}| \\ \frac{1}{2}u_{j+1}^2, & u_j \geqslant 0 > u_{j+1} \text{且} |u_j| \leqslant |u_{j+1}| \end{cases} \tag{6.27}$$

此数值通量函数基于标量守恒方程的精确黎曼解，为下一节要介绍的黎曼问题的近似解的评估提供了一个有用的参考。

① 这是守恒格式的必要性质。

② 此后，为方便起见，单元平均量不再加上方的横线。

6.3 Roe 近似黎曼求解器

在前一章我们已经看到，由于使用了分段常数重构，尽管使用了精确黎曼解，Godunov 方法在空间上仍只有一阶精度。这启发了采用近似黎曼求解器来提供所需的迎风性质，从而降低计算开销的想法。当前已经发展了欧拉方程的多种近似黎曼求解器，其中 Roe 格式 [3] 应用最为广泛。

在 Roe 近似黎曼求解器中，对守恒方程进行了当地线性化。例如，考虑欧拉方程（3.26）的准线性形式：

$$\frac{\partial Q}{\partial t}+A\frac{\partial Q}{\partial x}=0 \tag{6.28}$$

其中，通量雅可比矩阵 A 是 Q 的函数。如果对状态量 $\bar{Q}$ 进行线性化，并定义 $\bar{A}=A(\bar{Q})$，可以写出欧拉方程的局部线性化形式

$$\frac{\partial Q}{\partial t}+\bar{A}\frac{\partial Q}{\partial x}=0 \tag{6.29}$$

由于 $\bar{A}$ 不依赖于 Q，如 4.6.1 小节所述，欧拉方程可以解耦为三个线性对流方程。很容易通过 $\bar{A}$ 的特征值获得这个线性化后的问题的解。

回想一下，对于黎曼问题，最初有两种状态。Roe 采用了平均态进行线性化，其满足

$$f^{\mathrm{R}}-f^{\mathrm{L}}=A(\bar{Q})(Q^{\mathrm{R}}-Q^{\mathrm{L}}) \tag{6.30}$$

此处 $f=AQ$ 为通量。这确保在激波附近满足兰金-于戈尼奥 (Rankine-Hugoniot) 公式，且在超声速流中具有全迎风性质，在这些区域中雅可比矩阵的特征值具有相同的正负号。对于欧拉方程，状态参数应满足所谓的 **Roe 平均态** (Roeaverage state)[3]：

$$\begin{aligned}
\bar{\rho}&=\sqrt{\rho^{\mathrm{L}}\rho^{\mathrm{R}}}\\
\bar{u}&=\frac{(u\sqrt{\rho})^{\mathrm{L}}+(u\sqrt{\rho})^{\mathrm{R}}}{\sqrt{\rho^{\mathrm{L}}}+\sqrt{\rho^{\mathrm{R}}}}\\
\bar{H}&=\frac{(H\sqrt{\rho})^{\mathrm{L}}+(H\sqrt{\rho})^{\mathrm{R}}}{\sqrt{\rho^{\mathrm{L}}}+\sqrt{\rho^{\mathrm{R}}}}
\end{aligned} \tag{6.31}$$

其中，H 是总焓。

接下来，用分段常数重构确定 Roe 格式在各单元的数值通量函数，可得 $Q^{\mathrm{L}}_{j+1/2}=Q_j$ 和 $Q^{\mathrm{R}}_{j+1/2}=Q_{j+1}$。经过局部线性化，一维欧拉方程解耦成三个

线性对流方程（见 4.6.1 小节）：

$$\frac{\partial W}{\partial t}+\Lambda\frac{\partial W}{\partial x}=0 \tag{6.32}$$

其中，$W=X^{-1}Q$ 是特征变量，$\bar{A}$ 的左特征向量构成了 X^{-1} 的列；Λ 为包含 $\bar{A}$ 的特征值的对角矩阵，由单元交接面 $x_{j+1/2}$ 两侧的单元平均量 Q_j 和 Q_{j+1} 来确定 Roe 平均态，进而确定 Λ。对解耦的各方程分别应用式（6.25），然后通过左乘 X 再重新耦合可得

$$\begin{aligned}\widehat{f}_{j+1/2}&=X\left[\frac{1}{2}(\Lambda+|\Lambda|)W_j+\frac{1}{2}(\Lambda-|\Lambda|)W_{j+1}\right]\\&=X\left[\frac{1}{2}(\Lambda+|\Lambda|)X^{-1}Q_j+\frac{1}{2}(\Lambda-|\Lambda|)X^{-1}Q_{j+1}\right]\\&=\frac{1}{2}X\Lambda X^{-1}(Q_j+Q_{j+1})+\frac{1}{2}X|\Lambda|X^{-1}(Q_j-Q_{j+1})\\&=\frac{1}{2}\bar{A}(Q_j+Q_{j+1})+\frac{1}{2}|\bar{A}|(Q_j-Q_{j+1})\\&=\frac{1}{2}(f_j+f_{j+1})+\frac{1}{2}|\bar{A}|(Q_j-Q_{j+1})\end{aligned} \tag{6.33}$$

其中，X 是 $\bar{A}$ 的右特征向量矩阵，$|A|=X|\Lambda|X^{-1}$，与 2.5.2 小节一致。上式的最后一步利用了式（6.30）给出的 Roe 平均的性质和欧拉方程是一阶齐次方程的性质 [6]，因而有 $f(-Q)=-f(Q)$。注意，与式（2.101）给出的通量差分分裂格式相似，此式也是针对线性常系数情况推导的。

对于标量情况，Roe 数值通量函数变为

$$\widehat{f}_{j+1/2}=\frac{1}{2}(f_j+f_{j+1})-\frac{1}{2}|\bar{a}_{j+1/2}|(u_{j+1}-u_j) \tag{6.34}$$

式中有

$$\bar{a}_{j+1/2}=\begin{cases}\dfrac{f_{j+1}-f_j}{u_{j+1}-u_j}, & u_{j+1}\neq u_j\\ a(u_j), & u_{j+1}=u_j\end{cases} \tag{6.35}$$

即为计算间断传播速度的兰金-于戈尼奥公式。对于 Burgers 方程 $\left(f(u)=\dfrac{1}{2}u^2\right)$，有

$$\bar{a}_{j+1/2}=\frac{\dfrac{u_{j+1}^2}{2}-\dfrac{u_j^2}{2}}{u_{j+1}-u_j}=\frac{1}{2}(u_j+u_{j+1}) \tag{6.36}$$

将式（6.36）代入式（6.34）得到将 Roe 格式应用于 Burgers 方程的通量函数：

$$\widehat{f}_{j+1/2} = \frac{1}{2}\left(\frac{1}{2}u_j^2 + \frac{1}{2}u_{j+1}^2\right) - \frac{1}{2}\left|\frac{1}{2}(u_j + u_{j+1})\right|(u_{j+1} - u_j) \tag{6.37}$$

$$= \begin{cases} \frac{1}{2}u_{j+1}^2, & \bar{a}_{j+1/2} \leqslant 0 \\ \frac{1}{2}u_j^2, & \bar{a}_{j+1/2} > 0 \end{cases} \tag{6.38}$$

上式只在 $u_j < 0 < u_{j+1}$ 时不同于式（6.27）给出的 Godunov 方法的数值通量函数。这种情况下，Godunov 方法的通量函数等于零。因此，Roe 格式允许膨胀波产生，通常用一个简单的熵修正来解决这一问题。例如，对于欧拉方程，如特征值 $\lambda = u + a$ 和 $\lambda = u - a$ 都小于或等于一个小量 ϵ，则可以用下式替换这两个特征值来进行修正 [7]：

$$\frac{1}{2}\left(\frac{\lambda^2}{\epsilon} + \epsilon\right) \tag{6.39}$$

对于 λ 大于 ϵ，特征值保持不变。这样可以防止在临界点，即 $|u| = a$ 时，特征值变为零，这样就阻止了膨胀波的发展。

6.4　高阶精度重构

目前为止，本章讨论的方法都是基于分段常数重构的，这些方法的空间精度限于一阶。与基于分段常数重构的 Godunov 和 Roe 格式相关的数值通量函数可以写为下述形式：

$$\widehat{f}_{j+1/2} = \widehat{f}(u_j, u_{j+1}) \tag{6.40}$$

为了实现二阶或更高阶精度，可以将上式扩展为

$$\widehat{f}_{j+1/2} = \widehat{f}(u_{j+1/2}^{\mathrm{L}}, u_{j+1/2}^{\mathrm{R}}) \tag{6.41}$$

这里 $u_{j+1/2}^{\mathrm{L}}$ 和 $u_{j+1/2}^{\mathrm{R}}$ 分别为 $x_{j+1/2}$ 上进行重构时的左、右状态。结合式（6.24）的半离散格式，可以获得时间和空间的高阶精度。

不同的重构方法有很多，这里我们只介绍其中一种广泛应用的方法 [5,8]。根据给出的单元平均值，重构提供了各单元内函数的一个近似值。分段常数重构是最简单的一种。我们已经看到，分段常数重构使得迎风格式只有一阶的空间精度。采用中心通量函数，可以从分段常数重构获得一个二阶精度格式，但这个格式不具有耗散性质。随着重构所采用的多项式的次数增高，迎风有限体积法的阶数也随着增加。因此，分段线性重构可以获得二阶精度，分段二次重构可以获得三阶

精度，以此类推。这里，我们只介绍最高为二次的一维分段重构，其平均地使用了所在单元两侧相邻单元的数据。

分段常数重构只有一个自由度，该自由度取决于单元平均量。分段线性重构多了一个自由度，斜率（slope）。该自由度通过相邻两个单元的单元平均数值构造一个二阶中心差分来确定。分段二次重构有三个自由度，需要通过当前单元和两个相邻单元的单元平均数值构造二次函数来确定。此方法已经在 2.4.2小节论述过（见式（2.73）~ 式（2.75））。

下述函数包括了以上三种重构，以单元 j 为例，即 $x_{j-1/2} \leqslant x \leqslant x_{j+1/2}$：

$$
\begin{aligned}
u(x) = &\bar{u}_j + \alpha\left(\frac{\bar{u}_{j+1} - \bar{u}_{j-1}}{2\Delta x}\right)(x - x_j) \\
&+ \beta\left(\frac{\bar{u}_{j+1} - 2\bar{u}_j + \bar{u}_{j-1}}{2\Delta x^2}\right)\left[(x - x_j)^2 - \frac{\Delta x^2}{12}\right]
\end{aligned}
\tag{6.42}
$$

这里再次用上横线来强调这些量都是单元平均量，在本节后续部分，将继续省略上横线。上式中，取 $\alpha = \beta = 0$ 可得分段常数重构，$\alpha = 1, \beta = 0$ 可得分段线性重构，$\alpha = \beta = 1$ 可得分段二次重构。通常取 $\alpha = 1$，配合以不同的 β，可构造出不同的二阶迎风格式。

要确定 $x_{j+1/2}$ 上的数值通量，需要 $u^{\mathrm{L}}_{j+1/2}$ 和 $u^{\mathrm{R}}_{j+1/2}$。要得到 $x_{j+1/2}$ 的左状态，需要将 $x = x_j + \Delta x/2$ 代入式（6.42），得到

$$
u^{\mathrm{L}}_{j+1/2} = u_j + \frac{1}{4}[(\alpha - \beta/3)(u_j - u_{j-1}) + (\alpha + \beta/3)(u_{j+1} - u_j)] \tag{6.43}
$$

$x_{j+1/2}$ 的右边状态通过单元 $j+1$ 的分段重构来确定，将式（6.42）中的序号加 1，并代入 $x = x_{j+1} - \Delta x/2$，可得

$$
u^{\mathrm{R}}_{j+1/2} = u_{j+1} + \frac{1}{4}[(\alpha + \beta/3)(u_{j+1} - u_j) + (\alpha - \beta/3)(u_{j+2} - u_{j+1})] \tag{6.44}
$$

将式（6.43）和（6.44）的左右状态代入式（6.41）并最终代入式（6.24）给出的半离散格式，再应用时间推进法，给出时空上的解。

为了再进一步理解这些重构方法，考虑 a 为正的线性对流方程，且通量函数为迎风格式，$\widehat{f}_{j+1/2} = a u^{\mathrm{L}}_{j+1/2}$。在式（6.19）中已经发现，这种情况下分段常数重构会导致空间上一阶精度的向后差分。如果采用分段线性重构（$\alpha = 1$，$\beta = 0$），则可得

$$
u^{\mathrm{L}}_{j+1/2} = u_j + \frac{1}{4}(u_{j+1} - u_{j-1}) \tag{6.45}
$$

由上式可以得到下述的半离散格式：

$$
\left(\frac{\mathrm{d}u}{\mathrm{d}t}\right)_j = -\frac{a}{4\Delta x}(u_{j+1} + 3u_j - 5u_{j-1} + u_{j-2}) \tag{6.46}
$$

此空间算子为二阶精度。最后，如果用分段二次重构（$\alpha=\beta=1$），则 $x_{j+1/2}$ 的左态为

$$u_{j+1/2}^{\mathrm{L}}=\frac{1}{6}(2u_{j+1}+5u_j-u_{j-1}) \tag{6.47}$$

进一步可得

$$\left(\frac{\mathrm{d}u}{\mathrm{d}t}\right)_j=-\frac{a}{6\Delta x}(2u_{j+1}+3u_j-6u_{j-1}+u_{j-2}) \tag{6.48}$$

这是一个空间上的三阶迎风偏心算子（见式（2.18））。

6.5　守恒方程与总变差

考虑一个一维的标量守恒方程：

$$\frac{\partial u}{\partial t}+\frac{\partial f(u)}{\partial x}=0 \tag{6.49}$$

除非特征线相交形成一道激波，否则其精确解沿下述的特征线保持不变

$$\frac{\mathrm{d}x}{\mathrm{d}t}=a(u)=\frac{\partial f}{\partial u} \tag{6.50}$$

对于初值问题，即边界无影响，任意一对特征值之间可微解的总变差是守恒的 [9]，这里的总变差定义为

$$\mathrm{TV}(u(x,t))=\int_{-\infty}^{\infty}\left|\frac{\partial u}{\partial t}\right|\mathrm{d}x \tag{6.51}$$

在有间断的情况下，如果间断满足熵不等式 [9]，则总变差不随时间增长，即

$$\mathrm{TV}(u(x,t_0+t))\leqslant \mathrm{TV}(u(x,t_0)) \tag{6.52}$$

其中，t_0 是初始时刻。这样一来，**局部极大值不增加，局部极小值不减小，单调解保持单调，即没有新的极大值产生。**

设计能使数值解保持精确解所具有的这些性质的数值算法，会带来以下好处：

• **鲁棒性**：不增长的总变差排除了非物理振荡的产生，并确保像密度和压力这样的量从开始就是正的并一直保持。

• **稳定性**：如果局部极小值不减小，局部极大值不增加，则解一直保持有界。

6.6 单调和单调保持格式

将守恒方程的守恒离散写为如下形式：

$$\begin{aligned} u_j^{n+1} &= u_j^n - \frac{\Delta t}{\Delta x}(\widehat{f}_{j+1/2} - \widehat{f}_{j-1/2}) \\ &= H(u_{j-l}^n, u_{j-l+1}^n, \cdots, u_{j+l}^n) \end{aligned} \tag{6.53}$$

其中

$$\widehat{f}_{j+1/2} = \widehat{f}(u_{j-l+1}, \cdots, u_{j+l}) \tag{6.54}$$

l 的值取决于所采用的格式。如果 H 函数关于其各参数均为单增函数的话，则该离散方法是单调（monotone）的 [10]，即

$$\frac{\partial H}{\partial u_i}(u_{-l}, \cdots, u_{+l}) \geqslant 0, \quad 对所有的 -l \leqslant i \leqslant l \tag{6.55}$$

这是一个保证数值解具有上述单调性质的很强的条件。但是，这种格式只能限于一阶精度。

第一个例子先考虑 a 为正的线性对流方程的数值解格式，空间离散采用一阶向后差分，时间积分采用显式欧拉时间推进，写为下式：

$$u_j^{n+1} = C_{\mathrm{n}} u_{j-1}^n + (1 - C_{\mathrm{n}}) u_j^n \tag{6.56}$$

其中

$$C_{\mathrm{n}} = \frac{a\Delta t}{\Delta x} \tag{6.57}$$

为库朗数。此格式在 $0 < C_{\mathrm{n}} \leqslant 1$ 上是稳定的。应用前述的条件（6.55）可得

$$\frac{\partial H}{\partial u_{j-1}} = C_{\mathrm{n}}, \quad \frac{\partial H}{\partial u_j} = 1 - C_{\mathrm{n}} \tag{6.58}$$

当库朗数处于稳定范围时，以上两数为非负，因此，上述格式在此范围是单调的。

接下来考虑参考文献 [11] 给出的 Lax-Wendroff 方法：

$$\begin{aligned} u_j^{n+1} =& u_j^n - \frac{1}{2}\frac{ah}{\Delta x}(u_{j+1}^n - u_{j-1}^n) \\ &+ \frac{1}{2}\left(\frac{ah}{\Delta x}\right)^2 (u_{j+1}^n - 2u_j^n + u_{j-1}^n) \end{aligned} \tag{6.59}$$

按照式（6.53）的格式，上式可以写为

$$u_j^{n+1} = \frac{C_{\mathrm{n}}}{2}(1 + C_{\mathrm{n}}) u_{j-1}^n + (1 - C_{\mathrm{n}}^2) u_j^n + \frac{C_{\mathrm{n}}}{2}(C_{\mathrm{n}} - 1) u_{j+1}^n \tag{6.60}$$

此方法在 $0 < C_n \leqslant 1$ 内也是稳定的。在此范围内，尽管系数 u_{j-1}^n 和 u_j^n 为非负，但系数 u_{j+1}^n 在 $C_n = 1$ 以外均为负值。因此，Lax-Wendroff 方法不是单调的。当然，考虑到 Lax-Wendroff 方法在时间和空间上都是二阶的，因此这并不意外。

由于单调格式对一阶精度的限制过于强烈，因而需要限制弱一些的条件。为此，Harten [12] 提出了**单调保持性**（monotonicity preserving）的概念。如果 u^n 的单调能保证 u^{n+1} 是单调的，则此格式为单调保持的，这里 u 的单调性定义为

$$\text{对所有的} j: \quad \min(u_{j-1}, u_{j+1}) \leqslant u_j \leqslant \max(u_{j-1}, u_{j+1}) \tag{6.61}$$

单调保持格式足以保证数值解具有以下特性：

- 不会产生新的极值；
- 局部最小不会减小；
- 局部最大不会增加。

所有的单调格式都是单调保持的，但反之不成立。

所有的**线性**单调保持格式最多是一阶精度 [4,12]。因此，要想高于一阶精度，单调保持格式必须是**非线性**的。在非线性格式中，格式的系数取决于解。例如，前一章描述的涉及压力传感器的格式是非线性格式，因为增加的一阶数值耗散量取决于压力。

6.7 总变差减小条件

在 6.5 节中，我们引入了这样一个观点，即总变差在标量守恒方程的精确解中是不增长的，其中总变差在式（6.51）中定义。这表明，要保证数值格式的单调保持性，一个合适的设计条件是要求其总变差减小（total variation diminishing, TVD）。为此，定义离散的总变差为

$$\mathrm{TV_d}(u) = \sum_{-\infty}^{\infty} |u_j - u_{j-1}| \tag{6.62}$$

所有的单调格式都是 TVD 的，且所有 TVD 格式都是单调保持的 [12]。因此，TVD 格式提供了我们所寻求的性质，此外，受到精度高于一阶的限制，这些格式必须是非线性的。

要写出 TVD 条件，考虑下列半离散形式的守恒格式：

$$\frac{\mathrm{d}u_j}{\mathrm{d}t} = -\frac{1}{\Delta x}(\widehat{f}_{j+1/2} - \widehat{f}_{j-1/2}) \tag{6.63}$$

将上式重新写为以下形式：

$$\frac{\mathrm{d}u_j}{\mathrm{d}t} = -\frac{1}{\Delta x}[C^-_{j+1/2}(u_{j+1} - u_j) - C^+_{j-1/2}(u_j - u_{j-1})] \tag{6.64}$$

要注意的是，对 $u_{j\pm2}, u_{j\pm3}$ 等的依赖都包含在系数 $C^\pm$ 里，下方展示的第二个例子将阐释得更清晰。

TVD 条件为 [12]

$$C^-_{j+1/2} \geqslant 0 \quad 且 \quad C^+_{j-1/2} \geqslant 0 \tag{6.65}$$

用显式欧拉时间推进法对半离散形式在时间上进行推进，可得

$$u_j^{n+1} = u_j^n + \frac{\Delta t}{\Delta x}[C^-_{j+1/2}(u^n_{j+1} - u^n_j) - C^+_{j-1/2}(u^n_j - u^n_{j-1})] \tag{6.66}$$

对于全离散形式，引入一个额外的 TVD 条件 [12]：

$$1 - \frac{\Delta t}{\Delta x}(C^-_{j+1/2} + C^+_{j-1/2}) \geqslant 0 \tag{6.67}$$

如果要构造时间上的高阶精度格式，还要引入更多的条件。例如，为此已经发展了强稳定性保持格式 [13]。

还是以 $a > 0$ 的线性对流方程为例，空间采用一阶向后差分，时间采用显式欧拉时间推进法。前面我们已经阐明在库朗数处于稳定域 $0 < C_\mathrm{n} \leqslant 1$ 时，此格式是单调的。将此格式写为式（6.66）的形式

$$\begin{aligned} u_j^{n+1} &= u_j^n - \frac{a\Delta t}{\Delta t}(u_j^n - u_{j-1}^n) \\ &= u_j^n + \frac{\Delta t}{\Delta x}[0 \cdot (u_{j+1} - u_j) - a(u_j - u_{j-1})] \end{aligned} \tag{6.68}$$

则可知 $C^-_{j+1/2} = 0$ 和 $C^+_{j-1/2} = a > 0$。这样，即满足 TVD 条件（6.65），库朗数在稳定域之内，式（6.67）也满足，因此，此格式具有 TVD 性质。这与前述的所有单调格式都是 TVD 的保持一致。

第二个例子考虑采用二阶向后差分的线性对流方程的半离散格式，a 为正值：

$$\begin{aligned} \frac{\mathrm{d}u_j}{\mathrm{d}t} &= -\frac{a}{2\Delta x}(3u_j - 4u_{j-1} + u_{j-2}) \\ &= -\frac{1}{\Delta x}\left[0 \cdot (u_{j+1} - u_j) - \frac{a}{2}(3(u_j - u_{j-1}) - (u_{j-1} - u_{j-2}))\right] \\ &= -\frac{1}{\Delta x}\left[0 \cdot (u_{j+1} - u_j) - \frac{a}{2}\left(3 - \frac{u_{j-1} - u_{j-2}}{u_j - u_{j-1}}\right)(u_j - u_{j-1})\right] \end{aligned} \tag{6.69}$$

因此，有

$$C^-_{j+1/2} = 0, \quad C^+_{j-1/2} = \frac{a}{2}\left(3 - \frac{u_{j-1} - u_{j-2}}{u_j - u_{j-1}}\right) \tag{6.70}$$

当

$$\frac{u_{j-1}-u_{j-2}}{u_j-u_{j-1}}>3 \tag{6.71}$$

时，TVD 的第二个条件（6.65）不满足，证明此格式一般不具有 TVD 性质。这是意料之中的，因为这是一个线性二阶格式，这种格式不可能是 TVD 的。在下一节将会看到，式（6.71）中的比值对发展 TVD 格式非常重要。

根据通过三个点（x_{j-2},u_{j-2}），（x_{j-1},u_{j-1}），（x_j,u_j）的抛物线的斜率，二阶向后差分算子给出了 $\partial u/\partial x$ 在节点 j 处的近似值。如果 $u_j>u_{j-1}>u_{j-2}$，即 u 是单调的，且满足

$$\frac{u_{j-1}-u_{j-2}}{u_j-u_{j-1}}\leqslant 3 \tag{6.72}$$

则这个抛物线在 x_{j-2} 到 x_j 之间是单调的。若

$$\frac{u_{j-1}-u_{j-2}}{u_j-u_{j-1}}>3 \tag{6.73}$$

则为非单调。因此，不满足 TVD 条件与插值函数非单调性相一致。

6.8　带限制器的总变差减小格式

前一节的例子提出了一种构造高于一阶精度的非线性 TVD 格式的设计方法。我们已经看到，一阶向后差分应用于 a 为正值的线性对流方程时，其具有 TVD 性质。这种空间离散方式与显式欧拉时间推进法相结合，产生的数值解将具有我们所希望的性质，即不产生新的极值、最大值不增长、最小值不减小。因此，在数值解中不会产生非物理的振荡，甚至在激波附近也不会产生。这样做的代价是格式的精度只有一阶，其空间离散的耗散非常大。我们也可以看到，二阶向后差分不具有 TVD 性质，因而会引入非物理振荡。但是，只有在数值解具有特定性质时，它才不满足 TVD 条件。这表明，可以根据 TVD 条件设计一种基于一阶离散加**限量**（limited amount）二阶校正的非线性 TVD 格式。

为了说明这一点，我们将从前一节讨论过的二阶向后差分格式（6.69）开始。此方法可以写成一个一阶格式与具有二阶精度的**修正**（correction）之和；二阶格式与一阶格式之差就可以作为简单修正。将此方法应用于线性对流方程，得到的

半离散形式为

$$\begin{aligned}\frac{\mathrm{d}u_j}{\mathrm{d}t} &= -\frac{a}{2\Delta x}(3u_j - 4u_{j-1} + u_{j-2}) \\ &= -\frac{a}{2\Delta x}[(u_j - u_{j-1}) + \underbrace{\frac{1}{2}(u_j - u_{j-1}) - \frac{1}{2}(u_{j-1} - u_{j-2})]}_{\text{二阶精度}}\end{aligned} \tag{6.74}$$

上式可以写成式（6.63）的守恒形式

$$\widehat{f}_{j+1/2} = \frac{a}{2}(3u_j - u_{j-1}) \tag{6.75}$$

并分解成一个一阶项和一个修正项：

$$\widehat{f}_{j+1/2} = a\left[u_j + \underbrace{\frac{1}{2}(u_j - u_{j-1})}_{\text{二阶修正}}\right] \tag{6.76}$$

引入一个如下的限制器 ψ 来限制修正：

$$\widehat{f}_{j+1/2} = a\left[u_j + \frac{1}{2}\psi_j(u_j - u_{j-1})\right] \tag{6.77}$$

若取 $\psi = 1$，可得到完整的二阶格式；取 $\psi = 0$，则格式回归到一阶。将上式代入式（6.74）得到

$$\frac{\mathrm{d}u_j}{\mathrm{d}t} = -\frac{a}{\Delta x}\left[(u_j - u_{j-1}) + \frac{1}{2}\psi_j(u_j - u_{j-1}) - \frac{1}{2}\psi_{j-1}(u_{j-1} - u_{j-2})\right] \tag{6.78}$$

根据式（6.71），此格式的 TVD 条件依赖于以下比值：

$$\frac{u_{j-1} - u_{j-2}}{u_j - u_{j-1}} \tag{6.79}$$

因此，限制器函数 ψ 应取决于此类比值。为此，定义如下比值：

$$r_j = \frac{u_{j+1} - u_j}{u_j - u_{j-1}} \tag{6.80}$$

和限制器

$$\psi_j = \psi(r_j) \geqslant 0 \tag{6.81}$$

基于这些定义，可以将式（6.78）重写为

$$\frac{\mathrm{d}u_j}{\mathrm{d}t} = -\frac{1}{\Delta x}\underbrace{a\left[1 + \frac{1}{2}\psi(r_j) - \frac{1}{2}\frac{\psi(r_{j-1})}{r_{j-1}}\right]}_{C^+_{j-1/2}}(u_j - u_{j-1}) \tag{6.82}$$

注意，式（6.79）中的比值为 $1/r_{j-1}$。从 6.7 节给出的 TVD 条件可知，$C_{j-1/2}^{+}$ 必须为非负，因而有

$$\frac{\psi(r_{j-1})}{r_{j-1}} - \psi(r_j) \leqslant 2 \tag{6.83}$$

鉴于 $\psi(r_j) \geqslant 0$，最差情况 $\psi(r_j) = 0$，则由上式可得

$$\psi(r_{j-1}) \leqslant 2r_{j-1} \tag{6.84}$$

对 a 为负值并采用二阶向前差分的线性对流方程可以重复上述方法，得到下方关于 $\psi(r)$ 的对称条件：

$$\psi\left(\frac{1}{r}\right) = \frac{\psi(r)}{r} \tag{6.85}$$

结合式（6.84）给出的条件 $\psi(r) \leqslant 2r$ 可得

$$\psi(r) \leqslant 2 \tag{6.86}$$

因此，一个通用的限制器函数 $\psi(r)$ 应满足下列要求 [14]：

$$\begin{gathered}\psi(r) \geqslant 0, \quad r \geqslant 0 \\ \psi(r) = 0, \quad r \leqslant 0 \\ \psi(r) \leqslant 2r \\ \psi(r) \leqslant 2 \\ \psi\left(\frac{1}{r}\right) = \frac{\psi(r)}{r}\end{gathered} \tag{6.87}$$

其中，第二个条件是因为 r 为负值时代表存在一个极值。r 值可以当作一个反映函数相对于网格间距的光顺度的指标。对于均匀网格上的一个可微函数，当网格加得很密时，r 接近于 1。为了保证二阶精度，$\psi(r)$ 必须满足

$$\psi(1) = 1 \tag{6.88}$$

最终，当限制器函数处于图 6.1 中的阴影区时才能得到二阶 TVD 格式 [14]。

有了这种灵活性，可以发展出许多不同的限制器函数。图 6.1 给出了其中几种。其中，minmod 限制器给出了二阶 TVD 域的下界

$$\psi = \begin{cases} \min(r, 1), & r > 0 \\ 0, & r \leqslant 0 \end{cases} \tag{6.89}$$

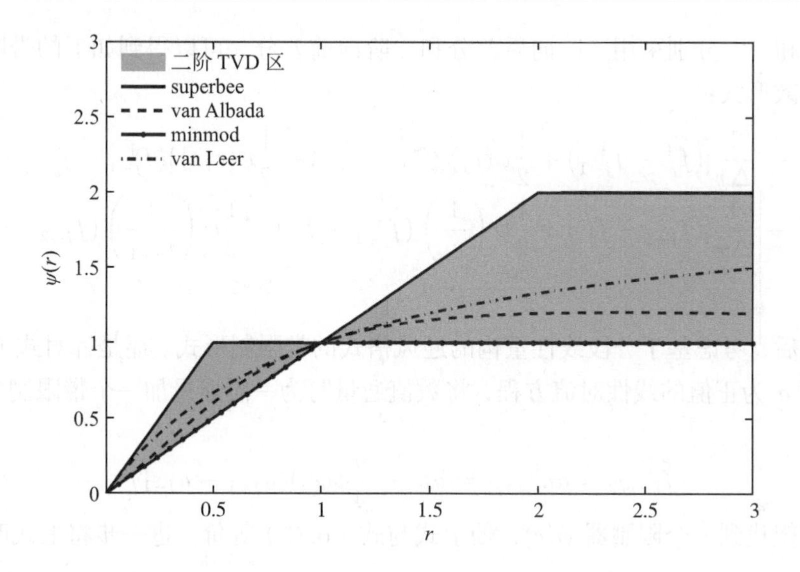

图 6.1　式（5.33）带限制器的二阶 TVD 区及几个著名的限制器函数

而 superbee 限制器 [15] 给出了二阶 TVD 域的上界，其可以写为

$$\psi(r) = \max[0, \min(2r, 1), \min(r, 2)] \tag{6.90}$$

superbee 限制器有时也被称为过压缩限制器，因为它可能使梯度变得陡峭，并可能在光顺解中引入锯齿。这是由于 $r \geqslant 2$ 时，$\psi(r) = 2$。这两个限制器的另一个缺点是它们在某些 $r \geqslant 0$ 的情况是不可微的，这会对收敛到稳态产生不利的影响。为了解决这一问题，可以引入如下的 van Leer 限制器 [16]：

$$\psi(r) = \frac{r + |r|}{1 + r} \tag{6.91}$$

此限制器在 $r = 0$ 之外是可微的。此外，以下的 van Albada 限制器 [17] 在 $r = 0$ 之外也是可微的，

$$\psi = \begin{cases} \dfrac{r^2 + r}{1 + r^2}, & r > 0 \\ 0, & r \leqslant 0 \end{cases} \tag{6.92}$$

此限制器的压缩性比 van Leer 限制器小，当 r 趋于无穷时，此限制器渐近于 1，而 van Leer 限制器渐近于 $\psi(r) = 2$。

接下来把式（6.78）推广为 a 为任意正负的情况。在此情况下，可以定义分裂通量（见 2.5 节）：

$$f^+ = \frac{1}{2}(a + |a|)u, \quad f^- = \frac{1}{2}(a - |a|)u \tag{6.93}$$

对 f^+ 和 f^- 分别采用二阶向后差分和二阶向前差分，可以得到如下的带限制器的半离散形式：

$$\begin{aligned}\frac{\mathrm{d}u_j}{\mathrm{d}t}=&-\frac{1}{\Delta x}\left[(f_j^+-f_{j-1}^+)+\frac{1}{2}\psi(r_j)(f_j^+-f_{j-1}^+)-\frac{1}{2}\psi(r_{j-1})(f_{j-1}^+-f_{j-2}^+)\right]\\&-\frac{1}{\Delta x}\left[(f_{j+1}^- -f_j^-)+\frac{1}{2}\psi\left(\frac{1}{r_j}\right)(f_{j+1}^- -f_j^-)-\frac{1}{2}\psi\left(\frac{1}{r_{j+1}}\right)(f_{j+2}^- -f_{j+1}^-)\right]\end{aligned}\tag{6.94}$$

最后，考虑基于分段线性重构的迎风格式的带限制形式。还是针对式（6.45）描述的 a 为正值的线性对流方程，将数值通量写为一阶通量加一个带限制的二阶修正，

$$\widehat{f}_{j+1/2}=au_{j+1/2}^{\mathrm{L}}=au_j+\frac{a}{4}\phi(r_j)(u_{j+1}-u_{j-1})\tag{6.95}$$

我们希望找到一个限制器 $\phi(r)$，使上式与式（6.77）等价。进一步将上式改写为

$$\widehat{f}_{j+1/2}=a\left[u_j+\frac{1}{2}\psi(r_j)(u_j-u_{j-1})\right]\tag{6.96}$$

$$=a\left[u_j+\frac{1}{4}\psi(r_j)\frac{2(u_j-u_{j-1})}{u_{j+1}-u_{j-1}}(u_{j+1}-u_{j-1})\right]\tag{6.97}$$

$$=a\left[u_j+\frac{1}{4}\psi(r_j)\frac{2}{r_j+1}(u_{j+1}-u_{j-1})\right]\tag{6.98}$$

可以看出，如果下式 [18] 成立：

$$\phi(r)=\frac{2}{r+1}\psi(r)\tag{6.99}$$

则式（6.95）与式（6.96）等价。有了上式定义的 $\phi(r)$，且 $\psi(r)$ 有前述的那些性质，则式（6.95）是二阶的 TVD 格式。实际上，该式等价于式（6.77）定义的格式，只不过是根据分段线性重构写出的。很容易证明，如果 $\psi(r)$ 具有对称性质，即 $\psi(1/r)=\psi(r)/r$，则有 $\phi(1/r)=\phi(r)$。

将 $\phi(r)$ 写成差分形式具有指导意义

$$\Delta_+=u_{j+1}-u_j,\quad \Delta_-=u_j-u_{j-1}\tag{6.100}$$

例如，对于 $r\geqslant 0$，minmod 限制器可以写成

$$\phi_j=\frac{2}{\Delta_++\Delta_-}\min(\Delta_+,\Delta_-)\tag{6.101}$$

van Leer 限制器可以写成

$$\phi_j=\frac{4\Delta_+\Delta_-}{(\Delta_++\Delta_-)^2}\tag{6.102}$$

此外，这种形式使我们能更清楚地了解各种限制器及其条件 $\psi(r) \leqslant 2$ 和 $\psi(r) \leqslant 2r$。例如，式（6.101）表明 minmod 限制器将式（6.95）中的线性重构的斜率

$$\frac{u_{j+1} - u_{j-1}}{2\Delta x} \tag{6.103}$$

替换为下式中的模较小的项

$$\frac{u_{j+1} - u_j}{\Delta x} \quad 和 \quad \frac{u_j - u_{j-1}}{\Delta x} \tag{6.104}$$

类似地，van Leer 限制器将线性重构中的斜率替换为

$$\frac{1}{\Delta x}\left(\frac{2\Delta_+\Delta_-}{\Delta_+ + \Delta_-}\right) \tag{6.105}$$

随着 r 趋于无穷大，即 $\Delta^+ \gg \Delta^-$ 时，上式趋于

$$\frac{2(u_j - u_{j-1})}{\Delta x} \tag{6.106}$$

类似地，当 r 趋于零，即 $\Delta^- \gg \Delta^+$ 时，该式趋于

$$\frac{2(u_{j+1} - u_j)}{\Delta x} \tag{6.107}$$

因此，在 r 的上下限范围内，van Leer 限制器生成的斜率是 minmod 限制器生成斜率的 2 倍。这是当 r 趋于无穷大时，相应的 ψ 限制器的渐近行为的直接结果，其中 minmod 限制器在 $r \geqslant 1$ 时就为 1，而在 r 趋于无穷大时，van Leer 限制器趋于 2。对某些 r 值，superbee 限制器增加了重构的斜率。

考虑 u 单调且 $u_{j-1} \leqslant u_j \leqslant u_{j+1}$ 的例子，当 r 趋于零时，斜率

$$\frac{2(u_{j+1} - u_j)}{\Delta x} \tag{6.108}$$

会导致

$$u^{\mathrm{L}}_{j+1/2} = u_{j+1} \tag{6.109}$$

因此，为了保持单调性，这是能确保 $u^{\mathrm{L}}_{j+1/2} \leqslant u_{j+1}$ 的最大允许斜率。类似的结论也适用于 $u^{\mathrm{R}}_{j-1/2}$ 和 u 单调递减的情况。因此，当 u_j 不是一个极值时，$\psi(r) \leqslant 2$ 和 $\psi(r) \leqslant 2r$ 与条件 $u^{\mathrm{L}}_{j+1/2}$ 和 $u^{\mathrm{R}}_{j-1/2}$ 位于 u_{j-1} 与 u_{j+1} 之间有直接的关系。

采用限制器来构造二阶 TVD 格式是一个有效且可靠的方法。但还有一些问题需要考虑，例如，限制器振荡引起的收敛困难、方程组情况、多维问题①，不

① 例如，Goodman 和 Leveque[19] 证明二维标量守恒方程的 TVD 格式可能只有一阶精度。

规则和非结构化网格和保持 TVD 属性的高阶时间推进法等。这些内容超出了本书范围。不过，读者已经可以完成练习 6.1。读者可以编程实现二阶通量分裂迎风格式（6.94），采用 Roe 通量函数（6.33）的基于线性重构（6.95）的有限体积格式，或其他文献中的二阶 TVD 格式。鼓励读者尝试不同限制器和算法的其他方面，以了解它们对单调性和精度的影响。例如，可以重构原始的、守恒变量或者特征变量，读者可以研究这种选择对保持压力的正性和避免振荡的影响。

6.9 一维算例

与第 4 章和第 5 章一样，此节给出本章讲述的一些算法的示例。激波管问题是展示高分辨率迎风格式有效性的最好例子。这里提供的算例还是与本章末尾的练习一致，但本章的练习更为开放，读者可以选择要编程实现的二阶 TVD 格式。下面示例中演示的算法只是多种选择中的一种。

我们首先考虑分段常数重构，结合 Roe 通量函数（6.33）和熵修正（6.39）。由于采用的是分段常数重构，此空间离散为一阶精度。时间推进采用显式欧拉法，时间步长为 0.0025ms。图 6.2 显示了在 400 个单元的网格上计算的数值解，以及与 $t = 6.1\text{ms}$ 时的精确解的比较。与预期的一样，数值解不存在非物理振荡。但是，其与精确解还是有较大的差别，特别是在膨胀波的头部和交接面附近，占据了几个网格宽度。

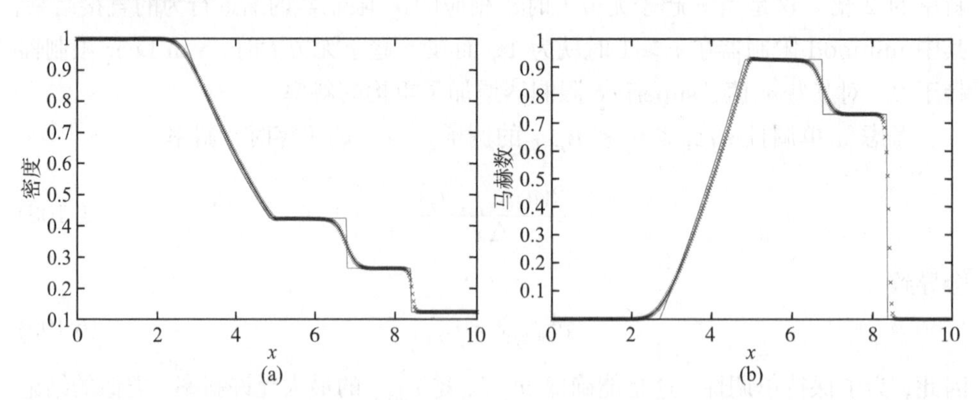

图 6.2　激波管问题在 $t = 6.1\text{ms}$ 时的精确解 (—) 与基于分段常数重构的一阶精度的数值解 (×) 的比较，网格单元数为 400，时间步长为 0.0025ms

图（a）为密度 (kg/m^3)；图（b）为马赫数

图 6.3 显示了采用 Roe 通量函数和守恒变量分段线性重构获得的数值解。空间离散是二阶精度，没有使用限制器。因此，在某些区域，计算结果比一阶结果

更精确。但是，它存在很大的非物理振荡，因此与精确解有较大的偏差。图 6.2 和图 6.3 显示的结果表明线性格式的局限性，即使用一阶格式以牺牲精度为代价保持解的单调性，或使用二阶格式以引起非物理振荡和间断点误差很大为代价来提高光顺区域的精度。

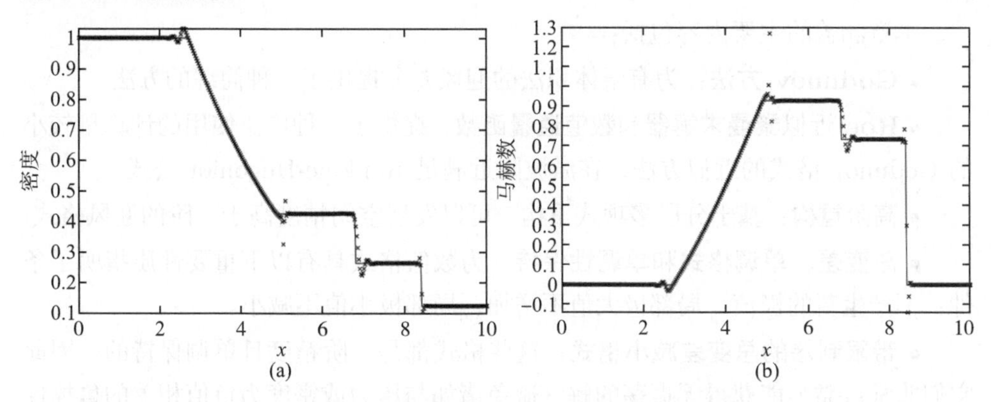

图 6.3 激波管问题在 $t = 6.1\text{ms}$ 时的精确解 (—) 与基于分段线性重构的二阶无限制器的数值解 ($\times$) 的比较，网格单元数为 400，时间步长为 0.0025ms

图 (a) 为密度 (kg/m^3)；图 (b) 为马赫数

图 6.4 显示了采用带限制的二阶 TVD 格式计算的数值解。守恒变量的线性重构的斜率使用 van Albada 限制器（6.92）、（6.95）和（6.99）进行限制。数值解不存在物理振荡，比图 6.2 和图 6.3 显式的解更精确。这个解可以与图 4.18 显示的采用第 4 章介绍的较简单的激波捕捉格式计算的解进行比较，该方法主要用于稳态流动（其性能非常好，如图 4.15 所示）。使用通量限制格式计算的激波管

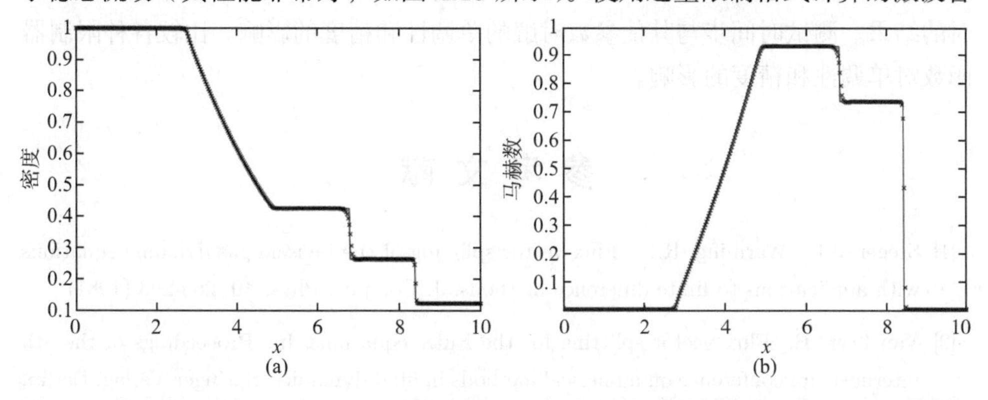

图 6.4 激波管问题在 $t = 6.1\text{ms}$ 时的精确解 (—) 与基于分段线性重构带 van Albada 限制器的二阶精度数值解 ($\times$) 的比较，网格单元数为 400，时间步长为 0.0025ms

图 (a) 为密度 (kg/m^3)；图 (b) 为马赫数

的解明显比图 4.18 所示的解更精确。

6.10　总　结

本章涵盖的主要内容包括：

• **Godunov 方法**：为有限体积法的迎风差分提供了一种简练的方法。

• **Roe 近似黎曼求解器和数值通量函数**：提供了一种广泛使用的计算量较小的 Godunov 格式的近似方法，在激波附近满足 Rankine-Hugoniot 公式。

• **高阶重构**：基于分段多项式重构，可以发展空间精度高于一阶的迎风格式。

• **总变差、单调格式和单调性保持**：为数值格式具有以下重要性质指明了条件：不产生新的极值，局部极大值不增加，局部极小值不减小。

• **带限制器的总变差减小格式**：这些格式都是二阶精度且单调保持的。因此它们非常可靠，能获得无振荡的解，避免诸如与压力或密度为负值相关的鲁棒性问题。

6.11　练　习

相关讨论可以参考 6.9 节。

6.1　写一段程序，采用带限制的二阶 TVD 格式求解如下的激波管问题：$p_{\mathrm{L}}=10^5$，$\rho_{\mathrm{L}}=1$，$p_{\mathrm{R}}=10^4$，$\rho_{\mathrm{R}}=0.125$，压力单位为 Pa，密度单位为 $\mathrm{kg/m^3}$。流体工质为理想气体，$\gamma=1.4$。采用显式欧拉时间推进法。与练习 3.3 比较 $t=6.1\mathrm{ms}$ 时的结果。测试时间步与其他参数对解的单调性和精度的影响。比较各种限制器函数对单调性和精度的影响。

参 考 文 献

[1] Steger, J.L., Warming, R.F.: Flux vector splitting of the inviscid gas dynamic equations with applications to finite difference methods. J. Comput. Phys. **40**, 263-293 (1981)

[2] Van Leer, B., Flux vector splitting for the Euler equations. In: Proceedings of the 8th international conference on numerical methods in fluid dynamics, Springer-Verlag, Berlin, (1982)

[3] Roe, P.L.: Approximate riemann solvers, parameter vectors, and difference schemes. J. Comput. Phys. **43**, 357-372 (1981)

[4] Godunov, S.K.: A finite difference method for the numerical computation of discontinuous solutions of the equations of fluid dynamics, Matematicheskii Sbornik **47**, 271-306 (1959)

[5] Hirsch, C.: Numerical Computation of Internal and External Flows, vol. 2. Wiley, Chichester (1990)

[6] Lomax, H., Pulliam, T.H., Zingg, D.W.: Fundamentals of Computational Fluid Dynamics. Springer, Berlin (2001)

[7] Harten, A., Hyman, J.M.: Self adjusting grid methods for one-dimensional hyperbolic conservation laws. J. Comput. Phys. **50**, 235-269 (1983)

[8] Van Leer, B.: Towards the ultimate conservative difference scheme. V. A second-order sequel to Godunov' s method. J. Comput. Phys. **32**, 101-136 (1979)

[9] Lax, P.D.: Hyperbolic Systems of Conservation Laws and the Mathematical Theory of Shock Waves. SIAM, Philadelphia (1973)

[10] Harten, A., Hyman, J.M., Lax, P.D.: On finite-difference approximations and entropy conditions for shocks. Commun. Pure Appl. Math. **29**, 297-322 (1976)

[11] Lax, P.D., Wendroff, B.: Systems of conservation laws. Commun. Pure Appl. Math. **13**, 217-237 (1960)

[12] Harten, A.: High Resolution Schemes for Hyperbolic Conservation Laws. J. Comput. Phys. **49**, 357-393 (1983).

[13] Gottlieb, S., Shu, C.-W., Tadmor, E.: Strong stability-preserving high-order time discretization methods. SIAM Rev. **43**, 89-112 (2001)

[14] Sweby, P.K.: High resolution schemes using flux limiters for hyperbolic conservation laws. SIAM J Numer. Anal. **21**, 995-1011 (1984)

[15] Roe, P.L.: Some contributions to the modelling of discontinuous flows. In: Lectures in Applied Mathematics. vol. 22, pp. 163-193. SIAM, Philadelphia (1985)

[16] Van Leer, B.: Towards the ultimate conservative difference scheme. II. Monotonicity and conservation combined in a second order scheme. J. Comput. Phys. **14**, 361-370 (1974)

[17] Van Albada, G.D., Van Leer, B., Roberts, W.W.: A comparative study of computational methods in cosmic gas dynamics. Astron. Astrophys. **108**, 76-84 (1982)

[18] Spekreijse, S.: Multigrid solution of monotone second-order discretizations of hyperbolic conservation laws. Math. Comput. **49**, 135-155 (1987)

[19] Goodman, J.B., Leveque, R.J.: On the accuracy of stable schemes for 2D conservation laws. Math. Comput. **45**, 15-21 (1985)

索 引

Y

Z

其他